126-131회

소방기술사
기출문제 해설 총정리

| 강경원 유형주 공저 |

PROFESSIONAL ENGINEER
FIRE FIGHTING

지우북스

머리말

　소방기술사는 화재역학을 이해하며 실무에 능한 사람을 선발하는 시험이라 할 수 있습니다. 하지만 기본적인 교재가 부족해 단편적인 지식은 많이 알고 있으나 전반적인 화재역학을 이해하는 수준은 수험생들이 많이 부족한 것 같습니다.

　소방기술사는 소방설비기술사가 아닙니다. 소방 시스템을 잘 응용하기 위해서는 백그라운드 이론인 역학에 능하면 유리합니다. 특히 화재역학과 유체역학에 능한 경우 접근이 쉽고 실무에 대단히 유용하게 활용할 수 있습니다. 혹자는 이론과 실무는 별개라고 말씀들 많이 합니다. 일정부분 맞는 말씀이나 부족한 소견으로는 동의하지는 못하겠습니다. 그런 사고체계가 소방을 후진학문으로 만들고 있다고 확신하기 때문입니다.

　전문가와 비전문가의 차이는 정량적이냐 정석적이냐에 있습니다. 정량적 사고를 하기 위해서는 수학적 사고와 상상력이 필요합니다. 요즘의 기출문제를 보면 화재역학의 정량적 사고를 묻는 지문이 아주 많습니다. 전 수학을 잘 하지 못합니다. 배우지도 못하였습니다. 하지만 수업 중에 수강생들에게 배우고 저 또한 배우고 상상력과 통찰력으로 극복하려고 많은 노력을 하고 있습니다.

　특히 학문적 편식은 소방에 대한 편협한 생각을 갖게 하므로 공부하실 때 소방기계나 소방전기에 너무 집착하지 마시길 바랍니다. 먼저 소방에 대한 숲을 그리시고 나무를 보시길 바랍니다. 연역적 사고란 공통점을 찾는 것이고 귀납적 사고란 차이점을 찾는 것입니다. 즉, 형식을 먼저 생각하시고 내용에 대한 고민을 하시길 권해 드립니다.

　또한 기존의 상식, 학습된 경험, 고정관념은 공부에 많은 지장을 주기도 합니다. 양면적 사고, 다면적 사고가 원하는 세상 속에 우리는 살고 있기 때문입니다. 공부량이 아주 많아야 합격할 수 있는 시험이기 때문에 장거리 경주와 마찬가지로 최대한 가볍게 가져가야 합니다. 암기노트를 만들든 노자의 도덕경에서 말씀한 日益보다 日損하시든 가방만 무겁게 가지고 살지는 마시길 바랍니다.

예전에 저도 늘 손에 뭔가를 가지고 다녀야 불편하지 않았습니다. 가방이든 책이든 뭔가 유식한 사람의 티를 내고자 했는지도 모르겠습니다. 어느 날 양복에 축 처진 가방을 메고 퇴근하는 화이트칼라 직업인을 보고 머리를 둔기로 맞는 것처럼 가슴이 철렁하였습니다. 그 이후로 다짐했습니다. 가장 행복하게 사는 것은 가장 가볍게 사는 것을 말합니다.

학원에서 문제풀이 하였던 자료를 모범답안을 만들어 책으로 출간하게 되었습니다. 부족한 부분과 잘못된 이론은 추후 개정판에 보완할 것을 약속드리며 소방기술사 자격취득과 소방기술 습득에 도움이 되길 바랍니다. 또한 부족한 부분은 독자인 여러분과 저자가 보완하고 수정하여 누구에게나 사랑받는 그러한 좋은 교재가 되길 간절히 소망합니다.

저자 **강경원, 유형주**

기출문제분석

1. 기출문제분석(126~131회)

▶ 1장 연소방화 기출문제 분석

126	127	128	129	130	131
4 13%	3 10%	5 16%	2 6%	4 13%	6 18%

▶ 2장 건축방재 기출문제 분석

126	127	128	129	130	131
4 13%	9 29%	5 16%	4 13%	7 21%	8 24%

▶ 3장 가스폭발 기출문제 분석

126	127	128	129	130	131
1 3%	1 3%	0 0%	3 10%	0 0%	1 3%

▶ 4장 위험물 기출문제 분석

126	127	128	129	130	131
2 6%	1 3%	2 6%	2 6%	1 3%	0 0%

▶ 5장 위험성 평가 기출문제 분석

126	127	128	129	130	131
1 3%	1 3%	2 6%	0 0%	1 3%	1 3%

▶ 7장 기계 기출문제 분석

126	127	128	129	130	131
14 45%	9 29%	13 41%	15 48%	11 36%	13 41%

▶ 8장 전기 기출문제 분석

126	127	128	129	130	131
3 9%	6 18%	4 12%	4 12%	7 21%	2 6%

2. 기출문제분석(126~131회)

분류	평균 기출 빈도	우선순위(계산포함)
연소방화	22문제/6회 ≒ 3.7문제	④
건축방재	37문제/6회 ≒ 6.2문제	②
가스폭발	6문제/6회 ≒ 1.0문제	⑥
위험물	8문제/6회 ≒ 1.3문제	⑤
위험성 평가	6문제/6회 ≒ 1.0문제	⑥
소방기계	75문제/6회 ≒ 12.5문제	①
소방전기	26문제/6회 ≒ 4.3문제	③

Contents

126회
- 기출문제 ········ 10
- 1교시 ········ 14
- 2교시 ········ 31
- 3교시 ········ 44
- 4교시 ········ 57

127회
- 기출문제 ········ 76
- 1교시 ········ 80
- 2교시 ········ 97
- 3교시 ········ 110
- 4교시 ········ 127

128회
- 기출문제 ········ 142
- 1교시 ········ 145
- 2교시 ········ 160
- 3교시 ········ 174
- 4교시 ········ 189

129회

- 기출문제 ·· 204
- 1교시 ·· 209
- 2교시 ·· 224
- 3교시 ·· 237
- 4교시 ·· 252

130회

- 기출문제 ·· 266
- 1교시 ·· 270
- 2교시 ·· 285
- 3교시 ·· 297
- 4교시 ·· 311

131회

- 기출문제 ·· 324
- 1교시 ·· 328
- 2교시 ·· 342
- 3교시 ·· 356
- 4교시 ·· 369

126회

문제풀이

제126회 소방기술사

1 교시

※ 다음 문제 중 10문제를 선택하여 설명하시오. (각 10점)

1. 피난안전성 평가에 사용되는 RSET(Required Safety Egress Time)와 ASET(Available Safety Egress Time)에 대하여 설명하시오.

2. 접지저항 저감 방법을 물리적 방법과 화학적 방법으로 설명하시오.

3. 사업장 위험성평가지침에 따른 위험성평가절차를 5단계로 구분하여 설명하시오.

4. 공동주택에서 소방차 소방활동 전용구역의 설치대상 및 설치 방법을 설명하시오.

5. 옥내소화전 펌프 토출 측 주배관의 유속을 4 m/s 이하로 제한하는 이유에 대하여 설명하시오.

6. 스프링클러설비의 배관경 설계에 적용하는 살수 밀도-방호구역 면적 그래프에 대하여 설명하시오.

7. 상업용 조리시설의 식용유 화재에서 발생하는 스플래시(Splash) 현상에 대하여 설명하시오.

8. 가스계소화설비에 적용하는 피스톤 릴리즈 댐퍼(PRD : Piston Release Damper)의 문제점 및 개선방안을 설명하시오.

9. 금속판으로 설치하는 제연급기풍도에서 다음을 설명하시오.
    1) 풍도 단면의 긴 변 또는 직경의 크기별 강판 두께
    2) 풍도 내부 청소를 위한 방안

10. 이산화탄소소화설비 가스압력식의 작동순서에 대하여 설명하시오.

11. 유체(물)가 흐르는 배관에서 발생하는 부차적 손실(Minor Loss)에 대하여 설명하시오.

12. 유체가 오리피스(Orifice)를 통과할 때 발생하는 Vena Contracta에 대하여 설명하시오.

13. 고조파(Harmonic Frequency)의 발생원인 및 방지대책에 대하여 설명하시오.

2 교시

※ 다음 문제 중 4문제를 선택하여 설명하시오. (각 25점)

1. 화재 시 발생하는 연기에 대하여 다음을 설명하시오.
   1) 연기의 유해성
   2) 고온 영역의 연기층 유동 현상
   3) 저온 영역의 연기층 유동 현상

2. 「가스계소화설비의 설계프로그램 성능인증 및 제품검사의 기술기준」에서 요구하고 있는 설계프로그램의 구성요건에 대하여 설명하시오.

3. 강관의 부식 및 방식원리에서 많이 활용되고 있는 포베 도표(Pourbaix Diagram)에 대하여 다음을 설명하시오.
   1) 철(Fe)의 pH-전위도표 작도
   2) 부식역
   3) 부동태역
   4) 불활성역

4. 건축물관리법의 화재안전성능보강과 관련하여 다음 사항을 설명하시오.
   1) 기존 건축물의 화재안전성능 보강 대상 건축물
   2) "국토교통부 2022년 화재안전성능보강 지원사업 가이드라인"중 보조사업

5. 건설현장에서 소방감리원의 자재 검수를 현장반입 검수와 공장 검수로 구분하여 설명하시오.

6. 정전기(Static Electricity)에 대하여 다음을 설명하시오.
   1) 정전기의 대전현상
   2) 정전기의 위험성
   3) 정전기 방지대책

3 교시

※ 문제 중 4문제를 선택하여 설명하시오. (각 25점)

1. 방화구획과 관련하여 다음 사항을 설명하시오.
   1) 소방법령 및 건축법령에서 각각 방화구획 하는 장소
   2) "복합건축물의 피난시설 등"의 대상 및 시설기준

2. 소방설비에서 적용하고 있는 TAB(Testing, Adjusting, Balancing)에 대하여 다음 사항을 설명하시오.

1) 적용 대상
2) 절차 및 내용(제연설비 중심)
3) 기대효과

3. 가스계소화설비 설치장소의 누출부에 대한 방호구역 밀폐도(기밀성) 시험에 대하여 다음 사항을 설명하시오.
   1) 기본원리
   2) 시험절차
   3) 기대효과

4. 유해화학물질의 물질안전보건자료(MSDS) 구성항목과 작성 시 확인 사항에 대하여 설명하시오.

5. 소방공사 계약에서 물가 변동에 따른 계약금액 조정(Escalation)에서 품목조정률과 지수조정률을 설명하시오.

6. 무선통신보조설비에 대하여 다음 사항을 설명하시오.
   1) 전압정재파비
   2) 그레이딩(Grading)
   3) 무반사 종단저항

4 교시

※ 다음 문제 중 4문제를 선택하여 설명하시오. (각 25점)

1. 소화설비(옥내소화전, 스프링클러, 물분무 등)의 배관 및 가압송수장치, 제어반에 적용되고 있는 내진설계기준에 대하여 설명하시오.

2. NFPA 25 수계소화설비의 점검, 시험 및 유지관리에서 대상 설비별로 다음 사항을 설명하시오.
   1) 시험 및 검사 종류
   2) 주기
   3) 목적
   4) 시험방법

3. 본질안전방폭구조에서 Zener Barrier 및 Isolated Barrier 방식에 대하여 그림을 그리고 설명하시오.

4. 한국산업표준(KS A 0503 배관계의 식별표시)에 의한 소화배관 표시 방법에 대하여 설명하시오.

5. 유도등의 광원으로 사용되고 있는 LED(Light Emitting Diode)에 대하여 다음 사항을 설명하시오.
   1) P형 반도체와 N형 반도체의 개념
   2) 빛 발생 원리(그림 포함)
   3) LED 특징

6. 위험물안전관리법상 인화성액체에 대하여 다음 사항을 설명하시오.
   1) 품명
   2) 지정수량
   3) 저장 및 취급 방법

교시 1

1-1
피난안전성 평가에 사용되는 RSET(Required Safety Egress Time)와 ASET(Available Safety Egress Time)에 대하여 설명하시오.

[풀이]

1. 피난안전성 평가
① ASET이란 위험이 인명안전기준까지 도달하는 시간
② RSET이란 총피난시간
③ 피난안전성 평가란 ASET > RSET인지 평가하는 것

2. ASET

1) 개념

위험이 인명안전기준까지 도달하는 시간으로 화재 크기와 역의 관계에 있다.

2) 인명안전기준

구분	성능기준	
호흡 한계선	바닥으로부터 1.8 m 기준	
열에 의한 영향	60 ℃ 이하	
독성에 의한 영향	성분	독성기준치
	CO	1,400 ppm
	CO_2	5 % 이하
	O_2	15 % 이상
가시거리에 의한 영향	용도	허용가시거리 한계
	기타시설	5 m
	집회시설 판매시설	10 m 고휘도 유도등, 바닥유도등, 축광유도표지 설치시(7 m)

3) 측정 방법

　① FDS 등 화재 시뮬레이션

　② 수계산

4) ASET 연장안

　① 화재 크기와 역의 관계에 있기 때문에 화재 크기를 줄이면 ASET은 커진다.

　② passive system으로 내장재 불연화, 방화구획 등

　③ active system으로 조기반응형 스프링클러설비 설치

　④ 제연설비의 설치

3. RSET

1) 개념

　① RSET = 감지시간 + 지연시간 + 이동시간

　② 지연시간을 피난가능시간으로 표현

2) 피난가능시간 기준(단위 : 분)

용도	W1	W2	W3
사무실, 상업, 산업건물, 학교, 대학교(거주자는 건물의 내부, 경보, 탈출로에 익숙하고, 상시 깨어 있음)	< 1	3	> 4
상점, 박물관, 레저스포츠 센터, 그 밖의 문화집회시설(거주자는 상시 깨어 있으나 건물의 내부, 경보, 탈출로에 익숙하지 않음)	< 2	3	> 6
기숙사, 중/고층 주택(거주자는 건물의 내부, 경보, 탈출로에 익숙, 수면상태일 가능성이 있음)	< 2	4	> 5
호텔, 하숙용도(거주자는 건물의 내부, 경보, 탈출로에 익숙하지도 않고, 수면상태일 가능성이 있음)	< 2	4	> 6
병원, 요양소, 그 밖의 공공 숙소(대부분의 거주자는 주변의 도움이 필요함)	< 3	5	> 8

비고

　W1 : 방재센터 등 CCTV 설비가 갖춰진 통제실의 방송을 통해 육성 지침을 제공할 수 있는 경우 또는 훈련된 직원에 의하여 해당 공간 내의 모든 거주자들이 인지할 수 있는 육성지침을 제공할 수 있는 경우

　W2 : 녹음된 음성 메시지 또는 훈련된 직원과 함께 경고방송 제공할 수 있는 경우

　W3 : 화재경보신호를 이용한 경보설비와 함께 비 훈련 직원을 활용할 경우

3) 측정 방법

　① Building-EXODUS, SIMULEX 등 피난시뮬레이션

　② NFPA에 의한 수계산

4) RSET 단축안
① 특수감지기 등 설치하여 감지 시간 단축
② 피난거리 단축 및 거주 밀도 하향 조정
③ 피난구 수, 피난구 폭 및 피난계단 등 피난용량 확대
④ 피난시설의 개선과 고휘도 유도등 설치

1-2
접지저항 저감방법을 물리적방법과 화학적방법으로 설명하시오.

풀이

1. 접지저항 기본식

$$R(\Omega) = \frac{E(\text{V})}{I(\text{A})}$$

여기서, R : 저항
E : 전압
I : 전류

2. 접지저항 저감대책

1) 물리적 저감법

   (1) 수평공법
   ① 접지극 병렬접속 : 접지전극의 병렬 수 및 상호간격을 크게 하면 합성저항은 줄어듦
   ② 접지극 치수 확대 : 접지전극이 대지와 접촉되는 면적이 클수록 접지저항은 낮아짐
   ③ 메시접지전극 : 접지전극이 대지와 접촉되는 면적이 클수록, 메시접지 전극이 매설된 부지가 클수록 접지저항은 낮아짐
   ④ 평판접지전극 : 접지전극판의 면적이 클수록 접지저항이 감소함

   (2) 수직공법
   ① 심타공법 : 땅속 깊이 내려갈수록 대지 고유저항률이 낮아지는 경향이 있고 대지와 접촉하는 면적이 증가하여 접지저항은 낮아진다.

② 보링공법 : 지반을 천공하여 수직으로 접지전극을 매설하는 방법으로 접지봉의 타설깊이가 깊을수록 접지저항은 낮아진다.

2) 화학적 저감법

(1) 비반응형 저감제
① 화학적 전해질 물질을 접지전극 주변의 토양에 주입, 치환하여 토양의 대지저항을 저감하는 방법
② 염, 황산, 암모니아 분말, 벤젠 나이트 등 저감제로 공해문제를 야기하여 사용하지 않음

(2) 반응형 저감제
① 기존 화학처리제 : 화이트아스론, 티코겔 등
② 도전성 콘크리트 : 기존 화학처리제의 단점을 보완하여 시멘트와 도전재료, 무기재료 등을 첨가하여 시멘트의 알칼리성에 의해 부식이 없고 시멘트에 의해 견고하게 굳어져 반영구적이며 안정적이다.

1-3
사업장 위험성평가지침에 따른 위험성평가절차를 5단계로 구분하여 설명하시오.

풀이

1. 위험성평가
유해·위험요인을 파악하고 해당 유해·위험요인에 의한 부상 또는 질병의 발생 가능성(빈도)과 중대성(강도)을 추정·결정하고 감소대책을 수립하여 실행하는 일련의 과정

2. 위험성평가 절차 5단계

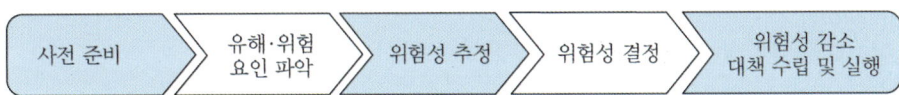

1) 평가대상의 선정 등 사전준비
① 위험성평가 실시규정을 작성하고, 지속적으로 관리
② 위험성평가 대상 선정

③ 사업주는 사업장 안전보건정보를 사전에 조사하여 위험성평가에 활용

2) 근로자의 작업과 관계되는 유해·위험요인의 파악
   - 사업주는 사업장 순회점검에 의한 방법 등으로 유해·위험요인을 파악

3) 파악된 유해·위험요인별 위험성의 추정
   - 사업주는 유해·위험요인을 파악하여 사업장 특성에 따라 부상 또는 질병으로 이어질 수 있는 가능성 및 중대성의 크기를 추정하고 위험성을 추정

4) 추정한 위험성이 허용 가능한 위험성인지 여부의 결정
   - 사업주는 유해·위험요인별 위험성 추정 결과와 사업장 자체적으로 설정한 허용 가능한 위험성 기준을 비교하여 해당 유해·위험요인별 위험성의 크기가 허용 가능한지 여부를 판단

5) 위험성 감소대책의 수립 및 실행
   ① 사업주는 위험성을 결정한 결과 허용 가능한 위험성이 아니라고 판단되는 경우는 위험성의 크기, 영향을 받는 근로자 수 등을 고려하여 위험성 감소를 위한 대책을 수립하여 실행
   ② 사업주는 위험성 감소대책을 실행한 후 해당 공정 또는 작업의 위험성의 크기가 사전에 자체 설정한 허용 가능한 위험성의 범위인지 확인
   ③ 확인 결과, 위험성이 자체 설정한 허용 가능한 위험성 수준으로 내려오지 않는 경우는 허용 가능한 위험성 수준이 될 때까지 추가의 감소대책을 수립·실행
   ④ 사업주는 중대재해, 중대산업사고 또는 심각한 질병이 발생할 우려가 있는 위험성으로서 수립한 위험성 감소대책의 실행에 많은 시간이 필요한 경우에는 즉시 잠정적인 조치를 강구
   ⑤ 사업주는 위험성평가를 종료한 후 남아 있는 유해·위험요인에 대해서는 게시, 주지 등의 방법으로 근로자에게 고지

6) 위험성평가 실시내용 및 결과에 관한 기록

1-4
공동주택에서 소방차 소방활동 전용구역의 설치대상 및 설치방법을 설명하시오.

1. 소방자동차 전용구역 설치대상

① 대통령령으로 정하는 공동주택의 건축주는 소방활동의 원활한 수행을 위하여 공동주택에 소방자동차 전용구역을 설치
② 대통령령으로 정하는 공동주택
  • 아파트 중 세대수가 100세대 이상인 아파트
  • 기숙사 중 3층 이상의 기숙사
③ 제외
  하나의 대지에 하나의 동으로 구성되고, 정차 또는 주차가 금지된 편도 2차선 이상의 도로에 직접 접하여 소방자동차가 도로에서 직접 소방활동이 가능한 공동주택

2. 전용구역의 설치 방법

분류	설치 방법
노면표지의 외곽선	빗금무늬
빗금	두께 30cm, 50cm 간격
색채	황색
문자(P, 소방차 전용)	백색

1-5

옥내소화전 펌프 토출측 주배관의 유속을 4 m/s 이하로 제한하는 이유에 대하여 설명하시오.

풀이

1. 화재안전기준

펌프의 토출 측 주배관의 구경은 유속이 4 m/s 이하

2. 제한하는 이유

1) 마찰손실

① $h_\ell = \lambda \dfrac{L}{D} \times \dfrac{V^2}{2g}$

② 속도 변수에서 대표적인 것은 마찰손실과 관련됨

③ 관 마찰로 인한 관의 손상, 부식의 우려 등이 발생

2) 수리계산에 의한 관경 계산

① $Q = AV = \dfrac{\pi}{4} d^2 \times V$

② $d = \sqrt{\dfrac{4Q}{\pi V}} = \sqrt{\dfrac{4Q}{\pi 4}} = 0.5642 \sqrt{Q}\ (\text{m})$

여기서, $V = 4$ m/s

③ d(m) → d'(mm), Q(m³/s) → Q'(L/min) 변환

$\dfrac{1}{1000} d(\text{mm}) = 0.5643 \sqrt{\dfrac{1}{60 \times 1000} Q\ (\text{L/min})}$

④ $d = 2.3 \sqrt{Q} = 2.3 \sqrt{260} = 37 ≒ 40$ mm

⑤ 4 m/s 이하일 경우 관경(2개 기준) 계산

분류	배관경		4 m/s 이하일 경우 관경(2개 기준)
수직배관	50 mm	32 mm(호스릴)	40 mm
가지배관	40 mm	25 mm(호스릴)	32 mm

⑥ 수리계산으로 할 경우 호스방식은 여유로운 설계, 호스릴의 경우 기준보다 작은 사이즈

1-6
스프링클러설비의 배관경 설계에 적용하는 살수밀도-방호구역 면적 그래프에 대하여 설명하시오.

풀이

1. 용도별 위험등급 분류
① 설치장소의 화재하중 및 위험도에 따라 용도를 5가지로 분류
② 설치장소의 위험도를 반영하여 살수밀도를 차등적용
③ 경급위험용도(light hazard), 중급위험용도(ordinary hazard)I·II, 상급위험용도(extrad hazard) I·II로 분류

2. 살수밀도 – 방호구역 면적 그래프(NFPA 13)

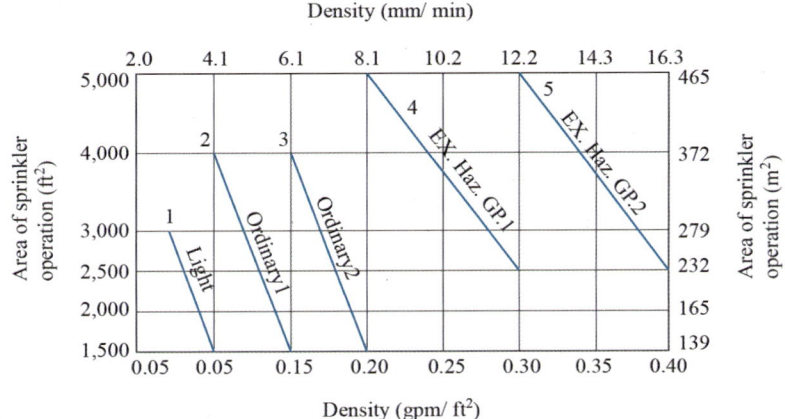

① 스프링클러 작동면적은 화재 시 작동하는 헤드의 면적을 말한다. 소방법상 작동 헤드를 10개, 20개, 30개로 정하는 것과 같은 의미임
② 작동면적이 크면 살수밀도는 작아지고 작동면적이 작으면 살수밀도는 커지는데 그래프상 어느 점을 선택할 것인지는 경험과 기술력을 바탕으로 설계자가 결정
③ 건식과 더블 인터록 준비작동식의 경우 시간지연으로 인해 30% 할증을 하며 살수밀도는 조정하지 않음
④ ESFR 스프링클러는 RTI 값이 낮아 조기 작동함으로 작동면적을 감소

3. 비교

구분	NFPA 13	NFSC 103
위험용도분류	경급, 중급(1,2), 상급(1,2)	무대부, 랙크창고, 아파트 등
설계면적	면적/밀도 그래프에서 결정	기준 개수(10 / 20 / 30개)
살수밀도	면적/밀도 그래프에서 결정	수평거리
작동시간	경급(30분), 중급(60~90분), 상급(90~120분)	건물 층수에 따라 20~60분

1-7

상업용 조리시설의 식용유 화재에서 발생하는 스플래시(Splash)현상에 대하여 설명하시오.

[풀이]

1. 개념

① 식용유 화재를 미국방화협회(NFPA)에서는 K급 화재로, ISO와 UL에서는 F급으로 분류
② 동식물성 기름 화재는 B급 화재와는 다른 특성이 있어 다르게 분류

2. 식용유 화재 특성

1) 열축적이 용이

① 식용유 화재는 전형적인 자연발화로 열발생속도 > 열방산속도일 때 열축적에 의한 발화
② 식용유의 경우 방열효과가 적어 열축적이 용이

2) 식용유 화재

① 인화점과 발화점 차이가 작아 약간의 열축적에 의해서도 발화점 이상이 되어 식용유 화재가 발생한다.
② 이때 유면상의 화염을 제거해도 기름의 온도가 발화점 이상이기 때문에 재발화
③ 따라서 발화점 이하로 냉각함과 동시에 비누화 현상으로 피복질식이 필요

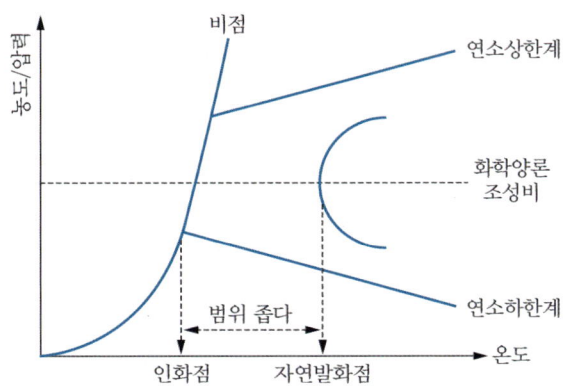

3. 스플래시(splash) 현상

① 스플래쉬 현상이란 온도를 낮추지 않고 약제를 분사할 경우 기름이 튀어 화재가 확산되는 것을 의미
② 이는 소화약제와 식용유의 온도 차에 의해 발생
③ 냉각소화와 질식소화가 동시에 필요하며, K급 화재 특성에 맞는 노즐을 사용

1-8
가스계소화설비에 적용하는 피스톤 릴리즈 댐퍼(PRD : Piston Release Damper)의 문제점 및 개선방안을 설명하시오.

> 풀이

1. 전역방출방식의 자동폐쇄장치

	자동폐쇄장치
환기장치	소화약제가 방사되기 전에 환기장치 정지
개구부 및 통기구	소화효과를 감소시킬 우려가 있는 개구부 또는 통기구(천장에서 1 m 이상 또는 바닥에서 높이 3분의 2 이내의 부분) → 소화약제 방사되기 전에 폐쇄
복구	방호구역 또는 방호대상물이 있는 구획의 밖에서 복구
표지	위치를 표시하는 표지

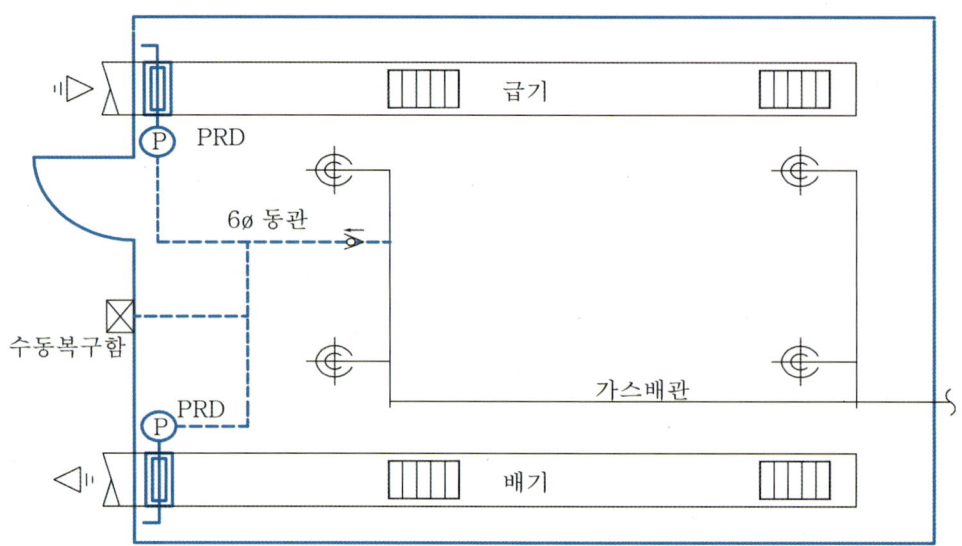

2. 피스톤 릴리즈댐퍼(PRD)

1) 역할

① 소화가스 방출과 동시에 작동되어 방호구역 내부의 가스소화약제가 외부로 누출되지 않도록 하는 것
② 전기식 MRD와 기계식 PRD로 구분

2) 작동원리

감지기 동작 → 솔레노이드에 의한 기동용기 개방 → 저장용기의 용기밸브 개방 → 선택밸브을 통한 노즐에서 가스방출 → 가스방출과 동시에 가스에 의해 피스톤이 작동하여 댐퍼 폐쇄

3) 문제점

① 댐퍼의 작동인 기능만을 고려
② 댐퍼에서의 누기 기준, 덕트 사이즈에 따른 피스톤의 크기
③ 확관된 결합 부위의 누기 시 댐퍼 복구 등

3. 개선방안

① 댐퍼의 기준제정 및 누기율 시험
② 덕트 사이즈에 따른 피스톤 크기 계산
③ 결합부위 확관 타입보다 나사타입으로 교체
④ 기계식보다 전기식으로 전환 및 정기적인 점검체계 구축

1-9

금속판으로 설치하는 제연급기풍도에서 다음을 설명하시오.
1) 풍도 단면의 긴 변 또는 직경의 크기별 강판 두께
2) 풍도 내부 청소를 위한 방안

[풀이]

1. 풍도 단면의 긴 변 또는 직경의 크기별 강판 두께

[단위 : mm]

풍도 크기	450 이하	450 초과 750 이하	750 초과 1,500 이하	1,500 초과 2,250 이하	2,250 초과
강판두께	0.5 이상	0.6 이상	0.8 이상	1.0 이상	1.2 이상

- 풍도에서의 누설량은 급기량의 10 % 이내

2. 풍도 내부 청소를 위한 방안

1) 덕트 오염원

① 분진축적에 의한 오염 : 분진이나 연기 등의 미립자, 녹, 섬유질 등의 오염물질
② 미생물에 의한 오염 : 곰팡이, 박테리아 등의 미생물, 원생동물 등
③ 분진 축적이 세균번식에 큰 영향

2) 풍도 내부 청소를 위한 방안

(1) 접촉식 집진 방법
① 점검구를 통해 집진기를 이용하여 덕트 내부를 클리닝하는 방식
② 용이성

(2) 에어워싱 방법
① 노즐을 통해 분진 등을 공기 중에 섞이게 한 후 집진기를 통해 밖으로 배출

(3) 파워 브러싱 방법
① 집진장치는 에어워싱처럼 연결, 로터리 브러시를 사용

(4) 화학적 위생처리방법
① 화학적 위생처리제를 사용
② 박테리아, 세균류를 살균하는 방법

(5) 덕트 크리닝 로봇을 이용하는 방법

1-10

이산화탄소소화설비 가스압력식의 작동순서에 대하여 설명하시오.

풀이

1. 자동식 기동장치

구분		자동식 기동장치
자동기동		자탐 감지기의 작동과 연동
수동기동		자동식 기동장치에는 수동으로도 기동할 수 있는 구조
전기식 기동장치		7병 이상의 저장용기를 개방할 경우 2병 이상의 저장용기에 전자 개방밸브를 부착
기계식 기동장치		저장용기를 쉽게 개방할 수 있는 구조
가스압력식 기동장치	내압시험 압력	기동용 가스용기 및 용기밸브는 25 MPa 이상의 압력에 견디는 구조
	안전장치	내압시험압력의 0.8배 내지 내압 시험압력 이하에서 작동
	기동용 가스용기	• 용적 : 5 L 이상 • 질소 등 충전압력 : 6 MPa 이상(21 ℃) • 압력게이지 : 충전 여부 확인

2. 작동순서

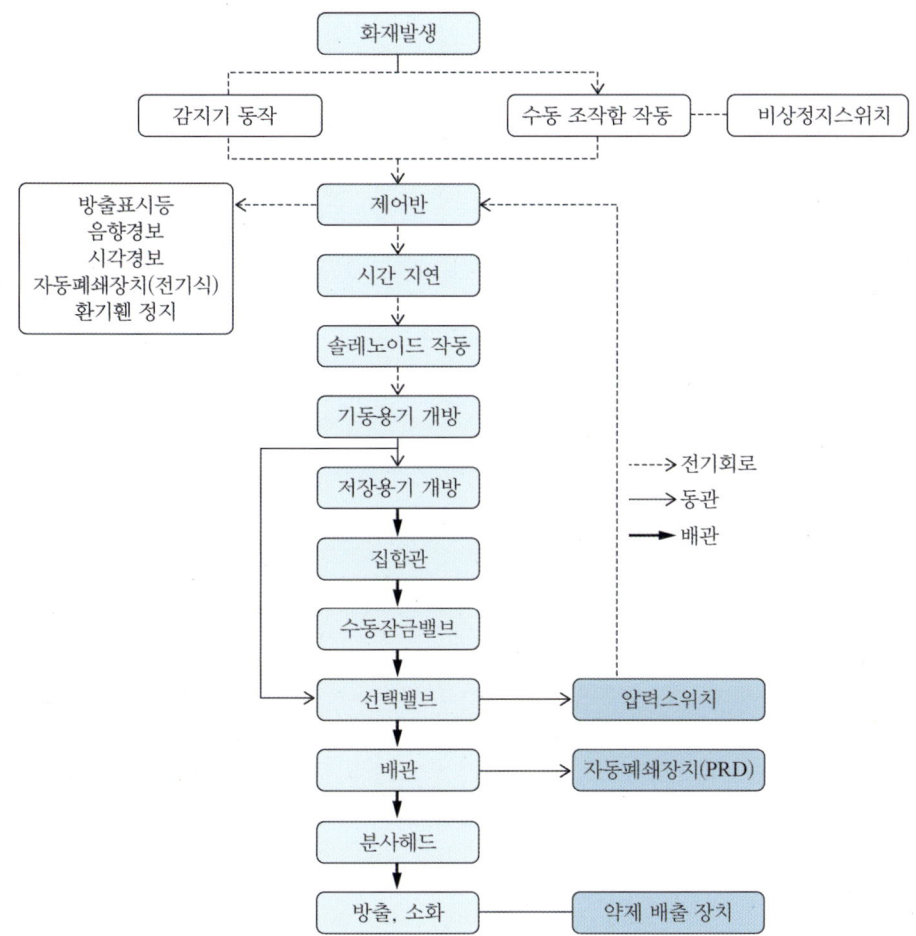

1-11

유체(물)가 흐르는 배관에서 발생하는 부차적 손실(Minor Loss)에 대하여 설명하시오.

[풀이]

1. 달시 – 웨바스 실험식

① $h_\ell = \lambda \dfrac{L}{D} \times \dfrac{V^2}{2g}$

② 이 식을 적용하려면 동일 직경에 동일 길이인 직관에만 적용

③ 직관 이외는 이 식을 적용하지 못하므로 $k = \lambda \dfrac{L}{D}$인 손실계수 k로 표현

2. 부차적 손실

부차적 손실	수식
손실계수	• $h_\ell = k \dfrac{V^2}{2g}$
급확대 관로의 손실	• $h_\ell = \dfrac{(V_1 - V_2)^2}{2g}$
급축소 관로의 손실	• $h_\ell = \left(\dfrac{1}{C_c} - 1\right)^2 \dfrac{V_2^2}{2g}$ 여기서, 수축계수 $C_c = \dfrac{A_0}{A_2}$
점차확대 관로의 손실	• $h_\ell = \xi \dfrac{(V_1 - V_2)^2}{2g} = k \dfrac{V_1^2}{2g}$ 여기서, ξ : 확대각 θ

3. 부차적 손실이 일어나는 부분

① 밸브류
② 피팅류
③ 펌프류
④ 노즐류 등

1-12

유체가 오리피스(Orifice)를 통과할 때 발생하는 Vena Contracta에 대하여 설명하시오.

풀이

1. 개요

① 유체가 오리피스(orifice)를 통과할 때 유선(stream line)을 따라 흐르기 때문에 단면적이 감소하는데 가장 감소한 부분을 vena contracta라고 한다.

② 이 지점은 베르누이 원리에 의해 가장 압력이 낮은 지점이 되며, 에너지 손실이 가장 큰 지점이 된다.

2. Vena Contracta

① 유선이란 순간의 운동 방향으로 유선이 파괴되면 압력손실과 유량 손실이 발생하는데 오리피스의 경우 유선이 파괴된다.
② 일반적으로 vena contracta는 오리피스 직경의 1/2 지점에서 발생하는데, 정압이 동압으로, 동압이 정압으로 변화될 때 나타난다.
③ 에너지 변환을 수반할 때 압력손실이 발생하는데 vena contracta 지점에서 가장 낮은 압력이 된다.

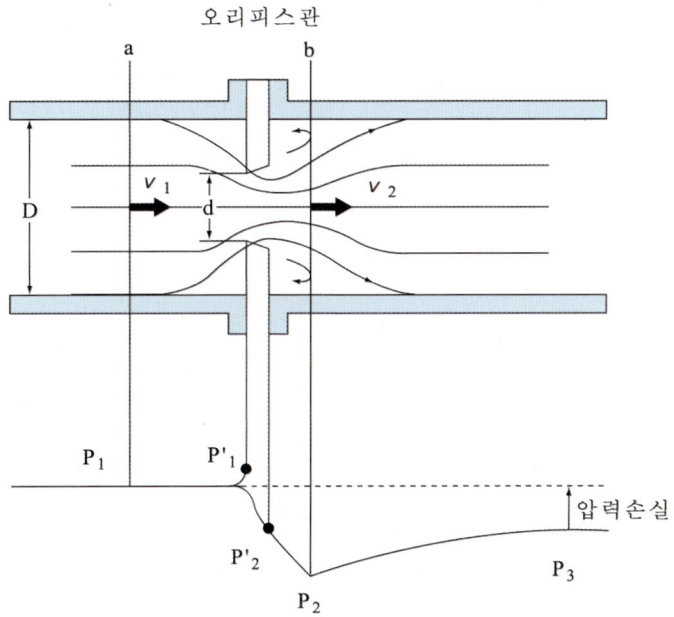

④ 오리피스의 유입구와 유출구의 형상에 의해 손실이 결정되며, 유입구가 각진 형상을 할 경우 유동박리현상이 발생하고 vena contracta가 형성되어 손실이 발생한다.
⑤ 이러한 손실을 보정하기 위해 유량계수를 사용하여 유량을 측정하며 또는 vena contracta가 발생하지 않게 벤츄리나 유동노즐을 사용하기도 한다.
⑥ 소방에서 사용하는 관창의 경우도 돌출 오리피스 사용을 지양하고 완만한 방사각을 사용하여 와류현상을 줄인 것도 vena contracta와 관련된다.

3. 유량계수(flow coefficient)

① C_v (속도계수 : 0.98 ~ 0.99) = $\dfrac{\text{vena contracta에서 실제속도}}{\text{이론속도}}$

② C_c (수축 or 축류계수 : 0.61 ~ 0.66) = $\dfrac{\text{vena contracta에서 단면적}}{\text{오리피스단면적}}$

③ C (유량계수 : 0.61 ~ 0.65) = $C_v C_c$

1-13 고조파(Harmonic Frequency)의 발생원인 및 방지대책에 대하여 설명하시오.

[풀이]

1. 개념
① 고조파란 기본주파수의 정수배를 갖는 주파수로 50차수 이하를 말함
② 파의 간섭효과에 의해 파형이 왜곡되면 역률 감소 등 전력기기 및 선로에 악영향

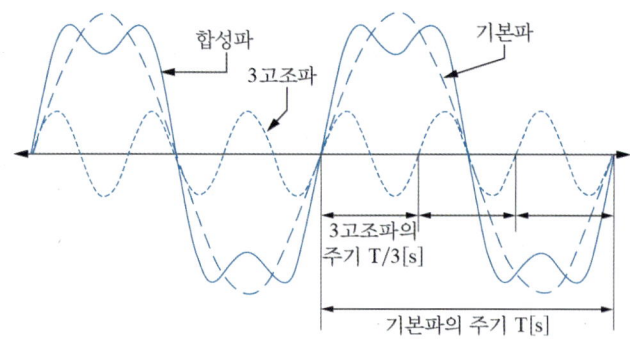

2. 고조파의 발생원인
① 전력 계통에 연결된 비선형 부하에 의해 발생
② UPS, 에어컨, PC, transistor, diode 등은 입출력 전류/전압 특성이 비선형적
③ 비선형 소자들은 결과적으로 시스템적으로 선형성을 깨뜨리는 주요한 원인인데 비선형 소자를 통과하고 나면 위와 같이 원래 주파수의 배수에 해당되는 고조파가 발생

3. 고조파의 영향
① 전기기기의 과열 및 소음
② 콘덴서의 과열과 소손
③ 중성선에 과전류 발생, 통신선 유도 장애

4. 고조파 대책
① 역률 개선용 콘덴서 설치
② 리액터 설치
③ 정류기의 다펄스화
④ 중성선 영상부 고조파 제거장치 설치

교시 2

2-1
화재 시 발생하는 연기에 대하여 다음을 설명하시오.
1) 연기의 유해성
2) 고온영역의 연기층 유동현상
3) 저온영역의 연기층 유동현상

풀이

1. 연기의 유해성

1) 연기
   ① 연기란 공기 중에 부유하고 있는 0.01~10 μm 크기의 고체 또는 액체의 미립자
   ② 화재 시 연기
      - 연소물질로부터 발생하는 고온 수증기와 가스
      - 불완전 연소물질과 응축된 물질
      - 불에 의해 가열되고 상승하는 plume에 흡입된 공기

2) 연기의 유해성
   (1) 시각적 유해성
      - 연기 등에 의한 가시도 약화로 유도표지, 유도등의 피난방향 확인이 어려워 심리적 및 생리적인 해에 의해 사상하기에 이른다.
   (2) 심리적 유해성
      - 연기를 보거나 생리적, 시각적 피해를 입음으로 인해 극도의 불안감 및 공포심(panic 현상)으로 이성 및 자유로운 행동을 상실한다.
   (3) 생리적 유해성
      - CO_2에 의한 중독, 산소질식, 연기입자에 의한 호흡장애, 심신기능 장애가 있다.

2. 고온영역의 연기층 유동현상

1) 부력(buoyancy)

① 관련식

$$\Delta P = 3460 H \left(\frac{1}{T_1} - \frac{1}{T_2} \right)$$

여기서, T_1 : 화원 주위의 온도[K]
T_2 : 화원의 온도[K]
H : 중성대로부터의 층고[m]

② 화재가 발생하면 화원의 온도는 주변의 공기온도보다 상승 → 화원의 온도는 밀도와 역의 관계이므로 주변의 공기보다 가벼워짐($\rho = \frac{PM}{RT}$) → 부력에 의해 화원 위쪽에 상승기류 → 화재플룸(fire plume)

2) 연기의 충진(smoke filling)

① 천장에 도달한 fire plume과 상승하는 연기는 천장 면을 타고 빠르게 수평 이동하는데 이를 ceiling jet flow라 한다.
② 구획된 건물의 경우 ceiling jet은 fire plume과 마찬가지로 공기를 끌어들이면서 수평으로 전파
③ 벽에 충돌하면서 아래 방향으로 흐르지만 다시 부력에 의해 상승하고 상부에는 연기층을 형성

3) 연기 유동

① 연기층 하단이 개구부 상단까지 하강하면 인접실이나 복도 등으로 유출
② 유출된 연기에 공기가 유입되고 주변으로의 복사에너지 손실에 의해 냉각
③ 뜨거운 연기는 덕트, 샤프트 또는 계단실로 이동할 때 공기의 혼입에 의한 냉각은 거의 없어 특정 거리를 이동

3. 저온영역의 연기층 유동현상

1) 냉각

① 연기가 큰 개구부를 통해 흐를 때 연기는 빠르게 냉각되고, 작은 틈새를 흐를 때는 연기는 느리게 냉각
② 연기온도가 낮아진 구역에서는 부력이 줄어들어 상승력이 부족해지고 연기의 이동은 자체의 에너지로는 힘들게 됨

2) 연기 유동
    ① 부력이 약한 연기는 다른 에너지에 의해 영향을 받아 이동
    ② 연기유동은 굴뚝효과, 풍력, 공조시스템, 피스톤 효과 등에 의해 이동
    ③ 겨울철에는 건물 외부보다 내부온도가 높아 화재처럼 상승기류를, 여름철에는 반대로 하강기류로 공기를 이동시키는데 대표적인 것이 굴뚝효과

2-2
"가스계소화설비의 설계프로그램 성능인증 및 제품검사의 기술기준"에서 요구하고 있는 설계프로그램의 구성요건에 대하여 설명하시오.

풀이

1. 설계프로그램의 구성요건
① 최대배관비
② 소화약제 저장 용기로부터 첫 번째 티 분기 지점까지의 최소거리
③ 최소 및 최대방출시간
④ 소화약제 저장 용기의 최대 및 최소충전밀도
⑤ 배관 내 최소 및 최대유량
⑥ 각 분사헤드에 대한 연결 배관의 체적
⑦ 분사헤드의 최대압력편차
⑧ 연결 배관 단면적에 대한 분사헤드 오리피스와 감압 오리피스 단면적의 최댓값 및 최솟값
⑨ 분사헤드까지 약제도달시간에 대한 헤드별 최대편차, 분사헤드에서 약제방출 종료시간에 대한 헤드별 최대편차(단, 불활성 가스의 경우에는 약제방출 종료시간은 제외)
⑩ 티 분기 방식과 분기 전·후 배관길이에 대한 제한
⑪ 티 분기에 의한 최소 및 최대약제분기량
⑫ 배관 및 관부속 종류
⑬ 배관 수직 높이 변화에 따른 제한사항
⑭ 분사헤드 최소설계압력
⑮ 설비의 작동온도(소화약제 저장 용기의 저장온도)

2. 설계프로그램의 유효성 확인

신청자가 제시하는 20개 이상의 시험모델(분사헤드를 3개 이상 설치하여 설계한 모델) 중에서 임의로 선정한 5개 이상의 시험모델을 실제 설치하여 시험하는 경우, 다음 각호에 적합하여야 한다.

1) 소화약제

   소화약제는 "소화약제의 형식승인 및 검정기술기준"에 적합

2) 기밀시험

   소화약제 저장 용기 이후부터 분사헤드 이전까지의 설비부품 및 배관 등은 양 끝단을 밀폐시킨 후 98 kPa 압력공기 등으로 5분간 가압하는 때에 누설되지 아니할 것

3) 방출시험

   (1) 방출시간
   - 이산화탄소소화설비의 심부화재의 경우 420초 이내에 방출하여야 하며, 2분 이내에 설계농도 30 %에 도달하는 조건을 만족할 것

구분	방출시간 허용한계
10초 방출방식의 설비	측정값이 설곗값 ± 1초
60초 방출방식의 설비	측정값이 설곗값 ± 10초
기타의 설비	측정값이 설곗값 ± 10 %

   (2) 방출압력
   - 소화약제 방출 시 각 분사헤드마다 측정된 방출압력은 설곗값의 ±10 % 이내

   (3) 방출량
   - 각 분사헤드의 방출량은 설곗값의 ±10 % 이내이어야 하며 각 분사헤드별 설곗값과 측정값의 차이의 백분율(percentage differences)에 대한 표준편차가 5 이내일 것

   (4) 소화약제 도달 및 방출 종료시간
   - 소화약제 방출 시 각각의 분사헤드에 소화약제가 도달되는 시간의 최대편차는 1초 이내이어야 하며, 소화약제의 방출이 종료되는 시간의 최대편차는 2초 이내(이산화탄소 및 불활성가스는 제외)이어야 한다.

4) 분사헤드 방출면적시험
   - 모든 소화시험 모형은 소화약제의 방출이 종료된 후 30초 이내에 소화되어야 한다. 이 경우 소화약제방출에 따른 시험실의 과압 또는 부압은 설곗값(신청자가 제시한 압력값)

을 초과하지 아니하여야 한다.

5) 소화시험

(1) A급 소화시험

① 목재 소화시험 : 소화약제 방출 종료시간으로부터 10분 이내에 소화되고 잔염이 없어야 하며, 재연소(reignition)되지 아니할 것

② 중합재료 소화시험 : 소화약제 방출 종료시간으로부터 1분 이내에 소화되고 잔염이 없어야 하며(단, 내부 2개의 중합재료상단의 불꽃은 3분 이내에 소화), 방출 종료시간으로부터 10분 이내에 재연소되지 아니할 것

(2) B급 소화시험

① 소화약제 방출 종료시간으로부터 30초 이내에 소화되고 재연소(잔염 포함)되지 아니할 것

2-3

강관의 부식 및 방식원리에서 많이 활용하고 있는 포배 도표(Pourbaix Diagram)에 대하여 다음을 설명하시오.
1) 철(Fe)의 pH-전위도표 작도
2) 부식역
3) 부동태역
4) 불활성역

풀이

1. 철(Fe)의 pH-전위도표 작도

① 금속의 이온화 경향은 환경조건, 금속 표면에 보호피막을 형성하는 경우도 있으므로 금속의 전위만으로 부식 여부를 판단하는 데 한계가 있음
② 환경조건으로 pH를 고려해 전위와 pH의 관계를 나타내는 전위-pH도가 널리 이용
③ 실선은 각 물질의 열역학적 평형조건을 나타낸다.
④ 하부 점선 아래 영역에서는 수소가 발생하며, 상부 점선 윗 영역에는 산소가 발생함을 나타낸다.
⑤ 이 그림에서 열역학적 부식이 일어나지 않는 영역, 부식이 진행되는 영역, 산화피막으로

덮이는 영역으로 구분

⑥ 열역학적 데이터를 기반으로 하여 부식 속도에 대해서는 정보를 제공하지 않는다.

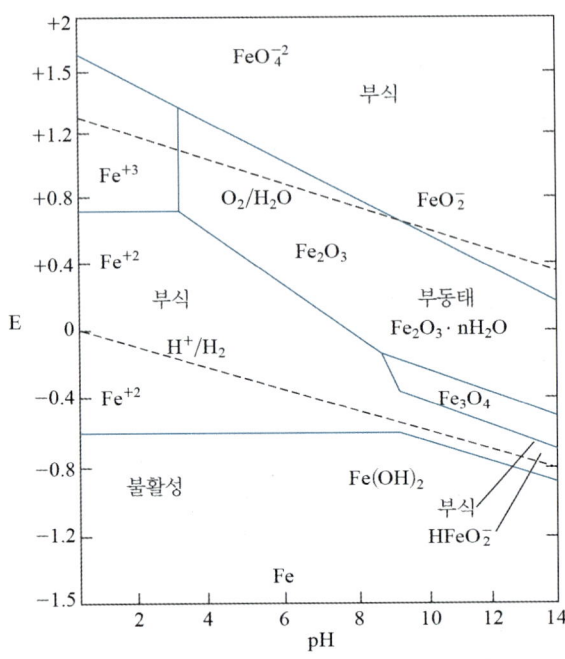

2. 부식역

1) 부식발생 mechanism

① anodic area : 금속이온과 전자로 분리

$$Fe \rightarrow Fe^{++} + 2e^-$$

② cathodic area

$$H_2O + \frac{1}{2}O_2 + 2e^- \rightarrow 2OH^-$$

③ 전해질(electrolyte)

$$Fe^{++} + 2OH^- \rightarrow Fe(OH)_2 \ \ [수산화제1철]$$

$$4Fe(OH)_2 + O_2 + 2H_2O \rightarrow 4Fe(OH)_3 \ \ [수산화제2철]$$

2) 방식방법

① 부식은 산화반응, 발열반응이므로 산소와 만나지 않게 하는 방법과 떨어져 나간 이온만큼 이온을 주입시키는 방법이 있음

② 물과 산소의 접촉을 차단 : 도장, 도금, 라이닝 또는 도복장 등

③ 전기방식인 희생양극법, 외부전원법

3. 부동태역

1) 개념
① 전기화학적으로 비금속이 원래의 활성을 잃고 귀금속과 같은 거동을 나타내는 경우 부동태라 함
② 부동태화는 부동태 피막이라는 얇은 보호성 피막을 형성하는데 2~6 mm의 아주 얇은 피막이다.
③ 금속의 부동태는 Cl^-(염소이온)에 쉽게 파괴되는데 공식 등 대표적인 국부부식의 원인이 된다.

2) 전기방식
① 전기방식은 전류의 작용으로 금속의 전위를 변화시켜 부식을 방지하는 방법
② 철의 전위를 부동태역까지 이동시키는 방법
③ 이를 양극방식법이라 하는데 특정 환경조건에 한정

4. 불활성역

1) 개념
① 금속이 안정한 상이면 불활성상태(immunity)라고 함
② 이를 열역학적으로 부식이 일어나지 않는 영역이라고 함

2) 전기방식
① 철 표면의 전위를 이온화가 일어나지 않는 안정역까지 낮춤으로 부식을 방지
② $Fe \rightarrow Fe^{++} + 2e^-$ 반응을 차단
③ 이를 음극방식법이라 함

2-4

건축물관리법의 화재안전성능보강과 관련하여 다음 사항을 설명하시오.
1) 기존 건축물의 화재안전성능보강 대상 건축물
2) "국토교통부 2022년 화재안전성능보강 지원사업 가이드라인" 중 보조사업

> 풀이

1. 기존 건축물의 화재안전성능보강 대상 건축물

1) 3층 이상 건축물로서 다음 조건에 해당하는 경우

① 용도

건축물관리법	건축물관리법 시행령
제1종 근린생활시설	목욕장·산후조리원, 지역아동센터
제2종 근린생활시설	학원·다중생활시설
의료시설	종합병원·병원·치과병원·한방병원·정신병원·격리병원
교육연구시설	학원
노유자시설	아동 관련 시설·노인복지시설·사회복지시설
수련시설	청소년수련원
숙박시설	다중생활시설

② 외단열공법
- 건축물의 단열재 및 외벽마감재를 난연재료기준 미만의 재료로 건축한 건축물

③ 스프링클러 또는 간이스프링클러가 설치되지 않은 건축물

④ 1층의 전부 또는 일부를 필로티 구조로 설치하여 주차장으로 쓰는 건축물로서 연면적이 1,000 m^2 미만(목욕장·산후조리원, 학원, 다중생활시설만 해당)

2. 국토교통부 2022년 화재안전성능보강 지원사업 가이드라인 중 보조사업

1) 목적

최근 발생하는 대형피해사고는 강화된 건축물 화재안전기준이 적용되지 않는 건축물에서 발행함으로 대형인명피해 재발방지를 위해 화재에 취약한 기존 건축물의 화재안전성능 향상 필요

2) 대상 및 지원기준

(1) 지원대상

분류	세부용도	화재취약요인		
		가연성외장재 사용	스프링클러 미설치	1층 필로티 주차장
피난약자 이용시설	의료·노유자시설, 지역아동센터, 청소년수련원	●	●	무관
다중이용업소(건축물 연면적 1,000 m^2 미만)	고시원, 목욕장, 산후조리원, 학원	●	●	●

(2) 지원내용 및 기준
① 지원한도 : 총공사비 4천만 원/동, 국가 : 지자체 : 자부담 = 1 : 1 : 1
② 보강방법 : 건축물 구조별로 필수공법을 적용하고 필요 시 옥외피난계단, 하향식 피난구 및 방화문 설치 등 건축물 여건에 맞게 보강방법 추가 선택 가능

3) 절차
① 준비단계
- 2022년 성능보강 시·도별 추진계획(안) 수립 → 국고보조금 교부 신청 → 국고보조금 교부
② 신청단계
- 사업신청 접수 (1월 ~ 보조금 소진 시까지) → 보강계획 수립 및 제출 → 보강계획 승인 (건축위원회)
③ 사업추진단계
- 보강공사 계약 및 도면 제출 → 관련 인·허가 절차 진행 → 화재안전성능 보강공사 시행 → 보강공사 결과 승인

4) 선정 후 사업추진(집행) 및 공사관리
① 보강공사 계약 및 적정성 검토
② 공사 추진 및 관리

5) 보조사업의 보고 및 사후관리 등
① 보조사업의 관리
② 보조사업의 수행상황 보고
③ 국고보조 사업계획 변경 승인
④ 사정변경에 의한 교부 결정의 취소
⑤ 중요재산의 관리 및 처분

2-5

건설현장에서 소방감리원의 자재 검수를 현장반입검수와 공장검수로 구분하여 설명하시오.

풀이

1. 자재 검수 절차

    1) 자재 검수 목적

        ① 소방공사에 사용되는 주요 자재에 대하여 자재승인을 받는데 승인 자재는 하나의 품목에 복수로 자재승인을 받는다.
        ② 자재 검수는 자재가 승인된 제품인지의 여부를 확인하는 절차로, 외관, 반입 수량, 손상 여부, 시험성적서와 일치 여부 등을 확인
        ③ 부적합할 경우 반출조치하고 기록으로 관리하며, 기록관리는 기성과 관련됨

    2) 자재 검수 절차

        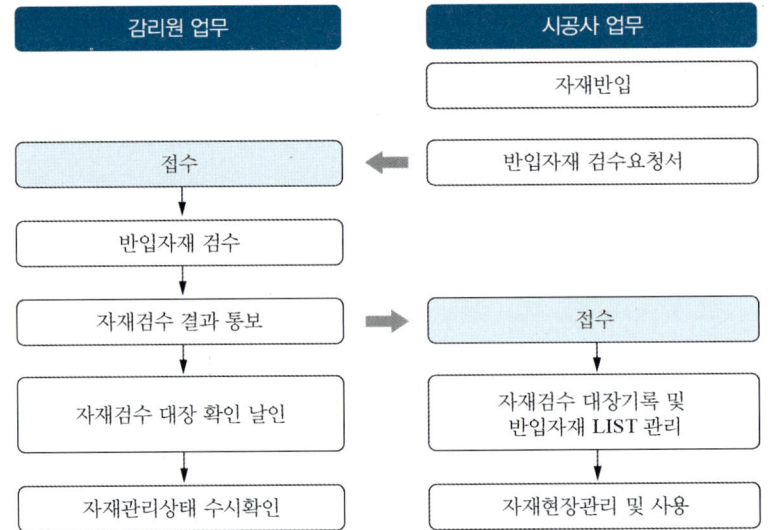

        ① 자재 검수의 핵심은 승인 자재와의 일치 여부이다. 시험성적서와 일치 여부, KFI 인정 여부 등 확인
        ② 상주감리의 경우 이 절차가 유효하지만 일반감리의 경우 주 1회 현장감리를 하므로 현장방문 시 서류와 자재를 확인할 필요가 있다.

2. 현장반입검수

    ① 시공사는 승인된 자재를 공정에 따라 반입하게 되고, 자재검수요청서를 감리원에 제출하면 감리원은 반입된 자재를 검수
    ② 자재검수요청서 상의 반입된 자재가 승인된 자재와 일치 여부, 시험성적서, 외관상 파손 여부, 반입 수량 일치 여부 확인

③ 반입된 자재는 도난, 파손, 오염을 방지하기 위해 보양 조치
④ 시공사는 검수결과통보서를 받게 되면 입출고 내역을 작성하여 관리하고, 설계량과 반입량 등 관리가 가능하며, 재고수량까지 관리가 가능
⑤ 기성검사 시 반입자재와 기성청구 내역의 수량을 검토하면 기성지급관리에 유용

3. 공장검수

① 공장검수를 필요로 하는 자재는 주문 제작하는 것으로 펌프, 송풍기, 수신기, 발전기 등이 있음
② 제작승인서를 작성제출 후 감리원의 승인 후 제작
③ 일반적으로 소방장비는 100 % 제작완료 시 공장검수를 시행
④ check list를 작성하여 점검과정의 누락이 발생하지 않게 조치
⑤ 공장방문 이후 공장방문 검사결과 보고서를 작성·제출
⑥ 공장검수 일자, 참석자, 성능시험 결과, 시험과정 사진, 경과 등을 작성하여 발주자에게 보고
⑦ 반입된 장비는 오염, 부식, 파손 방지를 위해 보호조치하여 관리

2-6

정전기(Static Electricity)에 대하여 다음을 설명하시오.
1) 정전기의 대전현상
2) 정전기의 위험성
3) 정전기 방지대책

풀이

1. 정전기의 대전현상

1) 대전현상

① 정전기 대전은 물체와 물체 사이에 접촉 또는 분리, 마찰, 충격, 유동 및 분사 등으로 인하여 전하가 축적된 상태를 말함
② 물체에 발생된 전하 중 일부는 소멸되지 않고 축적되는데, 고체·액체·기체에 따라 다르다.

③ 액체의 경우는 고유저항이 $10^{11}\ \Omega \cdot cm$ 에서 $10^{15}\ \Omega \cdot cm$ 사이가 잘 대전하고 특히 $10^{13}\ \Omega \cdot m$인 물질(JP-4, 톨루엔, 등유, 가솔린 등)이 가장 대전하기 쉽다.
④ 액체대전은 마찰, 분출, 혼합 등으로 대전하기 쉽고, 액체의 경우 절연성이 높을수록 마찰에 의한 대전전하가 집중되고 인화점이 낮아 인화 폭발의 위험성이 높아짐
⑤ 정전기의 대전 종류는 마찰대전, 박리대전, 유도대전, 비말대전, 유동대전 등이 있음

2) 정전기 대전(발생)에 영향을 주는 요인

① 물체의 특성
② 물체의 표면 상태
③ 물체의 이력
④ 접촉면적 및 접촉압력
⑤ 분리속도

2. 정전기의 위험성

1) 화재 및 폭발

① 가연성 물질이 공기 등과 혼합하여 폭발한계 내에 있을 것
② 최소착화에너지 이상의 방전에 충분한 전위

2) 전격

- 정전기가 대전되어 있는 인체로부터 혹은 대전물체로부터 인체로 방전이 일어나면 인체에 전류가 흘러 전격재해가 발생

3) 생산장애

- 정전기 역학현상과 방전현상에 의해 발생

3. 정전기 방지대책

1) 도체의 대전 방지대책

(1) 접지 및 본딩
① 접지란 물체에서 발생한 정전기를 대지로 누설시켜 물체에 정전기가 축적되는 것을 방지하는 것으로 정전기 방지대책의 기본
② 접지는 $1 \times 10^6\ \Omega$ 이하이면 족하나, 확실한 안정을 위해서는 $1 \times 10^3\ \Omega$ 미만으로 하되, 실제 설비 적용은 $100\ \Omega$ 이하(제3종 접지)로 하는데 피뢰설비를 겸한 경우의 접지는 $10\ \Omega$ 이하
③ 본딩은 금속물체 사이가 절연상태로 되어 있는 경우 이 사이를 도선으로 결합 전

위치를 제거하여 대전을 방지

 (2) 배관 내 액체의 유속제한
  ① 탄화수소의 절연성 액체 이송 시 정전기 대전량은 Shon-Bustion의 실험에 의하면 유속의 1.75승에 비례한다. 위험이 높은 것, 비수용성 액체 등은 배관 내 유속은 가능한 억제하여야 하며 1 m/s 이하
  ② 저항률이 $10^8 \, \Omega \cdot cm$ 미만 : 7 m/s 이하

 (3) 정치시간
  ① 정치시간은 대전방지 효과와 밀접한 관계가 있으며 정전기 발생이 끝난 후 접지에 의해 대전된 정전기가 누설될 때까지 시간을 말함

2) 부도체의 대전 방지대책

 (1) 가습
  ① 상대습도가 60~70 % 이상이면 정전기 방지
  ② 물을 분무하는 방법, 증기를 분무하는 방법, 증발법

 (2) 대전방지제 사용
  ① 부도체의 도전성을 향상시킴으로써 대전을 방지하는 물질
  ② 백등유의 저항률은 $10^{13} \, \Omega \cdot cm$인데 계면활성제를 3 ppm 첨가하면 $10^{10} \, \Omega \cdot cm$ 정도가 되어 대전되지 않는 범위가 됨

 (3) 제전기 사용

3) 인체의 대전방지대책

 ① 대전방지화
 ② 대전방지 작업복
 ③ 손목 접지대(wrist strap)

교시 3

3-1

방화구획과 관련하여 다음 사항을 설명하시오.
1) 소방법령 및 건축법령에서 각각 방화구획 하는 장소
2) "복합건축물의 피난시설 등"의 대상 및 시설기준

[풀이]

1. 소방법령 및 건축법령에서 각각 방화구획 하는 장소

  1) 소방법령 기준

   ① 비상전원 설치 장소 : 수계, 가스계 등
   ② 가압송수장치 : 가압수조 및 가압원
   ③ 감시제어반 : 수계, 가스계, 제연설비 등
   ④ 비상전원 수전설비 : 특별고압 또는 고압
   ⑤ ESFR : 2개층 이상으로 구획할 경우
   ⑥ 노 : 30만 kcal/h 이상
   ⑦ 소방용 합성수지배관 : 내화구조로 구획된 덕트 또는 피트
   ⑧ 수직풍도 : 급기풍도, 유입공기 배출풍도

  2) 건축법령 기준

   ① 피난계단의 계단실
   ② 특별피난계단의 계단실 및 부속실
   ③ 비상용 승강기 승강장 및 승강로
   ④ 피난용 승강기 승강장, 승강로 및 기계실
   ⑤ 대피공간(옥상, 아파트, 요양병원·노인요양시설 등)
   ⑥ 피난안전구역
   ⑦ 보일러실 : 공동주택과 오피스텔의 난방설비를 개별난방방식으로 하는 경우

2. 복합건축물의 피난시설 등의 대상 및 시설기준

1) 대상

① 같은 건축물 안에 공동주택·의료시설·아동관련시설 또는 노인복지시설(공동주택등) 중 하나 이상과 위락시설·위험물저장 및 처리시설·공장 또는 자동차정비공장(위락시설 등) 중 하나 이상을 함께 설치하고자 하는 경우

2) 시설기준

구분	내용
출입구	• 보행거리 30 m 이상(공동주택 등의 출입구와 위락시설 등의 출입구)
구획	• 내화구조로 된 바닥 및 벽으로 구획(통로 포함)
배치	• 공동주택 등과 위락시설 등은 이웃하지 않게 배치
주요구조부	• 내화구조
마감재	• 난연재료 이상 : 거실의 벽 및 반자가 실내에 면하는 부분 (반자돌림대·창대 그 밖에 이와 유사한 것을 제외) • 준불연재료 이상 : 거실로부터 지상으로 통하는 주된 복도·계단 그밖에 통로의 벽 및 반자가 실내에 면하는 부분의 마감

3-2

소방설비에서 적용하고 있는 TAB(Testing, Adjusting, Balancing)에 대하여 다음사항을 설명하시오.
1) 적용 대상
2) 절차 및 내용(제연설비 중심)
3) 기대효과

풀이

1. 적용 대상

1) 수계/가스계 소화설비

① 펌프 성능시험
② 가스계 도어 핸 테스트

2) 제연설비 등

　① 부속실 제연설비의 제연방식(차압, 방연풍속, 과압방지)
　② 거실 제연설비 : hot smoke test
　③ 소방시스템은 감리결과 보고서에 의해 성능시험을 하기 때문에 모든 시스템이 TAB 대상이라 할 수 있다.

2. 절차 및 내용(제연설비 중심)

1) TAB 수행계획 수립

2) 자료수집

　① 설계도면 및 계산서
　② 장비 성능 시험성적서(송풍기, 플랩댐퍼 등)
　③ 승인도
　④ 사양서
　⑤ 유지관리 지침서 등

3) 시스템 검토

　① 설계도면 및 계산서 검토
　② 문제점 도출 및 개선사항 수립
　③ 검토결과 작성

4) 현장점검

　① 단계별 현장점검 계획수립
　② 장비 외관 검사
　③ 점검 결과서 작성 및 문제점 개선안 도출
　④ 업체와 협의 및 보완, 개선

5) 준비작업

　① 측정기기 선정 및 설치(풍량, 정압측정기)
　② 송풍기 회전 방향, 수신반 연동상태 등

6) 장비 성능시험

　① 계단실/부속실 차압
　② 풍량 측정
　③ 문 폐쇄력 측정

④ 보충량 및 방연풍속 측정 등
⑤ 측정자료 분석 및 성능저하 시 장비 업계 통보 및 조치

7) 분배 및 조정
① 분배 및 조정
② 설계 / 운전점 조정

8) 시스템 발란싱
① 자동제어 상태 점검 / 운전점 재조정

9) 마무리 작업

10) 최종보고서 작성/제출

3. 기대효과
① 용이성 → 신뢰도
② 신뢰성↑ → 경제성↑
③ 소방설비 등이 설계자가 의도한 대로 시공되었는지 확인
④ 설비성능과 품질확보, 기기의 수명연장, 화재 시 제기능 발휘 여부 최종 점검
⑤ 시험, 조정 등을 거쳐 문제점 도출 및 시정

3-3
가스계소화설비 설치장소의 누출부에 대한 방호구역 밀폐도(기밀성)시험에 대하여 다음 사항을 설명하시오.
1) 기본원리
2) 시험절차
3) 기대효과

풀이

1. 시험목적
① 방호공간의 보이지 않는 누설 틈새에 대한 누설풍량 확인
② 누설풍량에 따른 균일한 설계농도, 설계시간 유지를 위한 추가 약제량 산출

③ soaking time을 위한 추가 약제량 방사시간 산출
④ 방호공간의 과압 여부 확인

2. 기본원리

1) descend interface mode

   ① 소화약제 방출 시 순간적 압력상승 및 실내공기와 혼합
   ② 하단부 : 혼합가스 중 비중이 큰 가스는 하단부 누설 부위를 통해 누출
      상단부 : 외부 공기가 유입되면서 혼합가스 농도는 상부에서부터 점차 낮아짐

2) mixing mode

   ① 기류의 이동이 있어 descend interface mode처럼 하단부 가스누출과 상단부 공기 유입이 아니라 소화약제 방출 후 누설 틈새로 인해 혼합가스 농도는 점차 낮아짐
   ② 초기의 소화약제 농도에서 최소 설계농도까지 내려갈 때 시간 측정

3) 설계농도 유지 시간 측정

   ① door fan test 통해 이와 같은 조건을 조성하여 누설량을 측정하고 computer program을 통해 누출면적 산정하고 최종적으로 설계농도 유지 시간을 계산
   ② 누설량 산출식

   $$\therefore Q = 0.827 A \sqrt{\Delta P}$$

   여기서, $K = 0.64$, 2℃ 공기 비중량(1.2 kg/m³)을 적용

   ③ 이 식을 시간변수로 표현하면

   $$t = \frac{V}{0.827 A \sqrt{\Delta P}}$$

   여기서, V : 실의 체적
   　　　　A : 누설틈새면적
   　　　　ΔP : 실내외 압력 차

3. 시험절차

① 설계검토 : 건물구조(체적, 높이), HVAC 구조(인터록, 공기순환), 소화시설(농도, 유지시간, 작동방식)
② 기초자료 측정 : 온도, 압력, 풍향, 풍속 등
③ door fan 설치 : door fan 장착, 대형 누출부위 sealing
④ 가압 및 감압시험 : 실내·외 정압차, 가압·감압 범위 설정, door fan 가동

⑤ 실험결과 분석 : 실험 data 입력, 누설량, 누설 등가면적, 소화농도 유지시간 산출
⑥ 보정실험 : 실험결과 정밀도 검증실험 → 누출 등가면적 30 % 범위 내 door fan 판넬 개방 후 실험 → 등가면적 ±10 % 적정
⑦ 조치 : 방호구역 내 기밀성 보완 후 재시험

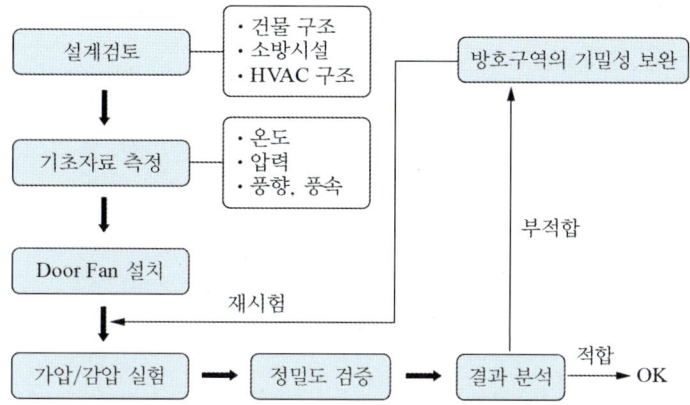

4. 기대효과
① 소화설비 신뢰성 확보
② 설계의 적정성 평가
- 누출량 측정 : 소화농도 유지시간 분석
- 밀폐도가 높을 경우 : 압력 배출구 판단 및 면적 결정

③ 소화설비 효율성 제고 : 누설 부위 밀폐도 향상, 소화능력 효율성 제고
④ 방호공간 과압 유무 확인

3-4

유해화학물질의 물질안전보건자료(MSDS) 구성항목과 작성 시 확인사항에 대하여 설명하시오.

풀이

1. MSDS

1) 목적

① 유해화학물질의 취급 또는 사용으로 인한 화재, 폭발 또는 직업병 등의 산업재해를 예

방하기 위한 기초자료를 근로자나 실수요자에게 제공
② 유해화학물질을 판매하거나 양도하는 경우는 반드시 MSDS 자료를 첨부하여야 하고 첨부된 자료를 최종사용자에게 전달되어야 함

2) MSDS의 필요성

① 화학물질 사용량의 급증
② 안전에 대한 근로자의 의식증대
③ 화학물질 관련 국제적 동향을 반영
④ 예방중심의 산업안전보건 행정을 위한 획기적인 전기마련

2. MSDS 구성항목 및 작성 시 확인 사항

MSDS 작성항목	작성 시 확인사항	
화학제품과 회사에 관한 정보	• 제품명 • 유해성 분류 • 제조자 정보 • 작성일자 등	• 일반적 특성 • 제품의 용도 • 공급자/유통업자 정보
구성성분의 명칭 및 함유량	• 화학물질명 • CAS 번호/식별번호	• 함유량(%) • 이명
유해 · 위험성	• 긴급한 위험 · 유해성 정보 • 피부에 대한 영향 • 섭취 시 영향	• 눈에 대한 영향 • 흡입 시 영향 • 만성징후와 증상
응급조치요령	• 눈에 들어갔을 때 • 흡입했을 때 • 의사의 주의사항	• 피부에 접촉했을 때 • 먹었을 때
폭발 · 화재 시 대처방법	• 인화점 • 연소상한/하한값 • 소화제 • 연소시 발생 유해물질	• 자연발화점 • 소방법에 의한 분류 및 규제내용 • 소화방법 및 장비 • 사용해서는 안 되는 소화제
누출사고 시 대처방법	• 인체를 보호하기 위해 필요한 조치사항 • 환경을 보호하기 위해 필요한 조치사항 • 정화 또는 제거방법	
취급 및 저장방법	• 안전취급요령	• 보관방법
노출방지 및 개인보호구	• 공학적 관리방법 • 눈보호 • 신체보호 • 노출기준	• 호흡기 보호 • 손보호 • 위생상 주의사항

MSDS 작성항목	작성 시 확인사항	
물리·화학적 특성	• 외관 • pH • 끓는점 • 폭발성 • 증기압 • 분자량 • 증기밀도	• 냄새 • 용해도 • 녹는점 • 산화성 • 비중 • 점도
안정성 및 반응성	• 화학적 안정성 • 분해시 생성되는 유해물질	• 피해야 할 조건 및 유해물질 • 반응시 유해물질 발생 가능성
독성에 관한 정보	• 급성 경구독성 • 급성 흡입독성 • 만성독성 • 생식독성 • 기타 특이사항	• 급성 경피독성 • 아급성 독성 • 변이원성 영향 • 발암성 영향
환경에 미치는 영향	• 수생 및 생태독성 • 토양 이동성 • 잔류성 및 분해성 • 동생물의 생체 내 축적 가능성	
폐기 시 주의사항	• 폐기물관리법상 규제현황 • 폐기방법 • 폐기 시 주의사항	
운송에 필요한 정보	• 선박안전법 "위험물선박운송 및 저장규칙"에 의한 분류 및 규제 • 운송 시 주의사항 • 기타 외국 운송관련 규정에 의한 분류 및 규제	
법적 규제현황	• 산업안전보건법에 의한 규제 • 유해화학물질관리법 등 타 부처의 화학물질관리 관련법에 의한 규제 • 기타 외국법에 의한 규제	
기타 참고사항	• 자료의 출처	

3-5

소방공사 계약에서 물가변동에 따른 계약금액 조정(Escalation)에서 품목조정률과 지수조정률을 설명하시오.

> 풀이

1. 물가변동으로 인한 계약금액의 조정

1) 목적
① 도급계약체결 후 계약금액을 구성하는 각종 품목 또는 비목의 가격이 상승 또는 하락된 경우 그에 따라 계약금액을 계약 당사자 일방의 불공평한 부담을 경감시켜 원활한 계약이행을 도모
② 감리원은 시공자로부터 물가변동에 따른 계약금액 조정을 요청받은 경우, 물가변동 조정요청서 등을 시공자로부터 제출받아 검토·확인하여야 함

2) 계약금액 조정 요건
① 계약체결일 또는 조정기준일로부터 90일 이상 경과하고 기획재정부령이 정하는 바에 의하여 산출된 품목조정률 또는 지수조정률이 3/100 이상 증감된 때 가능
② 품목 또는 비목의 가격이 등락한 경우, 계약금액을 조정하는 방법으로 품목조정률과 지수조정률 방법 중 한 가지 방법을 택하여 적용

3) 품목조정률 또는 지수조정률의 원가계산 시 주의사항
① 일반관리비의 비율 : 공사의 경우 6/100 초과 불가
② 이윤율 : 15/100 초과 불가

2. 품목조정률 방법

1) 관계식
① 품목조정률

$$= \frac{\text{각 품목 또는 비목의 수량에 등락폭을 곱하여 산출한 금액의 합계액}}{\text{계약금액}}$$

② 등락폭 = 계약단가 × 등락률

③ 등락률 = $\dfrac{\text{물가변동당시가격} - \text{입찰당시가격}}{\text{입찰당시가격}}$

2) 등락폭 산정 시 주의사항
① 조정기준일 물가변동 단가가 계약단가보다 높을 경우
 • 등락폭은 조정기준일 물가변동 단가에서 계약단가를 뺀 금액으로 함
② 조정기준일 물가변동 단가가 계약단가보다 낮은 경우
 • 등락폭 = 0

3. 지수조정률 방법

1) 산출방법
   ① 계약금액의 산출내역을 구성하는 비목군 및 기타 지수등의 변동률에 따라 산출

2) 기타 지수에 해당하는 지수
   ① 한국은행이 조사하여 공표하는 생산자물가 기본분류지수 또는 수입물가지수
   ② 정부·지방자치단체 또는 「공공기관의 운영에 관한 법률」에 따른 공공기관이 결정·허가 또는 인가하는 노임·가격 또는 요금의 평균 지수
   ③ 「국가를 당사자로 하는 계약에 관한 법률 시행규칙」제7조제1항제1호 의 규정에 의하여 조사·공표된 가격의 평균 지수
   ④ 그 밖에 ①부터 ③까지와 유사한 지수로서 기획재정부 장관이 정하는 지수

4. 계약금액 조정

① 계약금액 조정금액은 계약금액 중 조정기준일 이후에 이행되는 부분의 대강에 품목조정률 또는 지수조정률을 곱하여 산출
② 계약상 조정기준일 전에 이행이 완료되어야 할 부분은 물가변동 적용 대가에서 제외
③ 선급금을 지급한 경우의 공제금액 산출방법
   • 공제금액 = 물가변동적용대가 × (품목조정률 또는 지수조정률) × 선금금률
④ 발주자는 계약금액을 증액하여 조정하고자 하는 경우, 계약 당사자로부터 계약금액의 조정을 청구받은 날부터 30일 이내에 계약금액을 조정해야 함

3-6

무선통신보조설비에 대하여 다음 사항을 설명하시오.
1) 전압정재파비
2) 그레이딩(Grading)
3) 무반사 종단저항

> 풀이

1. 전압정재파비

1) 개념

① 전류 또는 전압의 진행파와 반사파가 서로 간섭하여 정재파가 발생하는데 정재파의 최댓값과 최솟값의 비를 정재파비라 함

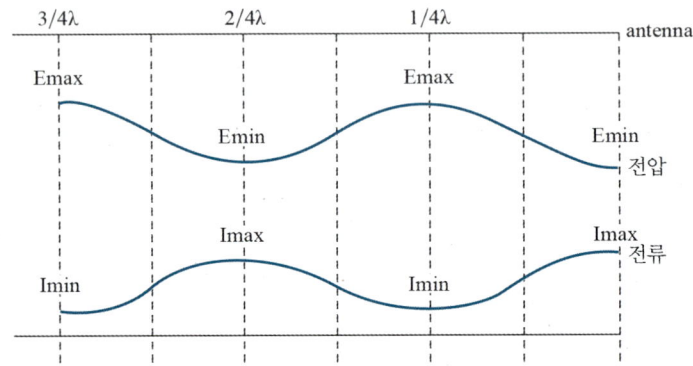

② 전압정재파비(VSWR)
- 반사파의 영향으로 인한 전선의 전압 분포는 1/4파장의 홀수 배수(1/4, 3/4) 지점에서 최대전압(E_{max})이 나타나고 1/4파장의 짝수 배인 2/4(1/2), 4/4(1)에서는 최소전압(E_{min})이 나타나게 되는데 이 최대전압과 최저전압의 비(比)를 전압정재파비라고 함
- 그리고 전류는 전압과 반대의 현상이 나타나며 그 비를 전류정재파비(ISWR)이라고 함
- 전압정재파비와 전류정재파비의 값은 동일하며 이들을 간단히 SWR이라 함

2) 정재파비 제한

① 반사파가 하나도 없는 이상적인 경우 : 정재파비 = 1
② 실제 정재파비는 항상 1보다 같거나 큰 값이며, 낮을수록 전력손실이 작음
③ 전력손실 최소화를 위해 누설동축케이블의 전압정재파비는 1.5 이하로 제한

2. 그레이딩(Grading)

1) 개념

① 결합손실을 조정하여 균일한 전파전송
② 비상전원 또는 증폭기를 사용하지 않기 위하여 그레이딩을 함

2) 손실 특성

① 전송손실 = 도체손실 + 절연체손실 + 복사손실
② 전송손실의 요인 : 표피효과, 근접효과, 와류손실 등
③ 결합손실 : 전기회로에 어떤 기기 또는 물질을 추가로 삽입했을 때 이것으로 인해 발생한 손실
④ 결합손실은 기후, 기온, slot 크기와 각도에 의해 조절

3) 그레이딩

① 전송손실, 결합손실에 의해 신호의 레벨 감소로 케이블의 신호를 증폭시킬 필요가 있음
② 신호레벨이 높은 곳에 결합손실이 큰 케이블을 사용하고 신호레벨이 낮은 곳에는 결합손실이 작은 케이블을 사용하여 그림과 같이 계단처럼 평준화시켜 주는 것

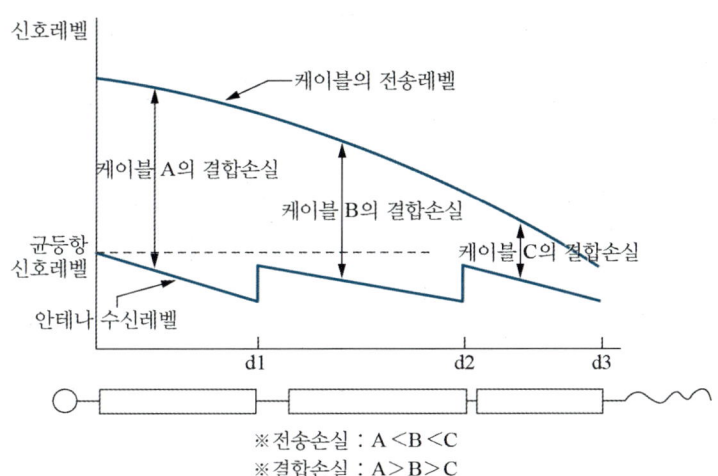

3. 무반사 종단저항

1) 개념

① 공기는 거대한 절연층으로 동축케이블인 도체에서 반사파가 발생
② 전송선로에 그 선로의 특성 임피던스와 같은 임피던스를 부하에 연결하면 반사가 일어나지 않는데 그 임피던스와 같은 값의 저항을 무반사 종단저항이라 함
③ 반사 없이 신호를 받아서 저항에서 열로 다 소모해서 신호를 없애 버리는 것으로 누설 동축케이블의 종단부에 전송된 전파가 종단에서 반사하여 송신효율이 떨어지는 것을 방지하기 위해서 설치함

2) 무반사 종단저항

   ① 무선통신용 신호는 동축케이블의 끝에 도달하면 갑자기 임피던스가 무한대로 되므로 그 점에서 반사파가 발생

   ② 반사가 일어나면 동축케이블에는 정방향 진행파와 반사파의 합성파가 형성되어 통신이 어렵게 됨

   ③ 반사파를 0으로 하기 위해서 케이블의 끝에 연결하는 저항을 무반사 종단저항이라고 하고, 일반적으로 특성임피던스는 50 Ω, 전압정재파비는 1.5 이하임

교시 4

4-1
소화설비(옥내소화전, 스프링클러, 물분무등)의 배관 및 가압송수장치, 제어반에 적용되고 있는 내진설계기준에 대하여 설명하시오.

[풀이]

1. **배관 내진설계기준**

    1) 배관의 설치기준

구분	내용
배관 응력 최소화	건물 구조부재 간 상대 변위에 의한 배관의 응력을 최소화하기 위해 지진분리이음 또는 지진분리장치를 사용하거나 이격거리를 유지
지진분리장치 설치	건축물 지진분리이음 설치위치 및 건축물 간의 연결배관 중 지상노출 배관이 건축물로 인입되는 위치의 배관에는 관경에 관계없이 지진분리장치를 설치
흔들림방지 버팀대설치	천장과 일체거동을 하는 부분에 배관이 지지되어 있는 경우, 배관 고정을 위해 사용
배관 흔들림 방지	배관의 흔들림을 방지하기 위해 흔들림방지 버팀대를 사용해야 함
살수 방해 불가	흔들림방지 버팀대와 그 고정장치는 소화설비 동작 및 살수를 방해하지 않을 것

    2) 배관의 수평지진하중 계산기준

    ① 흔들림방지 버팀대의 수평지진하중 산정 시, 배관의 중량은 가동중량(W_p)로 함
    ② 흔들림방지 버팀대에 작용하는 수평지진하중은 아래 기준에 따름
        허용응력설계법으로 산정하며, 다음 중 어느 하나 적용

    $$F_{pw} = C_p \times W_p$$

    여기서, C_p : 소화배관 지진계수
    W_p : 가동중량

F_{pw} : 비구조요소 설계지진력 산정방법 중 허용응력설계법 외의 방법으로 산정된 설계지진력 × 0.7

③ 수평지진하중(F_{pw})은 배관의 횡방향과 종방향에 각각 적용되야 함

3) 이격거리

구분	내용
이격거리 확보	벽, 바닥, 기초를 관통하는 배관 주위는 다음과 같이 이격거리 확보 ① 관통구 및 슬리브의 호칭구경 • 25 mm ≤ 배관호칭구경 < 100 mm : 배관호칭구경 + 50 mm 이상 • 100 mm ≤ 배관호칭구경 : 배관호칭구경 + 100 mm 이상 ② 배관의 틈새 • 방화구획을 관통하는 배관의 틈새는 내화충전구조 중 신축성이 있는 것으로 메울 것
이격거리 확보 제외	① 벽, 바닥, 기초의 면에서 300 mm 이내에 지진분리이음을 설치하는 경우 ② 내화성능이 요구되지 않는 석고보드, 기타 이와 유사한 부서지기 쉬운 부재를 관통하는 배관의 경우

4) 소방시설의 배관과 연결된 타 설비배관을 포함하는 수평지진하중

- 배관의 수평지진하중 계산기준에 따라 결정

2. 가압송수장치 내진설계기준

구분	내용
내진 스토퍼	① 가압송수장치에 방진장치가 있어 앵커볼트로 고정할 수 없는 경우, 내진스토퍼 설치 ② 내진스토퍼 설치기준 • 정상운전에 지장이 없도록 내진스토퍼와 본체 사이에 3 mm 이상 이격하여 설치 • 내진스토퍼 허용하중은 산정된 지진하중 이상을 견딜 수 있는 것으로 설치 • 단, 내진스토퍼와 본체사이의 이격거리가 6 mm 초과하는 경우, 수평지진하중의 2배 이상을 견딜 수 있는 것으로 설치
가요성 이음장치	가압송수장치의 흡입측 및 토출측에 지진 시 상대변위를 고려하여 가요성이음장치를 설치

3. 제어반 내진설계기준

1) 지진하중 계산 및 앵커볼트 설치

(1) 지진하중 계산

① 소방시설 지진하중 산정은 "건축물 내진설계기준"의 비구조요소 설계지진력 산정방법에 따름

② 또는 허용응력설계법으로 적용하는 경우
- 지진하중 : (비구조요소 설계지진력 산정방법 중 허용응력설계법 외의 방법으로 산정된 설계지진력 × 0.7) 적용

③ 소화배관의 수평지진하중(Fpw) 산정
- 허용응력설계법으로 산정하며, 다음 중 어느 하나 적용

$$Fpw = Cp \times Wp$$

여기서, Cp : 소화배관 지진계수
Wp : 가동중량

- Fpw = 비구조요소 설계지진력 산정방법 중 허용응력설계법 외의 방법으로 산정된 설계지진력 × 0.7

④ 배관 수평설계지진력이 0.5 Wp를 초과하고 흔들림방지 버팀대 각도가 수직으로부터 45도 미만의 경우 또는 배관 수평설계지진력이 1.0 Wp를 초과하고 흔들림방지 버팀대 각도가 수직으로부터 60도 미만의 경우, 흔들림방지 버팀대는 수평설계지진력에 의한 유효수직반력을 견디도록 설치할 것

(2) 앵커볼트 설치

구분	내용
앵커볼트 설치기준	• 건축물 내진설계기준의 비구조요소의 정착부 기준 • 대상 : 수조, 가압송수장치, 함, 제어반등, 비상전원, 가스계 및 분말 소화설비 저장용기 등
앵커볼트 최대허용하중	• 건축물 정착부의 두께, 볼트설치 간격, 모서리까지 거리, 콘크리트강도, 균열 콘크리트 여부, 앵커볼트의 단일 또는 그룹 설치 등을 확인하여 결정
흔들림방지 버팀대의 앵커볼트 최대허용하중	• 제조사가 제시한 설계하중×0.43
내진설계 적정성 평가	• 건축물 부착형태에 따른 프라잉효과, 편심을 고려하여 수평지진하중의 작용하중을 구함 • 앵커볼트 최대허용하중과 작용하중으로 내진설계 적정성을 평가하여 설치할 것
정착부에 따른 수평지진하중	• 소방시설을 (팽창성, 화학성, 현장타설된) 건축부재에 정착할 경우, 수평지진하중 × 1.5배 적용

(3) 다만, 제어반 등의 하중이 450 N 이하이고 내력벽 또는 기둥에 설치하는 경우, 직경 8 mm 이상의 고정용 볼트 4개 이상으로 고정 가능

2) 고정
　① 건축물 구조부재인 내력벽, 바닥, 기둥 등에 고정해야 함
　② 바닥에 설치하는 경우, 지진하중에 의해 전도되지 않도록 설치

3) 기능유지
　① 제어반 등은 지진발생 시에도 기능이 유지되어야 함

4-2

NFPA 25 수계소화설비의 점검, 시험 및 유지관리에서 대상 설비별로 다음사항을 설명하시오.
1) 시험 및 검사 종류　　2) 주기　　3) 목적　　4) 시험방법

[풀이]

1. 옥외소화전설비

구분	내용
시험 및 검사 종류	유량시험(대상 : 옥외 지중배관/노출배관)
주기	5년
목적	배관 내부상태(막힘, 누설) 확인
시험방법	① 정압(유수 없는 경우 정압) 및 잔압(유수발생 시 정압) 측정용 소화전과 피토압력(동압) 측정용 소화전을 선택 ② 방사 전 정압측정 ③ 방사 후 잔압 및 피토압력을 측정 ④ 지난 시험 결과와 비교 및 배관의 상태 진단

구분	내용
시험 및 검사 종류	배수시험
주기	1년
목적	배관 및 소화전 내 이물질 제거 및 배수 적정성 확인
시험방법	① 각 소화전 1분 이상 완전 개방(이물질 완전 제거될 때까지 개방) ② 건식 소화전은 배수가 적절히 되는지 관찰 ③ 완전 배수는 60분 이상 불가

2. 옥내소화전설비

구분	내용
시험 및 검사 종류	유량시험
주기	5년
목적	설계기준 만족 여부 확인
시험방법	① 정압(유수없는 경우 정압) 및 잔압(유수발생 시 정압) 측정용 소화전과 피토압력(동압) 측정용 소화전을 선택 ② 방사 전 정압 측정 ③ 방사 후 잔압 및 피토압력을 측정 ④ 지난 시험 결과와 비교 및 배관의 상태 진단

3. 스프링클러설비

구분	내용
시험 및 검사 종류	샘플링 시험
주기	스프링클러 종류/설치환경에 따라 5년 또는 10년
목적	경년변화에 따른 스프링클러 정상작동 여부 확인
시험방법	각 스프링클러 헤드를 종류별로 해당되는 주기마다 하나 또는 그 이상의 지역의 샘플을 공인시험기관에 시험 의뢰

구분	내용
시험 및 검사 종류	배관의 유수 장애물 검사
주기	5년
목적	설비의 상태감시 및 이물질 제거
시험방법	① 배관 내 물 배수 및 설비 분해 ② 배관 내부 이물질 및 스케일 제거(필요 시 부품 교체) ③ 5년마다 주배관 말단의 배수배관 개방과 가지배관 말단의 1개 스프링클러 헤드를 제거하여 수행(유기화합물과 무기질 존재 검사) ④ 본 시험은 비파괴 검사로 대체 가능 ⑤ 배관내 점액 발견 시 미생물 부식 징후를 시험

4. 밸브 및 부속품

구분	내용
시험 및 검사 종류	내부검사(대상 : 유수검지장치 및 유수검지장치와 직접 연결된 스트레이너, 오리피스 등 부속품)
주기	5년
목적	설비의 상태감시 및 이물질 제거
시험방법	① 배관 내 물 배수 및 설비 분해 ② 배관 내부 이물질 및 스케일 제거(필요 시 부품 교체) ③ 5년마다 주배관 말단의 배수배관 개방과 가지배관 말단의 1개 스프링클러 헤드를 제거하여 수행(유기화합물과 무기질 존재 검사) ④ 본 시험은 비파괴 검사로 대체 가능 ⑤ 배관 내 점액 발견 시 미생물 부식 징후를 시험

구분	내용
시험 및 검사 종류	주배수 시험
주기	1년
목적	급수배관과 제어밸브의 상태감시
시험방법	① 유수검지장치의 1차측 압력을 확인, 기록 ② 주배수 배관을 천천히 개방하여 깨끗한 물이 방수될 때까지 물을 배수 ③ 1차측 압력계의 바늘이 안정화될 때까지 기다린 후, 잔여압력 기록 ④ 주배수 배관을 천천히 폐쇄

5. 수조

구분	내용
시험 및 검사 종류	내부검사
주기	3년(방식 처리되지 않은 철제 탱크), 5년(그 외 탱크)
목적	탱크 내부의 부식, 파손 등 확인
시험방법	① 탱크 내부 물을 배수한 후, 맨눈검사를 통해 부식, 균열, 내부코팅 탈락 등 확인 ② 탱크 내부 물을 배수할 수 없는 경우, 자격이 있는 다이버 또는 관할기관의 허가를 받은 비디오 장치를 통해 확인

6. 소방펌프

구분	내용
시험 및 검사 종류	무부하 시험(No flow test)
주기	1주(디젤 펌프), 1달(전기모터 펌프)
목적	펌프의 정상작동 여부 확인 (순환릴리프 작동 여부, 패킹글랜드 배수 적정성, 소음/진동, 과열 등)
시험방법	① 소방펌프 체절시험 방법과 동일 ② 전기모터 펌프 : 10분 이상 시험 ③ 디젤 펌프 : 30분 이상 시험

구분	내용
시험 및 검사 종류	부하 시험(Flow test)
주기	1년
목적	경년변화에 따른 펌프 성능저하 확인 (연간 시험결과와 비교 및 성능저하 확인)
시험방법	① 체절운전 ② 정격운전 ③ 과부하운전(정격토출량의 150 %)

7. 물분무소화설비

구분	내용
시험 및 검사 종류	작동 시험
주기	1년
목적	물분무소화설비의 정상작동 여부 확인 (감지기 반응시간, 방사시간, 방사패턴, 방사압 등)
시험방법	① 감지기 40초 이내 작동여부 확인 ② 감지기 작동 후 방사까지 시간 기록 ③ 방사패턴 관찰 및 말단 노즐에서 방사압 기록

8. 미분무소화설비

구분	내용
시험 및 검사 종류	구성부품 시험 및 작동시험
주기	구성 부품별로 3개월, 6개월, 1년
목적	미분무소화설비 정상작동 여부 확인
시험방법	① 노즐 샘플링 시험수행(공인시험기관에 시험 의뢰) ② 첨가제 용기, 공압밸브, 펌프, 제어밸브, 배관 등 검사 ③ 수조 배수/충수(1년마다), 배관 Flushing(1년마다)

9. 포워터 스프링클러설비

구분	내용
시험 및 검사 종류	작동시험
주기	1년
목적	포워터 스프링클러의 정상작동 여부 확인 (감지기 반응시간, 방사시간, 방사패턴, 방사압 등)
시험방법	① 화재감지기 별 작동규정시간 이내 작동 여부 확인 ② 감지기 작동 후 방사까지 시간 기록 ③ 방사패턴 관찰 및 말단 노즐에서 방사압 기록

4-3

본질안전 방폭구조에서 Zener Barrier 및 Isolated Barrier 방식에 대하여 그림을 그리고 설명하시오.

풀이

1. 방폭의 기본원리 및 최소 점화 전류비

1) 방폭의 기본원리

① 폭발 메커니즘 : 물적 조건 × 에너지 조건 = 1

　방폭의 원리 : 물적 조건 × 에너지 조건 = 0

② 물적 조건 제어 방법 : MOC 이하로 산소농도를 낮추는 불활성화

③ 에너지 조건 제어방법 : 점화 능력의 본질적 억제, 점화원의 방폭적 격리, 전기설비의 안전도 증가를 통한 전기설비의 방폭화

2) 최소 점화전류비

① 본질안전방폭구조의 폭발등급은 최소점화전류비에 의해 표현
② 최소점화전류비(CH_4 기준)에 의한 분류(IEC)

폭발등급	A group	B group	C group
최소점화전류비	0.8 초과	0.45 이상 0.8 이하	0.45 미만
방폭기기 분류	IIA	IIB	IIC
위험성	낮음	중간	높음

2. 본질안전 방폭의 종류

1) Zener barrier 방식

① 비위험장소에서 위험장소로 흘러 들어가는 비정상 전압, 전류를 제너다이오드, 저항, 퓨즈로 제한하거나 차단하는 방식
② 제너다이오드 - 정전압유지, 저항 - 전류제한, 퓨즈 - 과전압 차단
③ 구조가 간단하고 저렴하나 제어기기 및 주변기기에 접지 및 본딩이 필요하며 퓨즈 단선 시 재사용이 불가능

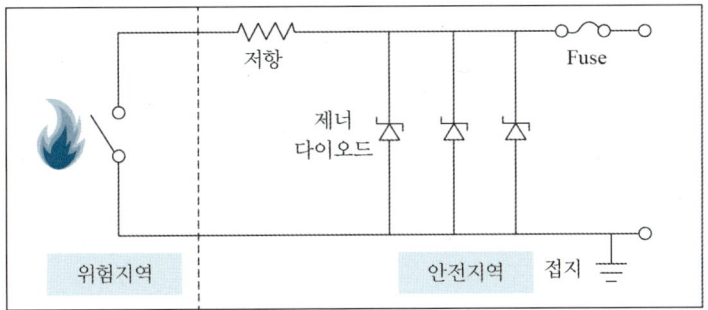

2) Isolated barrier 방식

① 비위험장소에서 위험장소로 흘러 들어가는 비정상 전압, 전류를 변압기, 광전소자, 릴레이를 통해 전기에너지를 차단하는 방식
② 구조가 복잡하고 고가이나 zener barrier 방식에 비해 접지 및 본딩이 필요치 않은 유리한 방식

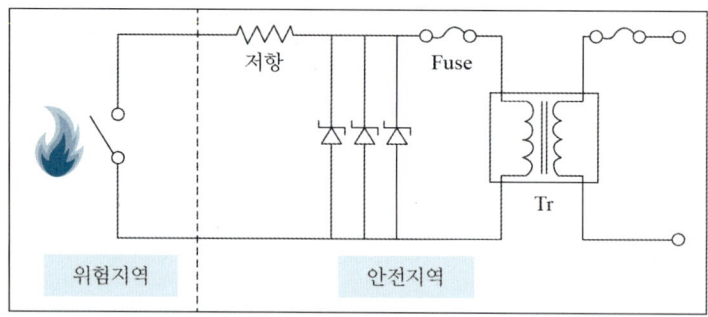

3. 본질안전방폭구조의 장·단점

1) 장점

① 구조적으로 아주 경제적이며, 좁은 장소에 설치 가능
② 0종 장소(zone 0)에 설치 가능
③ 유지 보수 시 정전을 시키지 않아도 되므로 시간과 경비 절감 가능
④ 제품의 외관, 원가, 신뢰성 등이 우수

2) 단점

① 배리어(barrier)의 추가설치 등으로 설비 복잡
② 제어장치 등 약전류인 온도계, 유량계, 압력계 등에 사용되고 전력기기에 적용하기 힘든 제한적 시스템이다.
③ 약전류인 관계로 케이블의 허용 길이가 제한적이다.

4. Zener barrier 방식과 Isolated barrier 방식 차이점

구분	Zener barrier 방식	Isolated barrier 방식
전류 차단방식	제너다이오드, 저항, 퓨즈	변압기, 광전소자, 릴레이
접지설비	필요	불필요
신뢰도	낮다	높다

4-4

한국산업표준(KS A 0503 배관계의 식별표시)에 의한 소화배관 표시방법에 대하여 설명하시오.

> 풀이

1. 용어와 정의

① 식별색 : 관내 물질의 종류를 외부로부터 분별하기 위하여 칠하는 색
② 물질표시 : 관내 물질의 종류 명칭 표시
③ 상태표시 : 관내 물질의 상태 표시
④ 안전표시 : 안전을 촉구하기 위하여 관에 칠하는 안전색채에 의한 표시로, 다음 세 가지 표시를 총칭함
- 위험 표시 : 관내 물질이 위험물이라는 것을 표시
- 소화 표시 : 관내 물질을 소화에 사용할 수 있다는 것을 나타내는 표시
- 방사능 표시 : 관내 물질이 방사능을 가진 위험물이라는 것을 나타내는 표시

2. 소화배관 표시방법

1) 물질표시

① 관내 물질의 종류 식별 : 식별색으로 표시 (물의 경우 파랑색으로 표시)
② 관내물질의 명칭 표시 : 물질명을 그대로 표시하거나, 화학기호를 사용하여 표시

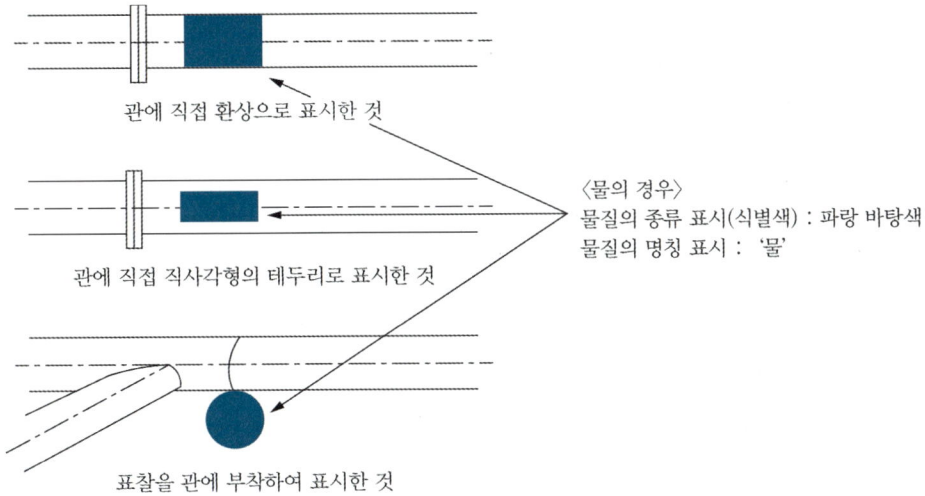

2) 상태표시

① 흐름 방향의 표시
- 화살표 색 : 하양 또는 검정
② 표시방법
- 물질표시를 관에 환상으로 표시한 것 또는 직사각형 테두리 안에 표시한 경우

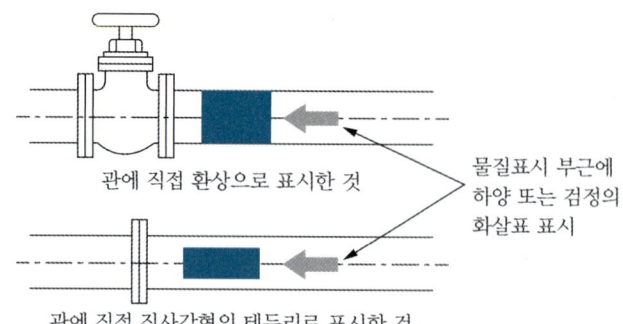

- 물질 종류와 흐름 방향을 동시에 표시도 가능 : 직사각형 테두리의 식별색을 화살 날개 모양으로 사용

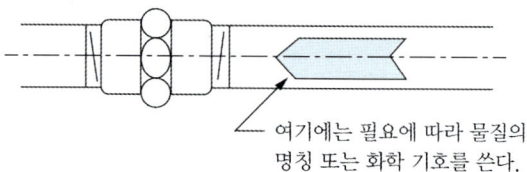

- 물질 종류와 흐름 방향을 동시에 표시도 가능 : 관에 부착하는 식별색의 색 표찰을 화살 날개 모양으로 사용

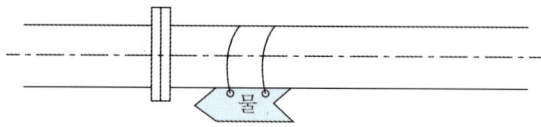

③ 압력, 온도, 속도 등의 특성 표시
  - 관내 물질의 압력, 온도, 속도 등의 특성을 표시할 필요가 있는 경우, 수치와 단위 기호로 표시

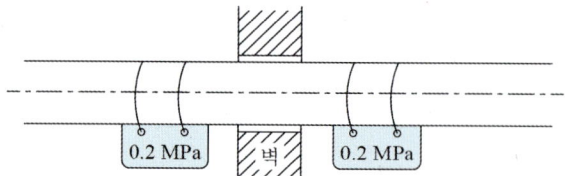

3) 소화 표시
  ① 표시방법 : 빨간색의 양쪽에 흰색 테두리를 붙인다.
  ② 표시장소
   - 식별색이 표시되어 있는 곳 부근
   - 관내 물질이 소화전용일 경우, 물질표시를 생략하고 소화 표시만 가능

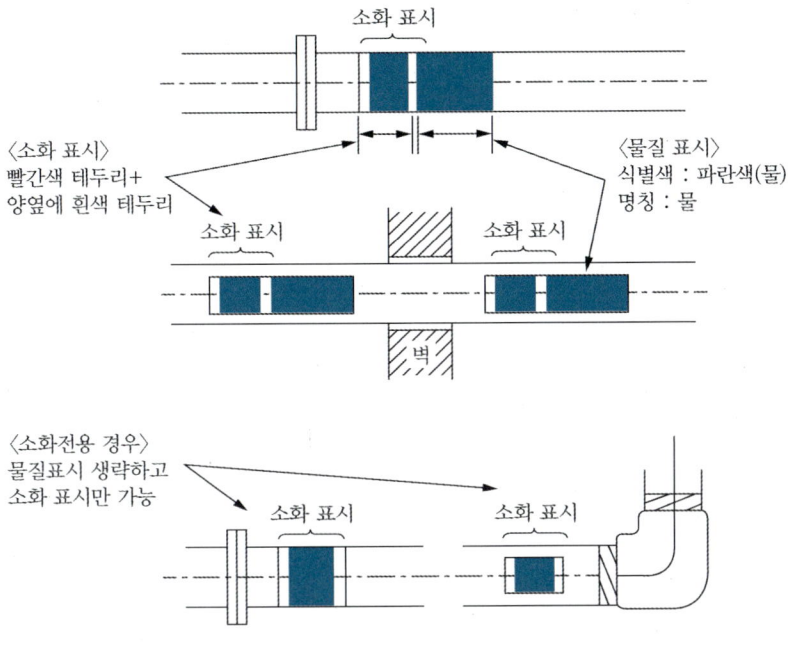

4-5

유도등의 광원으로 사용되고 있는 LED(Light Emitting Diode)에 대하여 다음 사항을 설명하시오.
1) P형 반도체와 N형 반도체의 개념
2) 빛 발생원리(그림포함)
3) LED 특징

풀이

1. P형 반도체와 N형 반도체의 개념

1) P형 반도체

① 반도체의 전기적 성질을 불순물을 소량 첨가함으로써 조절할 수 있음
② P형 반도체는 진성반도체(Si, 4가 원자) + 3가 원자인 불순물(B, acceptor)을 첨가하여 만들어 정공이 많이 생겨나게 됨
③ 전하를 옮기는 캐리어로 정공(Hole)이 사용되는 반도체로 양의 전하를 가지는 정공이

캐리어로서 이동해서 전류가 생김
④ 즉 P형 반도체는 정공이 다수 캐리어가 되는 반도체임

2) N형 반도체

① N형 반도체는 진성반도체(Si, 4가 원자) + 5가 원자인 불순물(P, donor)을 첨가하여 만들어지므로 자유전자가 많이 생겨나게 됨
② 전하를 옮기는 캐리어로 자유전자가 사용되는 반도체
③ 음의 전하를 가지는 자유전자가 캐리어로서 이동해서 전류가 생김
④ 이 P형, N형 반도체를 접합시켜 다이오드와 트랜지스터로 사용한다.

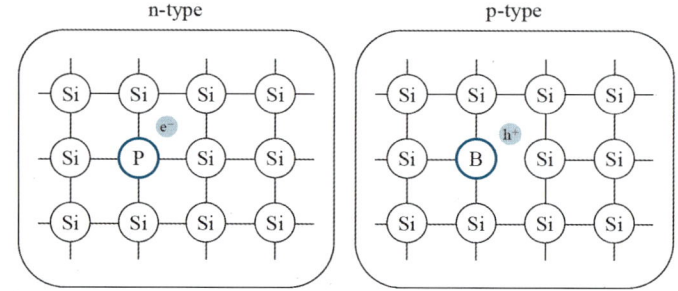

2. 빛 발생원리

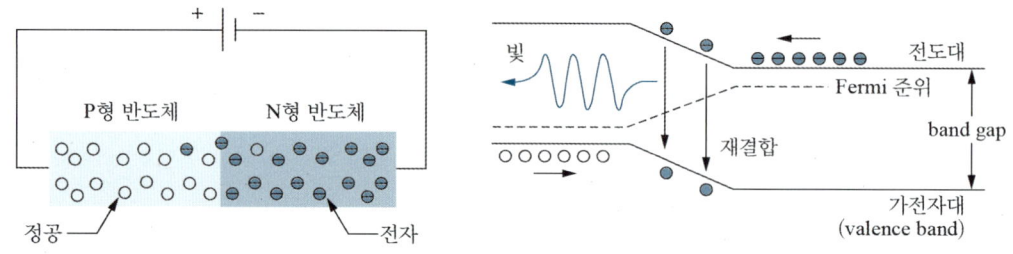

① 전기에너지를 빛에너지로 변환시켜주는 광반도체로 LED는 양(+)의 전기적 성질을 가진 P형 반도체와 음(-)의 전기적 성질을 지닌 N형 반도체의 이종접합 구조를 가진다.
② P형 반도체와 N형 반도체를 접합시키고 P형 반도체 부분에 +전압을 걸어 전자를 빼내어 정공(hole)을 만들고 N형 반도체 부분에서는 -극을 걸어 전자를 주입시키면 이들이 확산되어 접합 면에서 결합할 때 빛을 내는 원리
③ 순방향으로 전압을 가하면, N층의 전자가 P층으로 이동해 정공과 결합하면서 에너지를 발산하는 것으로 이때 에너지는 주로 열이나 빛의 형태로 방출되며, 빛의 형태로 발산하는 것이 바로 LED이다.
④ 이 에너지 준위 차이인 밴드갭 에너지에 따라 빛의 색상이 정해지는데 에너지의 차이

가 크면 단파장인 보라색 계통의 빛을 나타내고, 에너지 차이가 작으면 장파장인 붉은 색 계통의 빛 발생한다.

3. LED 특징

① 에너지 효과 : 70 % 이상의 소비전력 절감
② 유지보수에 따른 인력비 절감, 램프 교체 비용 절감
③ 건축물과 융화된 디자인으로 아름다운 공간 창출

4-6

위험물안전관리법상 인화성액체에 대하여 다음 사항을 설명하시오.
1) 품명
2) 지정수량
3) 저장 및 취급방법

풀이

1. 품명 및 지정수량

위험물				지정수량[L]
유별	성질	품명		
제4류	인화성 액체	특수인화물		50
		제1석유류	비수용성액체	200
			수용성액체	400
		알코올류		400
		제2석유류	비수용성액체	1,000
			수용성액체	2,000
		제3석유류	비수용성액체	2,000
			수용성액체	4,000
		제4석유류		6,000
		동식물유류		10,000

1) 인화성액체

   액체(제3석유류, 제4석유류 및 동식물유류의 경우 1기압과 20 ℃에서 액체인 것만 해당)로서 인화의 위험성이 있는 것

2) 특수인화물

   이황화탄소, 디에틸에테르 그 밖에 1기압에서 발화점이 100 ℃ 이하인 것 또는 인화점이 -20 ℃ 이하이고 비점이 40 ℃ 이하인 것

3) 제1석유류

   아세톤, 휘발유 그 밖에 1기압에서 인화점이 21 ℃ 미만인 것

4) 알코올류

   1분자를 구성하는 탄소원자의 수가 1개부터 3개까지인 포화 1가 알코올(변성알코올을 포함)

5) 제2석유류

   등유, 경유 그 밖에 1기압에서 인화점이 21 ℃ 이상 70 ℃ 미만인 것

6) 제3석유류

   중유, 클레오소트유 그 밖에 1기압에서 인화점이 70 ℃ 이상 200 ℃ 미만인 것

7) 제4석유류

   기어유, 실린더유 그 밖에 1기압에서 인화점이 200 ℃ 이상 250 ℃ 미만의 것

8) 동식물유류

   동물의 지육 등 또는 식물의 종자나 과육으로부터 추출한 것으로서 1기압에서 인화점이 250 ℃ 미만인 것

9) 수용성액체

   온도 20 ℃, 1기압에서 동일한 양의 증류수와 완만하게 혼합하여, 혼합액의 유동이 멈춘 후 당해 혼합액이 균일한 외관을 유지하는 것

2. 저장 및 취급방법

1) 공통적인 성질

   ① 인화성물질(HCN의 증기는 공기보다 가볍다.)
   ② 독성은 없으나 증기는 공기보다 무거워 질식위험성 있다.
   ③ 인화점이 낮아 인화하기 쉽고 연소하한계가 낮아 공기와 약간 혼합하여도 연소

④ 물보다 가볍고 물에 불용

2) 저장 및 취급방법

① 화기 및 점화원으로부터 멀리 저장
② 증기누출 방지 및 밀봉하여 냉소에 보관
③ 전기설비 방폭형, 정전기 발생 억제
④ 인화점 이하로 보관

3) 예방·소화방법

(1) 예방

① 누설, 방류, 체류를 통한 가연성혼합기 형성방지
② 점화원의 제거

(2) 소화방법

① 공기 차단에 의한 질식효과(CO_2, 분말, 포)
② 주수소화는 화재를 확대시킬 위험성이 있고 수용성 위험물은 내알코올포 사용

제127회 소방기술사

교시

1. 건축물의 무창층, 피난층 및 지하층에 대하여 설명하시오.

2. 건축물의 방화구획 및 방연구획에 대하여 다음 사항을 설명하시오.
   1) 정의
   2) 목적 및 효과
   3) 구성요소

3. 위험물의 옥외 취급시설에 적용되는 고정식 포소화설비의 포방출구를 포모니터노즐(Foam Monitor Nozzle) 방식으로 적용할 경우 다음 사항을 설명하시오.
   1) 포모니터 노즐의 정의
   2) 설치기준
   3) 수원의 수량

4. 전기적인 원인에 의한 화재 또는 폭발 등 재해방지를 위한 정치시간(Rest Time)과 차폐(Shield)에 대하여 설명하시오.

5. 마스킹 효과(Masking Effect)에 대하여 설명하시오.

6. 제연풍도가 방화구획을 통과할 경우 고려할 사항에 대하여 설명하시오.

7. 방화댐퍼의 성능시험기준 및 내화시험조건에 대하여 설명하시오.

8. 화재 패턴의 생성 메커니즘과 Spalling에 대하여 설명하시오.

9. 위험물안전관리법에서 정하는 제3류 위험물에 대하여 다음 사항을 설명하시오.
   1) 성질
   2) 위험성
   3) 소화방법

10. 건축물에 설치된 통신용 배관샤프트(TPS)와 전기용 배관샤프트(EPS)의 화재특성을 설명하고, 적합한 소화설비를 설명하시오.

11. 물분무소화설비의 적용 장소와 소화원리에 대하여 설명하시오.

12. 소방용 배관을 옥외 지중 매립 시공 시 고려사항에 대하여 설명하시오.

13. Fail-Safe 와 Single-Risk를 설명하시오.

2 교시

※ 다음 문제 중 4문제를 선택하여 설명하시오. (각 25점)

1. 철근콘크리트 구조물의 화재피해조사를 위해 콘크리트 중성화 깊이 측정을 실시하였다. 다음 사항을 설명하시오.
   1) 깊이 측정 시험법의 원리
   2) 시험방법
   3) 주의사항

2. 소화수 가압송수장치로 적용되는 원심펌프(Centrifugal Pump)의 일반적인 성능곡선도(Performance Curve)를 ① 유량 : 토출양정(m), ② 유량 : 펌프효율(%), ③ 유량 : 소요동력(kW)으로 구분하여 그래프를 작성하고, 다음 항목을 설명하시오.
   1) 체절운전점/정격운전점/150 % 유량 운전점
   2) 유량 : 펌프효율(%) 곡선의 특징
   3) 유량 : 소요동력(kW) 곡선의 특징
   4) 최소유량(Minimum Flow)

3. 화재실에서 발생한 연기가 거실에서 특별피난계단 부속실로 유입되는 것을 방지하기 위하여 부속실에 55 Pa의 압력을 가하려고 한다. 다음 조건을 참고하여 설명하시오.

   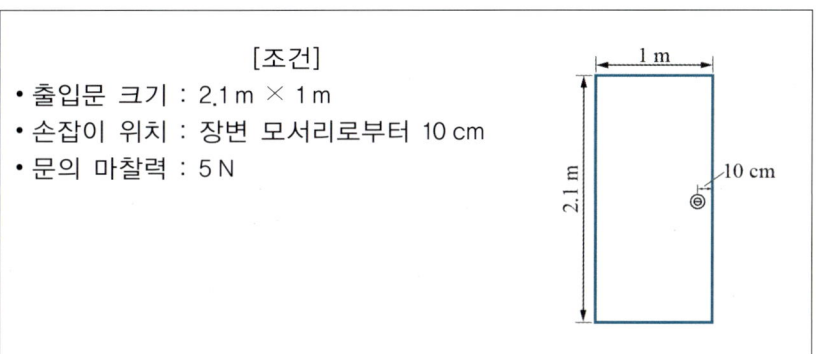

   [조건]
   • 출입문 크기 : 2.1 m × 1 m
   • 손잡이 위치 : 장변 모서리로부터 10 cm
   • 문의 마찰력 : 5 N

   1) 국내 화재안전기준을 적용하여 부속실과 거실 사이에 출입문의 자동폐쇄장치가 허용하는 힘(N)
   2) 동일조건에서 자동폐쇄장치의 폐쇄력이 45 N인 제품을 사용할 경우 부속실의 압력한계(Pa)

4. 전기저장시설의 화재안전기준(NFSC 607)에서 규정하고 있는 소방시설 등의 종류와 설치기준에 대하여 설명하시오.

5. 성능위주설계 절차와 사전재난영향성검토 절차를 기술하고, 초고층 건축물에서 특별히 고려해야 할 사항에 대하여 설명하시오.

6. 가스저장탱크의 물분무설비(Water Spray System)에 적용되는 시설기준은 소방관계법령상의 연결살수설비와 고압가스안전관리법상의 온도상승방지설비로 규정되어 있다. 상기기준에서 소방안전상 요구되는 다음 항목을 설명하시오.
   1) 적용 대상
   2) 연결살수설비의 헤드설치기준
   3) 온도상승방지설비의 고정식 분무장치 살수밀도

3 교시

※ 다음 문제 중 4문제를 선택하여 설명하시오. (각 25점)

1. 소방청에서 성능위주설계표준 가이드라인(2021.10)을 제시하고 있다. 이에 관련하여 다음 사항을 설명하시오.
   1) 특별피난계단 피난안전성 확보
   2) 비상용 승강기, 승강장 안전성능 확보

2. 가스계소화설비 작동 시 방호구역이 설계농도(Design Concentration)까지 도달하는 과정에서 발생되는 시간지연(Time Delay)요소에 대하여 설명하시오.

3. 소방시설용 비상발전기의 기동불량에 대하여 자주 언급되고 있다. 평상시 점검에는 정상작동이 되고 있으나, 정전 시에는 작동되지 않는 경우 이에 대한 작동불능의 원인과 해결 방법을 설명하시오.

4. 불꽃감지기에 대한 내용으로 다음 사항에 대하여 설명하시오.
   1) 작동원리 및 종류
   2) 설치 현장에서 동작시험 방법
   3) 설치기준

5. 고층 건축물 화재 시 발생한 연기 또는 유해가스 등 연소생성물이 건축물 내부에서 확산하는 영향 요인에 대하여 설명하시오.

6. 화재, 폭발의 위험성이 존재하는 작업장에서의 공정 위험성평가에 대하여 설명하시오.

4 교시

※ 다음 문제 중 4문제를 선택하여 설명하시오. (각 25점)

1. 화재발생 시 초기대응 및 인명구조 골든타임을 확보하기 위한 조건으로 소방자동차 출동 진입로 확보 및 주변 장애요소의 개선방안에 대하여 설명하시오.

2. 다음과 같은 조건의 소방대상물에 고팽창포 소화설비를 설치하고자 한다. 전체 포생성률(Total Generator Capacity, m^3/분)을 계산하고, 전역방출방식의 고발포용 고정포방출구 국내 설치기준을 설명하시오.

   [조건]
   ① 건물특성 : 폭 30 m, 길이 60 m, 높이 8 m, 경량강재구조(Light Steel) 적절한 환기, 모든 개구부의 폐쇄 가능한 벽돌벽체
   ② 소방설비 : 스프링클러(습식)방호, 3 m × 3 m 간격, 10.2 lpm/m^2 살수밀도, 50개 스프링클러헤드 개방
   ③ 가연물질 : 적재높이 6 m, 띠없는 종이롤(Unbanded Rolled Paper Kraft)
   ④ 기타사항 : 침수시간(Submergence Time) 5분
   　　　　　　단위 포 파손율(Foam Breakdown) 0.0748 m^3/min·L/min
   　　　　　　일반적인 포수축 보상, C_N = 1.15
   　　　　　　포누설 보상, C_L = 1.2(닫힌 문 및 배수구 등에 의한 포손실)

3. 도로터널에 설치하는 무선통신 보조설비의 누설동축케이블 방식에는 최말단 길이가 1 km가 넘는 경우 전송손실이 발생한다. 이에 따른 손실의 종류와 측정 및 보완방법을 설명하시오.

4. 가스누설경보기를 설치하여야 하는 특정소방대상물과 구성요소인 탐지부에 대한 감지방식에 대하여 설명하시오.

5. 내화배선의 공사방법에 대하여 설명하시오.

6. 기계 설비인 송풍기와 관련된 내용으로 다음 사항을 설명하시오.
   1) 원심송풍기와 축류송풍기의 종류
   2) 송풍기 효율의 종류

교시 1

1-1
건축물의 무창층, 피난층 및 지하층에 대하여 설명하시오.

[풀이]

1. 무창층

1) 개념
   - 지상층 중 개구부의 면적의 합계가 그 층의 바닥 면적의 1/30 이하가 되는 층

2) 개구부 기준

구분	설치기준
크기	• 지름 50 cm 이상의 원이 내접
높이	• 그 층의 바닥에서 1.2 m 이내
위치	• 도로 또는 차량의 진입이 가능한 공지
구조	• 화재 시 쉽게 피난할 수 있도록 창살 그 밖의 장애물이 설치되지 아니할 것 • 내부 또는 외부에서 쉽게 파괴 또는 개방이 가능

3) 무창층의 위험성
   ① 무창층의 경우 화재가혹도가 크고, 불완전연소에 의한 피난안전성 확보에 어려움이 있음
   ② 소방시설의 강화가 요구
   ③ 스프링클러설비, 제연설비 등

2. 피난층

① 소방법 : 곧바로 지상으로 갈 수 있는 출입구가 있는 층
② 건축법 : 직접 지상으로 통하는 출입구가 있는 층 및 피난안전구역으로 소방법과 차이점은 피난안전구역 포함 여부

③ 피난층은 1층이 아니며, 건물조건에 따라 2개 층 이상이 될 수도 있음

3. 지하층

① 건축물의 바닥이 지표면 아래에 있는 층으로서 바닥에서 지표면까지 평균높이가 해당 층 높이의 1/2 이상

② 지하층 또한 화재가혹도가 크고, 불완전연소에 의한 피난안전성 확보에 어려움이 있음

③ 지하층 거실의 바닥면적이 50 m² 이상인 층에는 직통계단 외에 피난층 또는 지상으로 통하는 비상탈출구 및 환기통을 설치

1-2

건축물의 방화구획 및 방연구획에 대하여 다음 사항을 설명하시오.
1) 정의
2) 목적 및 효과
3) 구성요소

[풀이]

1. 방화구획

1) 정의

주요구조부가 내화구조 또는 불연재료로 된 건축물로서 연면적 1,000 m²가 넘는 건축물일 경우 건축법상 방화구획 대상

2) 목적 및 효과

① 화재를 국한하여 물적 및 인적피해 최소화

② 수평, 수직으로의 연소확대 방지를 통한 피해의 최소화

3) 구성요소

① 바닥, 벽, 방화문, 방화댐퍼, 방화셔터, 관통부 seal 등

② 구성요소의 내화성능이 매우 중요

2. 방연구획

1) 정의
   ① 제연구역의 면적은 1,000 m² 이내로 구획
   ② 통로는 보행중심선의 길이가 60 m 이하로 구획
   ③ 거실은 직경 60 m 이하로 구획

2) 목적 및 효과
   ① 연기확산 방지
   ② 연기 배출을 통한 청결층 확보

3) 구성요소
   ① 보·제연경계벽 및 벽(화재 시 자동으로 구획되는 가동벽·셔터·방화문을 포함)
   ② 재질은 내화재료, 불연재료 또는 제연경계벽으로 성능을 인정받은 것
   ③ 제연경계는 제연경계의 폭이 0.6 m 이상이고, 수직거리는 2 m 이내

3. 문제점 및 개선사항
① 건축법규에는 방연구획에 대한 개념이 부재하는데 화재 시 인적피해는 연기에 의한 피해가 대부분이다.
② 소방법규에는 연기제어개념으로 차연성을 확보하는 구획개념이 아님
③ 연기의 유동 차단과 화염의 연소확대를 막는 방화방연구획의 개념은 건축법규의 법제화가 필요하다.

1-3

위험물의 옥외 취급시설에 적용되는 고정식 포소화설비의 포방출구를 포모니터노즐(FoamMonitor Nozzle)방식으로 적용할 경우 다음 사항을 설명하시오.
1) 포모니터노즐의 정의
2) 설치 기준
3) 수원의 수량

풀이

1. 포모니터노즐의 정의
위치가 고정된 노즐의 방사각도를 수동 또는 자동으로 조준하여 포를 방사하는 설비

2. 설치기준
① 포모니터노즐은 옥외저장탱크 또는 이송취급소의 펌프설비 등이 안벽, 부두, 해상구조물, 그 밖의 이와 유사한 장소에 설치되어 있는 경우에 당해 장소의 끝선으로부터 수평거리 15 m 이내의 해면 및 주입구 등 위험물취급설비의 모든 부분이 수평방사거리 내에 있도록 설치할 것. 이 경우에 그 설치개수가 1개인 경우에는 2개로 할 것
② 포모니터노즐은 소화활동상 지장이 없는 위치에서 기동 및 조작이 가능하도록 고정하여 설치할 것
③ 포모니터노즐은 모든 노즐을 동시에 사용할 경우에 각 노즐선단의 방사량이 1,900 L/min 이상이고 수평방사거리가 30 m 이상이 되도록 설치할 것

3. 수원의 수량
① 포수용액의 양
  1,900 L/min × 30 min = 57,000 L 이상
② 배관 내를 채우기 위하여 필요한 포수용액의 양

1-4
전기적인 원인에 의한 화재 또는 폭발 등 재해방지를 위한 정치시간(Rest Time)과 차폐(Shield)에 대하여 설명하시오.

풀이

1. 정치시간

1) 개념
① 정치시간은 대전방지 효과와 밀접한 관계가 있는 것으로서 접지상태에서 정전기의 발생 후 다음 발생까지의 시간 또는 정전기의 발생 후 접지에 의해 대전된 정전기를 누설할 때까지의 시간을 말한다.

② 정치시간은 정전기를 대지로 누설시켜 대전량을 적게 하는 목적으로 설정하는 것이지만 물체의 전도도가 1×10^{-12} S/m 이하인 경우는 반드시 대전량이 감소한다고 할 수 없다.

③ 대전물체가 가연성 물질이고 위험한 분위기의 조성 가능성이 있는 경우 정치시간을 설정하여 정전기를 대지로 누설시키는 것이 바람직하다.

2) 정전기 대전 완화

① 수식

$$Q = Q_0 \, e^{\left(-\frac{t}{RC}\right)}$$

여기서, Q : t초 경과 후의 잔류전하
 Q_0 : 초기 대전 전하
 R : 전하가 완화되는 경로의 저항
 C : 그 물질의 정전용량

② 일반적으로 절연체에 발생한 정전기는 일정 장소에 축적하였다가 점차 소멸하며, 초기 값의 38.8 %로 감소하는 시간을 그 물체에 대한 정전기의 완화시간이라 한다.

③ 고유저항 또는 유전율이 큰 물질일수록 대전상태는 오래 지속된다.

2. 차폐(Shield)

1) 정전기 유도

① 물체에 대전체를 접근시키면 대전체에 가까운 쪽에는 대전체와 반대의 전하가 나타나고 대전체에서 먼 쪽에는 대전체와 같은 종류의 전하가 나타나는 현상

② 전기력에 의해 전자가 이동하여 도체 내에 전하분포가 변하는 것을 말한다.

2) 정전차폐

① 대전체를 접지된 금속으로 차단시켜 외부와 내부로부터 정전유도에 의한 영향을 서로 주지 않도록 한 것

② 전자기기 등에서 외부 전기장의 영향을 방지하는 데 이용

3) 정전차폐 방법

① 금속에 의한 차폐는 망, 금속선 등의 가는 것이 좋으며, 확실한 접지가 필요하다.

② 도전성 재료에 의한 차폐는 고유저항이 작은 것이 바람직하며, 도전성 섬유가 들어간 천은 차폐뿐만 아니라 도전성 섬유의 제전 작용이 있기 때문에 폭넓게 이용된다.

1-5 마스킹 효과(Masking Effect)에 대하여 설명하시오.

풀이

1. NFPA와 국내 음향장치

차이점	NFPA	NFSC 203
음향경보 효과가 적은 경우, 시각경보기와의 연동	있음	없음
	• 소음이 큰 공간은 시각경보를 추가로 필요 • 주변 음량레벨이 105 dB 이상인 경우, 공공모드 또는 개인모드인 경우, 시각경보기를 함께 사용해야 한다.	• 부착된 음향장치의 중심으로부터 1 m 떨어진 위치에서 90 dB 이상
공간 특성 고려한 세분화	있음	없음(획일적)
	• 공공모드, 사설모드, 수면지역으로 구분	• 정격전압의 80 % 전압에서 음향을 발할 것

2. Masking Effect

1) 개념
   ① 어떤 소리에 의해 다른 소리가 파묻혀버려 들리지 않게 되는 현상
   ② 방해음 때문에 목적음의 최소가청한계가 높아지게 되어 안 들리게 되는 결과 초래

2) 비상방송설비
   ① 비상방송설비는 음성으로 화재발생 상황을 통보하는 설비
   ② 화재가 발생하면 자동화재탐지설비의 경종과 비상방송설비의 확성기가 동시에 동작
   ③ 비상방송설비는 음성의 명료도가 매우 중요하지만 경종 출력으로 인하여 음성의 명료도가 저하되어 비상방송설비에서 방송하는 내용은 Masking Effect로 인하여 안 들리게 된다.

3. 국내 음향장치 개선사항

① 음향기구의 음 또는 음색을 업무용과 명확히 구별되게 설치 필요
② 음량 기준은 1 m 떨어진 위치에서 90 dB 이상으로 규정하고 있지만 주변의 음량과 상대적 비교가 필요하다. 즉, 절대적 음량보다 상대적 음량 관점에서 접근할 필요가 있다.
③ NFPA와 마찬가지로 주변 소음이 큰(105 dB) 경우 시각경보기와의 연동 필요

④ 공간 특성에 따라 음량과 지속시간에 대해 차등 적용. 즉, 주변 환경에 맞게 음향 및 시각 경보를 최적 조합하여 피난 안전성 극대화를 고려해야 한다.

1-6
제연풍도가 방화구획을 통과할 경우, 고려할 사항에 대하여 설명하시오.

풀이

1. 방화댐퍼
① 환기·난방 또는 냉방시설의 풍도가 방화구획을 관통하는 경우 설치하는 댐퍼
② 방화댐퍼는 post-flashover까지 화재를 방화구획에 한정하여야 되기 때문에 그 실의 화재 크기에 따라 차염성, 차열성, 차연성이 요구된다.

2. 제연풍도 내부
① 방화댐퍼를 방화구획 벽체 내에 설치할 경우 부식 여부, 벽체의 뒤틀림으로 방화댐퍼 작동 불량
② 방화구획을 관통할 경우 방화댐퍼를 건축법에 의해 설치하여야 하나 제연기능의 상실이 우려되므로 최대한 관통 부위를 줄일 필요가 있음

3. 제연풍도 외부

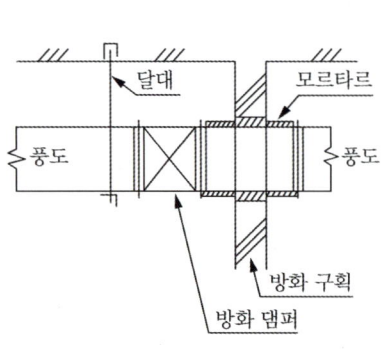
(a) 바람직하지 못한 설치 방법

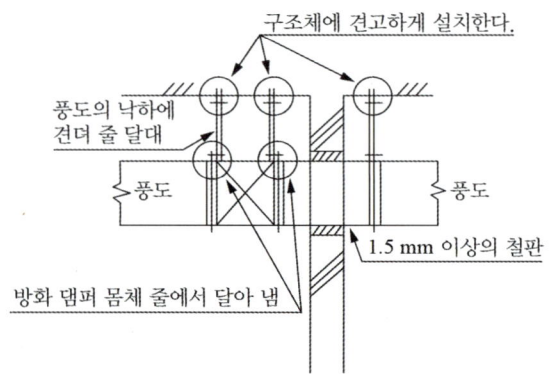
(b) 바람직한 설치 방법

1) 방화댐퍼 설치 위치
   ① 벽체의 뒤틀림으로 방화댐퍼 작동 불량
   ② 방화댐퍼를 벽체에서 이격하여 설치할 경우 벽체와 댐퍼 사이 1.5 t 이상의 강판으로 보강

2) 벽체와 방화댐퍼 사이
   고시에 의한 내화충전구조로 밀폐

3) 고정
   방화댐퍼를 벽체에서 이격하여 설치할 경우 4방향에서 견고하게 고정

4) 점검구
   방화댐퍼 설치 위치마다 점검구 설치하고 위치를 표시

1-7
방화댐퍼의 성능시험기준 및 내화시험조건에 대하여 설명하시오.

풀이

1. 방화댐퍼
방화댐퍼란 환기·난방 또는 냉방시설의 풍도가 방화구획을 관통하는 경우 그 관통부분 또는 이에 근접한 부분에 설치하는 댐퍼

2. 성능시험기준

1) 성능기준
   ① 한국산업표준 KS F 2257-1에 의한 비차열 1시간 이상의 성능
   ② KS F 2822(방화 댐퍼의 방연 시험 방법)에서 규정한 방연성능

2) 성능시험기준
   ① 시험체는 날개, 프레임, 각종 부속품 등을 포함
   ② 실제의 것과 동일한 구성·재료 및 크기의 것

③ 실제의 크기가 3 m × 3 m의 가열로 크기보다 큰 경우에는 시험체 크기를 가열로에 설치할 수 있는 최대크기
④ 내화시험 및 방연시험은 시험체 양면에 대하여 각 1회씩 실시
⑤ 수평부재에 설치되는 방화댐퍼의 경우 내화시험은 화재노출면에 대해 2회 실시
⑥ 내화성능 시험체와 방연성능 시험체는 동일한 구성·재료로 제작되어야 하며, 내화성능 시험체는 가장 큰 크기로, 방연성능 시험체는 가장 작은 크기로 제작

3) 판정기준

(1) 내화시험
① 차염성 평가(균열게이지 관통 여부, 이면에 10초 이상 화염발생 여부)
② 면패드 기준은 적용 않음

(2) 방연시험
① 20 ℃, 20 Pa 압력에서 5 m³/min 이하

3. 내화시험조건

1) 한국산업표준 KS F 2257-1
① 로(爐) 내 열전대 및 가열로의 압력
② 시험환경
③ 시험의 실시, 측정 및 관측사항 등 시험조건에 관한 기타의 사항

2) KS F 2257-1 표준온도시간곡선

$$\theta - \theta_0 = 345 \log(8t + 1)$$

여기서, θ : 시간 t의 로 내 온도[℃]
θ_0 : 초기 로 내 온도[℃]
t : 시간[min]

1-8
화재패턴의 생성 메커니즘과 Spalling에 대하여 설명하시오.

> 풀이

1. 개요
① 화재현장 조사의 목적은 과학적 방법을 사용하여 필요한 데이터를 수집하는 것으로 화재 패턴도 포함한다.
② fire pattern이란 보거나 측정할 수 있는 물리적 변화 또는 하나 이상의 화재 효과에 의해 생성된 모양을 말함
③ fire effect란 화재에 노출 시 물질의 내부나 겉에 생긴 확인 가능하거나 측정 가능한 변화를 말함

2. 화재패턴의 생성원리
① 부력 : 화염 및 고온 가스의 상승
② 복사열 : 빛의 세기는 거리에 반비례하므로 열원에서 멀수록 약해짐
③ 온도 : 고온가스는 열원으로부터 멀어질수록 온도가 낮아짐
④ 차단 : 연기나 화염이 물체에 의해 차단
⑤ 이러한 원리에 의해 독특한 형태를 생성하는데 탄화, 소실, 용융, 변색, 선과 경계를 나타냄

3. Spalling

1) 개념
① 박리란 수열에 의해 빔의 팽창과 같은 힘에 의해 시멘트, 콘크리트 등의 표면이 무너져 내리거나 부서지는 현상
② 박리는 대부분 열에 의해서 발생하지만 소화수에 의해 급랭할 때 수축되어 발생하기도 함

2) 원인
① 열을 직접 받는 표면과 그렇지 않은 주변이나 내부의 서로 다른 열팽창률
② 철근 등 보강재와 콘크리트의 서로 다른 열팽창률
③ 콘크리트 등 내부에 생성되었던 수분의 부피 팽창
④ 시멘트, 자갈, 모래 등 서로 다른 열팽창률
⑤ 재질이 다른 보강재 간 서로 다른 열팽창률

3) 특징
① 구획실 화재의 경우 고온 열기층이 체류하여 천장에 많이 발생하며 화염이 직접 접하

게 되면 벽면이나 바닥에서도 발생
② 가연성 액체는 증발잠열에 의해 바닥을 냉각시켜 일반적으로 박리가 발생하지 않음
③ 환기지배형 화재의 경우 개구부, 연료지배형의 경우 가연물이 집중된 부분에 박리

4) 박리흔과 발화부와의 관계
① 박리는 해당부위에 열을 받거나 급랭되었다는 점을 의미하며 발화부를 말하지 않는다.
② 박리흔을 발화부에 연관지우기 위해서는 연소 정도, 연소경로, 건물의 구조, 가연물의 위치, 개구부의 위치 등을 고려하여 판단하여야 함

1-9

위험물안전관리법에서 정하는 제3류 위험물에 대하여 다음 사항을 설명하시오.
1) 성질
2) 위험성
3) 소화방법

풀이

1. 3류 위험물 및 지정수량

성질	품명	지정수량[kg]
자연발화성물질 및 금수성물질	칼륨	10
	나트륨	10
	알킬알루미늄	10
	알킬리튬	10
	황린	20
	알칼리금속(칼륨 및 나트륨을 제외한다) 및 알칼리토금속	50
	유기금속화합물(알킬알루미늄 및 알킬리튬을 제외한다)	50
	금속의 수소화물	300
	금속의 인화물	300
	칼슘 또는 알루미늄의 탄화물	300
	그 밖에 행정안전부령으로 정하는 것 제1호 내지 제11호의 1에 해당하는 어느 하나 이상을 함유한 것	10, 20, 50 또는 300

2. 성질

고체 또는 액체로서 공기 중에서 발화의 위험성이 있거나 물과 접촉하여 발화하거나 가연성 가스를 발생하는 위험성이 있는 것

3. 위험성

① 자연발화성, 금수성 물질
② 독성이 있는 물질과 반응 시 독성가스를 발생하는 물질이 있다.
③ 금수성 물질인 금속 인화물, 칼슘·알루미늄의 탄화물을 제외하곤 대부분 자연발화성 및 금수성 물질이며 황린의 경우 자연발화성 물질이다.
④ 물과 반응 시 가연성가스(수소)를 발생시키는 것이 많다.

- 물과 반응식 : $2Na + 2H_2O \rightarrow 2NaOH + H_2 \uparrow$
- CO_2와 반응식 : $4Na + CO_2 \rightarrow 2Na_2O + C$
- CCl_4와 반응식 : $4Na + CCl_4 \rightarrow 4NaCl + C$

4. 소화방법

1) 예방

① 저장용기는 완전 밀폐하여 공기와의 접촉을 피하고 물과 수분의 접촉금지
② K, Na 및 알칼리금속은 석유 등의 산소가 함유되지 않은 석유류에 저장
③ 산화성 물질과 강산류와의 혼합을 방지

2) 소화방법

① 황린의 경우 초기화재 시 물로 소화가능
② K, Na은 격렬히 연소하고 소화수단이 없으므로 연소확대 방지에 주력
③ 알킬알루미늄, 알킬리튬 및 유기금속화합물은 금속화재용 소화약제 사용
④ 주수소화는 발화 또는 폭발을 일으키고 CO_2 등과는 심하게 반응

1-10

건축물에 설치된 통신용 배관샤프트(TPS)와 전기용 배관샤프트(EPS)의 화재특성을 설명하고, 적합한 소화설비를 설명하시오.

풀이

1. 개요

① 전기 샤프트(electrical shaft)는 용도별로 전력용(EPS)와 정보통신용(TPS)으로 구분하지만 설치 장비 및 배선이 적은 경우는 공용으로 사용

② EPS(electrical pipe shaft)
전기 공사의 동력용 전선, 전등용 전선, 전열용 전선 등 여러 종류의 전기 관련된 전선이 이 통로를 통하여 수직 또는 수평으로 연결된 공간

③ TPS(telecommunication pipe shaft)
통신용 케이블, BAS(자동제어용 케이블), HAS(홈오토메이션 케이블) 등 여러 종류의 통신 관련된 전선이 이 통로를 통하여 수직 또는 수평으로 연결된 공간

2. 화재특성

1) 케이블 화재 특성

① 다양한 전기적 점화원인 지락, 단락, 과전류, 기기의 접속불량 등에 의한 발화
② 통전 중일 경우 C급 화재, 비통전 중일 경우 A급인 케이블 화재

2) 연소확대 위험성

① 구획된 공간의 화재로 수평, 수직으로 빠른 연소확대
② 특히 통신용의 경우 비난연성이 많아 열방출속도가 높음

3) 독성가스

① 케이블 자체 독성
② 난연성 확보를 위한 독성가스 발생

3. 적용 소화설비

1) 스프링클러설비

① 점검구의 형태 및 공간의 크기와 관계없이 감지기 및 스프링클러설비를 적용
② 화재를 국한하고 연소확대 위험성을 차단

2) 자동소화장치

① 소화약제를 자동으로 방사하는 고정된 소화장치
② 형식승인이나 성능인증을 받은 유효설치 범위이내에 설치하여 소화하는 것
③ 캐비닛형 자동소화장치, 가스자동소화장치, 분말자동소화장치, 고체에어로졸자동소화장치

1-11
물분무소화설비의 적용 장소와 소화원리에 대하여 설명하시오.

풀이

1. 물분무소화설비의 적용 장소

소방대상물	기준면적 A [m²]	살수밀도 Q [lpm/m²]	방사시간 [T]	수원 (A×Q×T)
특수가연물 저장 또는 취급	최대 방수구역의 바닥면적 (50 m² 이하인 경우 50 m²)	10	20	A × (10 × 20)
절연유 봉입 변압기	바닥면적을 제외한 표면적	10	20	A × (10 × 20)
콘베이어 벨트	벨트부분의 바닥 면적	10	20	A × (10 × 20)
케이블 트레이, 케이블 덕트	투영된 바닥 면적	12	20	A × (12 × 20)
차고 또는 주차장	최대 방수구역의 바닥 면적 (50 m² 이하인 경우 50 m²)	20	20	A × (20 × 20)
위험물 옥외저장탱크 (위험물안전관리법)	원주길이 1 m	37	20	πD × (37 × 20)

2. 소화 원리

1) 질식작용

① 물분무 입자는 기화하면 체적이 약 1,700배 팽창하며, 수증기로 연소 면을 피복해서 산소의 공급을 차단하여 질식소화함

② 0 ℃ → 100 ℃일 경우

0 ℃, H_2O 1 mol = 22.4 L, 분자량 = $\dfrac{18g}{mol}$

$$V_{250} = 22.4 \times \dfrac{(100+273)}{(0+273)} = 30.61 \text{ L}$$

$\dfrac{30.61}{0.018} \fallingdotseq 1,700$배 팽창

2) 냉각작용

① 비열과 증발잠열이 높다.

② 15 ℃ 물 1 kg이 250 ℃의 증기로 되는 경우 약 700 kcal 열을 흡수

※ Q(현열) = mc ΔT, Q(잠열) = rG, 수증기 비열 0.6 kcal/kg·℃
Q = 1 × 1 × (100 - 15) + 1 × 540 + 1 × 0.6 × (250 - 100) = 715 kcal

3) 복사열 차단

① $O = 1 - e^{-Csl}$: O(복사열 차단율), Cs(물입자 분포), l(물입자층 두께)
② 물입자 분포가 많을수록, 물입자층 두께가 두꺼울수록 복사열 차단효과 우수
③ 복사열 차단 효과의 크기 : SP < 물분무 < 미분무

1-12

소방용 배관을 옥외 지중 매립 시공 시 고려사항에 대하여 설명하시오.

[풀이]

1. 소방용 배관 종류

1) 배관 내 사용압력이 1.2 MPa 미만일 경우

① 배관용 탄소 강관(KS D 3507)
② 이음매 없는 구리 및 구리합금 관(KS D 5301)
③ 배관용 스테인리스 강관(KS D 3576) 또는 일반배관용 스테인리스 강관(KS D 3595)
④ 덕타일 주철관(KS D 4311) 등

2) 배관 내 사용압력이 1.2 MPa 이상일 경우

① 압력 배관용 탄소 강관(KS D 3562)
② 배관용 아크 용접 탄소강 강관(KS D 3583)

2. 옥외 지중 매립 시공 시 고려사항

1) 운반, 보관, 취급

① 관의 운반부터 시공할 때까지 관내에 이물질이 들어가지 않도록 보호 캡 및 마개 등으로 보호 조치한다.
② 배관 작업이 부분적으로 완료되었거나 완성된 배관 내에 이물질이 들어가지 못하도록 임시마개로 보호한다.

2) 부식

    ① 부식은 산화발열반응으로 방식은 산소와 접촉을 차단하든가 떨어져 나간 이온만큼 이온을 주입 시켜주는 방법이 있다.

    ② 부식에 강한 재질로 덕타일 주철관, CPVC 배관 등을 사용

    ③ 강관 사용 시 부식이 예상되는 부분에는 방식 테이프 등을 사용하여 부식을 방지한다.

    ④ 이종관 접속의 경우에는 절연부속을 사용하여 절연접합토록 한다.

3) 동결방지

    ① 동파방지를 위해 동결심도 + 30 cm 깊이로 매설

    ② $Z = C\sqrt{F}$

        여기서, Z : 동결깊이[cm]

               C : 정수(3~5)

               F : 동결지수(0 ℃ 이하의 기온(℃) × 지속일자)

    ③ 밸브박스 등은 맨홀로 처리

4) 보온시공

    ① 매립 배관용 보온통 절단부위의 연결은 보온재를 완전히 밀착시킨 후 폭 24 mm 이상의 알루미늄이 부착된 접착테이프를 붙여서 시공한다.

    ② 매립 배관용 보온통의 밀착을 위하여 300 mm 간격으로 알루미늄 테이프를 감고 부속류 부위는 알맞게 절단한 후 연결부분은 알루미늄 테이프를 감는다.

1-13

Fail-Safe 와 Single-Risk를 설명하시오.

풀이

1. Fail-Safe

    ① 인간과 기계시스템에서 신뢰도를 높이는 방법은 fool proof, fail safe, 여유로운 설계 등이 있다.

    ② fool proof란 화재 시 패닉에 빠진 사람도 보호하는 시스템을 말하며 대표적으로 색상으

로 이미지화하는 방법을 말한다.
③ 소화시스템은 적색, 피난시스템은 청색 등으로 표현하여 안전도를 높이는 방식을 말한다.
④ fail-safe를 이해하기 위해서는 fail-danger를 이해할 필요가 있다. 시스템에 고장이 발생했을 때 위험한 환경을 안전한 환경으로 바꿔주는 것을 말한다.
⑤ 대표적으로 원전의 심층화재방어(defense-in-depth)설계 개념, 피난수단의 다중화, 옥상수원, 비상전원 등 시스템의 병렬화가 대표적이다.

2. Single-Risk

① single risk in single area, 하나의 공간에는 복수의 위험이 아니라, 하나의 위험만 존재한다는 것으로 경제성과 효율성 관점의 접근을 말한다.
② 패러다임의 변환으로 신뢰도는 경제성과 상반된 개념이 아니라 비례관계에 있다.
③ 기존의 가치관으로 초고층 빌딩이나 복잡한 건축물을 접근할 시 소방시설이 부족할 수 있다.
④ 스위스 치즈이론에 따르면 사고는 한 가지만의 요인에 의한 것이 아니라 여러 개의 장치와 과정이 동시에 제 기능을 못 할 때 발생하는데, 이론적으로 모든 방호층들이 제대로 작동하는 한 사고는 발생하지 않아야 하지만 현실은 매우 다른 결과가 나온다.
⑤ 안전은 공학적 기술보다 후행하는 성격을 가지므로 늘 위험은 상존한다. 용이성 및 경제성에서 신뢰도 관점으로 소방시설의 접근이 요구된다.

교시 2

2-1

철근콘크리트 구조물의 화재피해조사를 위해 콘크리트 중성화 깊이 측정을 실시하였다. 다음 사항을 설명하시오.
1) 깊이 측정 시험법의 원리
2) 시험방법
3) 주의사항

풀이

1. 콘크리트의 중성화

1) 콘크리트의 중성화

   ① pH 12~13 강알칼리성 → pH 10 이하로 중성화
   ② 콘크리트의 중성화 → 부동태 피막 파괴 → 철근 부식 → 균열/박리 → 단면적 감소 → 강도 저하

2) 탄산화 반응

   ① $CaO + H_2O \rightarrow Ca(OH)_2$ (수화반응)
   ② $Ca(OH)_2 + CO_2 \rightarrow CaCO_3 + H_2O$ (중성화)
   ③ pH 12~13 강알칼리성의 수산화칼슘 → pH 8.5~10인 약알카리성 탄산칼슘으로 중성화

3) 화재에 의한 중성화

   ① $Ca(OH)_2 \rightarrow CaO + H_2O$ (500~580 ℃)
   시멘트 경화제인 수산화칼슘을 가열하면 열분해되어 산화칼슘으로 중성화
   ② $CaCO_3 \rightarrow CaO + CO_2$ (825 ℃)

2. 깊이 측정 시험법의 원리

① 철골은 자체 부동태 피막을 만들지 못하지만 알카리성인 콘크리트로 부동태 피막을 형성

② 알카리성을 갖는 콘크리트가 탄산화반응이나 화재에 의해 중성화가 진행되면 철골의 부식이 발생하고 부식에 의한 압축력에 의해 폭렬, 구조적 안전성 확보에 문제점이 발생
③ 페놀프탈레인 1 % 용액을 분무하였을 때 pH 값이 9 이하에서는 무색, 이보다 높은 pH 값에서는 적색을 나타내므로 매우 간편하게 중성화 식별이 가능
④ 페놀프탈레인과 변색의 관계

pH 값	페놀프탈레인 1% 용액	철근 부식
1~4	백색(무변화)	부식 용이
4~10	백색(무변화)	부식 가능성
10 이상	적색 변화	부식 불가

3. 시험방법

1) 시약제조

① 페놀프탈레인 1 % 용액 사용
② 페놀프탈레인 1 g을 95 % 에탄올 90 cc에 용해시킨 후, 순수한 물을 첨가하여 100 cc로 만든다.

2) 측정방법

① 시험체는 드릴천공, 모서리부 국부파손, 코어 등으로 채취하고 표면을 깨끗이 청소
② 시약을 스프레이 등으로 표면청소 직후, 완전히 건조되었을 때 측정 면에 분무
③ 콘크리트 표면에서 적색으로 변색한 부분까지 0.5 mm 단위로 측정
④ 선명한 적색 단면까지의 거리를 탄산화 깊이로 측정함과 동시에 연한 적색까지의 거리도 측정
⑤ 중성화 깊이는 조사 위치마다 3군데씩 측정하여 그 평균값

3) 평가방법

① 측정된 중성화 깊이와 철근피복과 비교하여 철근부식의 위험성 여부를 판단

4. 주의사항

① 페놀프탈레인 용액에 의한 콘크리트 변색은 측정면의 처리법, 시약의 분무조건에 영향을 받음
② 콘크리트 절단면, 절취콘크리트의 할렬면을 중성화 깊이의 측정 면으로 하는 것이 바람직하다.
③ 중성화의 원인이 다양하므로 중성화 대책이 필요할 시 정확한 원인에 대한 대책이 요구된다.

2-2

소화수 가압송수장치로 적용되는 원심펌프(Centrifugal Pump)의 일반적인 성능곡선도(Performance Curve)를 ① 유량 : 토출양정(m), ② 유량 : 펌프효율(%), ③ 유량 : 소요동력(kW)으로 구분하여 그래프를 작성하고, 다음 항목을 설명하시오.
1) 체절운전점 / 정격운전점 / 150 % 유량 운전점
2) 유량 : 펌프효율(%) 곡선의 특징
3) 유량 : 소요동력(kW) 곡선의 특징
4) 최소유량(Minimum Flow)

풀이

1. 원심펌프

   ① 원심펌프란 유체의 흐름을 90°로 전환
   ② 기계적에너지를 원심력을 이용 운동에너지로 변환
   ③ 원심력을 이용하므로 임펠러의 볼륨은 좁으나 고양정에 유리
   ④ 초고층의 경우 고양정에 한계가 있어 펌프직렬을 통해 고양정을 만들 수 있으나 신뢰도가 저하
   ⑤ 따라서 신뢰도를 고려한 고가수조 방식의 패러다임 전환이 요구

2. 원심펌프의 일반적인 성능곡선도(Performance Curve)

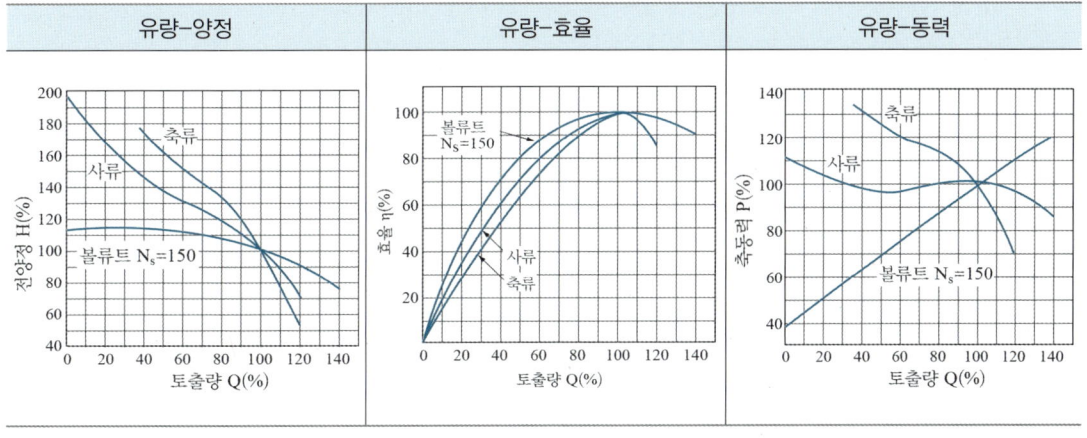

3. 성능곡선 설명

1) 체절운전점 / 정격운전점 / 150 % 유량 운전점

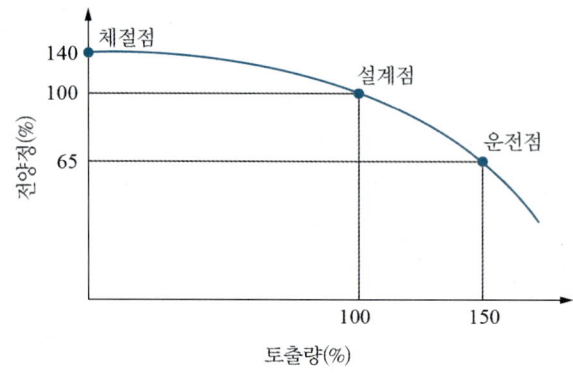

① 유량과 양정은 역의 관계로 즉, 헤드 개방 개수에 따라 양정이 낮아지므로 소방펌프에서는 제한사항을 둠
② 유량이 0일 경우 양정은 정격토출양정의 140 % 이하이고 유량이 정격 토출량의 150 %일 경우 양정은 정격양정의 65 % 이상이 되어야 한다.
③ 즉, 유량의 변동이 150 %일 경우 압력변동은 150 %의 1/2인 75 %(140 – 65 = 75 %)의 변화를 갖는 완만한 펌프를 선정하여야 한다.

2) 유량 : 펌프효율(%) 곡선의 특징

① 유량이 증가할수록 효율은 곡선으로 증가하다가 정격운전점에서 효율이 가장 높아지고 정격운전점 이후에는 토출량이 변화했을 때 효율이 감소한다.
② 일반 급수펌프나 충압펌프는 효율이 가장 높은 정격운전점에서 운전하나 소화펌프는 효율을 고려하지 않으므로 낮은 효율에서도 운전 시 소화가 되어야 하는 특성을 갖는다.

3) 유량 : 소요동력(kW) 곡선의 특징

① 축동력 곡선은 토출량의 증가에 따라 증가하여 정격운전점에서 가장 크고 정격운전점 이후에는 토출량의 증가에 따라서 축동력이 감소하는 경향
② 반대로 축류펌프 경우 체절점에서 동력이 가장 크고 유량이 증가할수록 동력은 감소

4) 최소유량(minimum flow)

① 펌프의 캐비테이션을 발생시키지 않으면서 이송 가능한 최소유량을 말한다.
② 펌프의 설계유량의 약 30 % 정도로 선정한다.
③ 설계유량의 30 % 이하로 운전할 경우 과열에 의한 손상, 공동현상, 진동 등이 발생할 수 있다.

④ 소화펌프는 최소유량 이하에서도 운전하므로 캐비테이션 등이 발생하여 소화실패 우려가 있으므로 체절운전점 아래에서 열리는 릴리프 밸브를 설치하여야 한다.

2-3

화재실에서 발생한 연기가 거실에서 특별피난계단 부속실로 유입되는 것을 방지하기 위하여 부속실에 55 Pa의 압력을 가하려고 한다. 다음 조건을 참고하여 설명하시오.

[조건]
- 출입문 크기 : 2.1 m X 1 m
- 손잡이 위치 : 장변 모서리로부터 10 cm
- 문의 마찰력 : 5 N

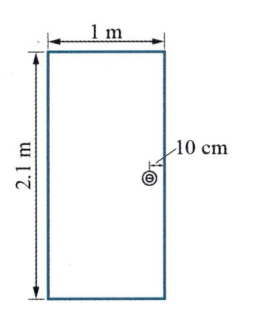

1) 국내 화재안전기준을 적용하여 부속실과 거실 사이에 출입문의 자동폐쇄장치가 허용하는 힘(N)
2) 동일조건에서 자동폐쇄장치의 폐쇄력이 45 N인 제품을 사용할 경우 부속실의 압력한계(Pa)

> 풀이

1. 제연방식

제연방식	내용
차압	• 40 Pa(스프링클러 설치 12.5 Pa) 이상 110 N 이하 • 피난을 위해 출입문 개방 시 미개방 제연구역과 옥내 차압 : 70 % 이상 • 계단실 + 부속실을 동시에 제연하는 경우 계단실 기압 = 부속실 기압 또는 계단실 기압 > 부속실 기압 : 5 Pa 이하
방연풍속	• 부속실이 거실과 면한 경우 : 0.7 m/s • 기타 : 0.5 m/s
과압방지 조치	• 자동차압·과압조절형 댐퍼 또는 과압배출장치

2. 개방시 소요되는 힘(F_t)

1) $F_t = F_1 + F_2 + F_3$

① F_1 : 차압에 의한 힘성분
② F_2 : 폐쇄장치 폐쇄력
③ F_3 : 출입문 경첩의 폐쇄력

2) F_1 : 차압에 의한 힘 성분

① $F_1 \times (W-d) = PA \times \dfrac{W}{2}$

여기서, W : 출입문 폭
　　　　d : 손잡이와 출입문 끝단사이 거리
　　　　P : 차압
　　　　A : 출입문 면적

3. 출입문의 자동폐쇄장치가 허용하는 힘(N)

1) F_1 : 차압에 의한 힘성분

$$F_1 \times (W-d) = PA \times \dfrac{W}{2}$$

$$F_1 \times (1.0 - 0.1) = 55 \times (2.1 \times 1) \times \dfrac{1.0}{2}$$

$$F_1 = 64.167 \, N$$

2) $F_t = F_1 + F_2 + F_3$

$110 = 64.167 + F_2 + 5$

$F_2 = 40.833 \, N$

4. 부속실의 압력한계(Pa)

1) $F_t = F_1 + F_2 + F_3$

$110 = F_1 + 45 + 5$

$F_1 = 60 \, N$

2) 차압(압력한계)

$$F_1 \times (W - d) = PA \times \frac{W}{2}$$

$$60 \times (1.0 - 0.1) = P \times (2.1 \times 1) \times \frac{1.0}{2}$$

$$P = 51.43 \, Pa$$

2-4
전기저장시설의 화재안전기준(NFSC 607)에서 규정하고 있는 소방시설 등의 종류와 설치기준에 대하여 설명하시오.

풀이

1. 소화기
- 구획된 실마다 설치

2. 스프링클러설비(배터리실)

구분	기준
유수검지장치	습식 또는 준비작동식(더블인터락방식 제외)
방수량	12.2 lpm/m^2, 30분 이상(바닥면적 230 m^2 이상인 경우 230 m^2)
헤드 간격	1.8 m 이상
감지기 (준비작동식)	공기흡입형 감지기 또는 아날로그식 연기감지기 중앙소방기술심의위원회의 심의를 통해 적응성이 있다고 인정된 감지기
비상전원	30분
수동식 기동장치 (준비작동식)	출입구 부근
송수구	스프링클러설비의 화재안전기준

3. 배터리용 소화장치

구분	기준
옥외형 전기저장장치	• 컨테이너 내부에 설치된 경우 • 다른 건축물, 주차장, 공용도로, 적재된 가연물, 위험물 등으로부터 30 m 이상 떨어진 지역에 설치된 경우

4. 자동화재탐지설비

구분	기준
자동화재탐지설비	• 자동화재탐지설비 및 시각경보장치의 화재안전기준
감지기	• 공기흡입형 감지기 또는 아날로그식 연기감지기 • 중앙소방기술심의위원회의 심의를 통해 적응성이 있다고 인정된 감지기
설치제외	• 옥외형 전기저장장치 설비

5. 자동화재속보설비

구분	기준
자동화재속보설비	화재안전기준
옥외형 전기저장장치	감지기를 직접 연결하는 방식

6. 배출설비

구분	기준
강제배출	배풍기·배출덕트·후드 등을 이용
용량	$18 \text{ m}^3/\text{h/m}^2$ 이상
작동	화재감지기
설치	옥외와 면하는 벽체

2-5

성능위주설계 절차와 사전재난영향성검토 절차를 기술하고, 초고층 건축물에서 특별히 고려해야 할 사항에 대하여 설명하시오.

> 풀이

1. 성능위주 소방설계 절차

1) 사전검토 단계

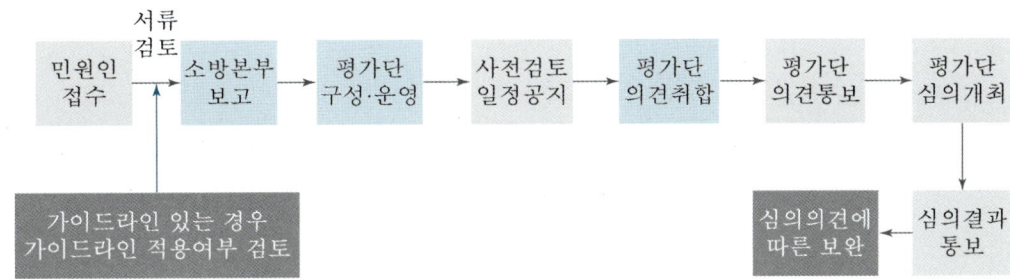

2) 신고서 단계

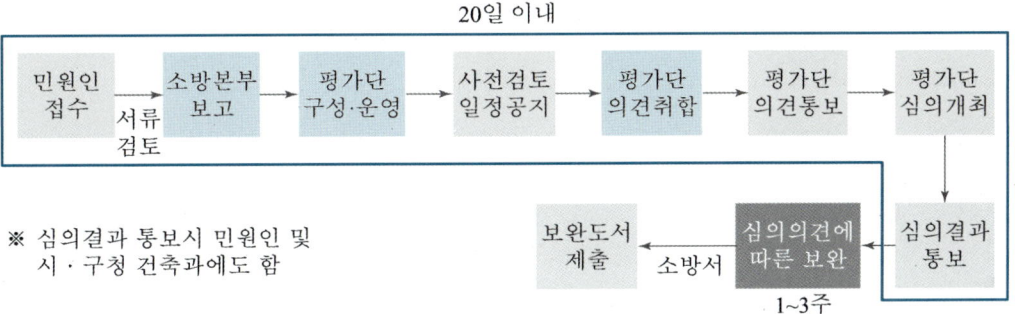

※ 심의결과 통보시 민원인 및
  시·구청 건축과에도 함

2. 사전재난영향성검토 절차

1) 대상

초고층 건축물	• 층수가 50층 이상 또는 높이가 200 m 이상인 건축물
지하연계 복합건축물	• 층수가 11층 이상이거나 1일 수용인원이 5천 명 이상인 건축물로서 지하부분이 지하역사 또는 지하도상가와 연결된 건축물 + • 건축물 안에 문화 및 집회시설, 판매시설, 운수시설, 업무시설, 숙박시설, 위락시설 중 유원시설업의 시설 또는 대통령령으로 정하는 용도의 시설이 하나 이상 있는 건축물

2) 사전재난영향성 검토협의 절차

```
┌─────────────────────┐
│   사업계획서제출      │      • 사전재해영향성검토서 작성 및 제출
│ 사업시행자 → 관계행정기관 │
└─────────────────────┘
           ↓
┌─────────────────────┐
│     협의요청          │
│ 행정기관 → 중앙/지역본부장 │
└─────────────────────┘
           ↓
┌─────────────────────┐      • 접수 및 기본요건 검토[중앙/지역본부장(방재)]
│ 사전재해영향성검토협의  │      • 검토위원회 검토(중앙/지방검토위원회)
│     30일 이내         │      • 검토의견서 작성(중앙/지역본부)
│ (자연재해대책법 시행령 제4조) │   • 검토의견 확정(중앙/지역본부)
│                     │      • 협의기관은 협의신청 받은 날로부터 30일 이내에 검토결과를
│                     │        통보함
│    중앙/지역본부장     │      • 공장부지인 경우 20일 이내에 검토결과를 통보하여야 함
│                     │        다만, 부득이한 경우 10일 범위 안에서 연장 가능
└─────────────────────┘
           ↓
┌─────────────────────┐      • 중앙/지역본부(방재부서) → 요청기관(관계부서)
│    검토결과의 통보     │
└─────────────────────┘
           ↓
┌─────────────────────┐      • 행정기관(관계부서) → 중앙/지역본부장(방재부서)
│  조치결과 및 계획통보   │      • 관련법상 통보받은 날로부터 30일 이내에 조치결과 및 조치계
│     30일 이내         │        획을 중앙 또는 지역본부장에게 통보
│ (자연재해대책법 시행령 제7조) │
└─────────────────────┘
```

3. 초고층 건축물에서 특별히 고려해야 할 사항

1) 화재위험성 평가

① 특정소방대상물의 용도, 위치, 구조, 수용 인원, 가연물의 종류 및 양 등을 고려하여 설계
② 이 방법은 화재가혹도 산정하여 설계하는 방식이나 종합적인 설계에는 한계가 있음
③ 건축물의 공간적 특성(공간의 크기, 내장재, 개구부), 연소특성(가연물의 특성, 화원의 크기, 화원의 위치), 거주자 특성을 종합적으로 고려하여 화재위험성 평가
④ 이를 기반으로 화재안전성능이 확보될 수 있도록 설계할 필요가 있다.

2) 소방시스템의 신뢰도

① 소방은 active system으로 효과는 좋으나 기계력에 의존하는 시스템으로 신뢰도가 낮다.
② 초고층의 경우 피난안전성 확보를 위해서는 신뢰도를 높이는 방안이 대단히 중요하다.
③ 대표적인 신뢰도를 높이는 방법은 시스템의 병렬화(가지배관 방식을 loop, grid 방식

등), active 기능을 passive 기능으로 전환(소화펌프 직렬을 통한 양정확보를 고가수조를 통한 신뢰도 확보 등)

④ 신뢰도와 경제성이 일치한다는 사고의 전환이 필요

3) 연돌효과를 통한 연소확대

① 저층 건축물의 연기이동이 부력·공기팽창이라면, 초고층의 경우 연돌효과, 풍력, 공조시스템, 피스톤효과 등 위험요소가 많다.

② 연돌효과를 통한 상층연소확대 위험성과 인접건물 연소확대 위험성을 검토하여 이에 대한 대책과 평가가 필요하다.

4) flash over 평가

① 화재 시 flash over가 발생하면 연소확대 위험성과 내화피복을 통한 구조적 안전성이 요구

② 따라서 flash over를 제어할 경우 인적, 물적 피해를 최소화할 수 있다.

③ flashover 예측 평가는 $Q_{f_o} = 610(h_k A_T A \sqrt{H})^{\frac{1}{2}} < \dot{Q} = \dot{m}'' A \Delta H_C$ 식을 이용하는데 이는 공간이 지배하는 화재보다 연료가 지배하는 화재가 클 경우 발생함을 이야기한다.

④ 여기서 개구부에 눈여겨볼 필요가 있는데 화재 초기에는 배연창이나 개구부를 개방하여 flash over 발생을 지연시키고, 발생 후에는 개구부나 배연창을 폐쇄하여 화재 크기를 줄일 필요가 있다.

5) 방화구획의 신뢰도

① 현재 방화구획에 대한 법규가 개정되어 보완되고 있으나 화재 크기에 대한 고려 없이 일률적으로 1시간 내화도를 요구

② 또한 구성요소의 신뢰도가 대단히 중요하다. 창을 통한 연소확대, 외장재를 통한 연소확대, 피트, 샤프트를 통한 연소확대 위험성을 충분히 검토하고 고려할 필요가 있다.

6) 피난에 대한 패러다임 변화

① 세계무역센터 붕괴 이후의 피난에 대한 패러다임의 변화 요구

② 기존의 피난은 수평피난방식과 피난수단으로 계단을 이용한 방식이었다면, 현재는 건물에서 완전한 퇴출을 요구한다.

③ 피난안전구역 또한 본질적인 피난이라고 정의할 수 없으며 적극적인 피난수단의 접근이 요구된다.

2-6

가스저장탱크의 물분무설비(Water Spray System)에 적용되는 시설기준은 소방관계 법령 상의 연결살수설비와 고압가스안전관리법 상의 온도상승방지설비로 규정되어 있다. 상기 기준에서 소방안전 상 요구되는 다음 항목을 설명하시오.
1) 적용대상
2) 연결살수설비의 헤드설치기준
3) 온도상승방지설비의 고정식 분무장치 살수밀도

[풀이]

1. 적용대상

1) 화재예방, 소방시설 설치·유지 및 안전관리에 관한 법률 시행령

   가스시설 중 지상에 노출된 탱크의 용량이 30톤 이상인 탱크시설

2) 고압가스 저장의 시설·기술·검사·안전성평가 기준

   ① 저장탱크(지주 포함)는 가연성가스 및 독성가스의 저장탱크
   ② 그 밖의 저장탱크로서 가연성가스 저장탱크 또는 가연성 물질을 취급하는 설비
   ③ 다음 거리 이내에 있는 저장탱크
   - 방류둑을 설치한 가연성가스 저장탱크의 경우 해당 방류둑 외면으로부터 10 m 이내
   - 방류둑을 설치하지 않은 가연성가스 저장탱크의 경우 해당 저장탱크 외면으로부터 20 m 이내
   - 가연성물질을 취급하는 설비의 경우 그 외면으로부터 20 m 이내

2. 연결살수설비의 헤드설치기준

① 연결살수설비 전용의 개방형헤드 설치
② 가스저장탱크·가스홀더 및 가스발생기의 주위에 설치, 헤드 상호 간의 거리는 3.7 m 이하
③ 헤드의 살수범위는 가스저장탱크·가스홀더 및 가스발생기의 몸체의 중간 윗부분의 모든 부분이 포함
④ 살수된 물이 흘러내리면서 살수 범위에 포함되지 않은 부분에도 모두 적셔질 수 있도록 할 것

3. 온도상승방지설비의 고정식 분무장치 살수밀도

1) 액화가스 저장탱크

   (1) 물분무장치(온도상승방지설비)
   ① 저장탱크 표면적 1 m^2당 5 L/min 이상
   ② 준내화구조 저장탱크에는 그 표면적 1 m^2당 2.5 L/min 이상
      ※ 준내화구조
      - 저장탱크가 암면두께 25 mm 이상
      - 이와 동등 이상의 내화성능을 가지는 단열재로 피복 되고 그 외측을 두께 0.35 mm 이상의 용융 아연도금 강판 및 강대
      - 이와 동등 이상의 강도 및 내화성능을 가지는 재료

   (2) 소화전
   ① 저장탱크 외면에서 40 mm 이내인 위치에, 저장탱크를 향하여 어느 방향에서도 방수할 수 있는 소화전을 해당 저장탱크 표면적 50 m^2당 1개 이상
   ② 준내화구조 저장탱크에는 해당 저장탱크의 표면적 100 m^2당 소화전 1개 이상
   ③ 방사압 0.3 MPa 이상, 방수능력 400 L/min 이상

   (3) 단열재
   ① 높이 1 m 이상의 지주에는 두께 50 mm 이상의 내화콘크리트 또는 이와 동등 이상의 내화성능을 가지는 불연성의 단열재로 피복
   ② 제외 : 물분무장치나 소화전을 지주에 살수할 수 있도록 설치한 경우

2) 압축가스 저장탱크

   ① 압축가스저장탱크 및 그 지주 : 액화가스 저장탱크 온도상승방지설비의 살수밀도
   ② 소화전 : 저장탱크 및 그 지주의 어느 부분에도 방수할 수 있도록 안전한 장소
   ③ 소방펌프 자동차 : 소화전의 성능과 동등 이상

교시 3

3-1

소방청에서 성능위주설계표준 가이드라인(2021.10)을 제시하고 있다. 이에 관련하여 다음 사항을 설명하시오.
1) 특별피난계단 피난안전성 확보
2) 비상용 승강기, 승강장 안전성능 확보

[풀이]

1. 특별피난계단 피난안전성 확보

1) 목적

   지상1층 또는 피난층으로 연결된 피난시설로서 계단의 배치, 출입문의 구조 등 설치기준을 명확히 하여 재실자의 피난안전을 확보

2) 안정성 확보 방안

   (1) 패닉바 설치

   특별피난계단 출입문에는 개방이 쉬운 패닉바 설치

   (2) 화재 위험성 있는 시설물 설치 금지

   ① 특별피난계단 계단실에는 화재 위험성이 있는 시설물 설치 금지

   ② 도시가스배관, 전기배선용 케이블 등 기타 이와 유사한 시설물

   (3) 용도표시를 픽토그램(그림문자)로 표시

   ① 특별피난계단 계단실 출입문에는 피난 용도로 사용되는 것임을 표시

   ② 백화점, 대형 판매시설, 숙박시설 등 다중이용시설에 설치되는 특별피난계단에 피난 용도로 사용되는 표시를 할 경우, 픽토그램(그림문자)으로 적용

   (4) 연결구조

   ① 특별피난계단은 옥상광장(헬리포트, 인명구조공간)까지 연결

② 계단실은 승강기 권상기실 등 다른 용도의 실로 직접 연결되지 않도록 할 것

(5) 출입문(매립형)에 고리형 손잡이 설치 금지

(6) 부속실은 4 m² 이상의 유효면적으로 계획

2. 비상용 승강기, 승강장 안전성능 확보

1) 목적

   비상용(피난용)승강장 크기기준 확대 및 화재 시 운영방안을 마련하여 원활한 소방활동과 신속한 재실자 피난이 가능하게 함

2) 안전성 확보 방안

   (1) 승강기 크기
   ① 비상용승강기 내부공간은 구급대 들것 이동을 위해 길이 220 cm 이상, 폭 110 cm 이상 크기 확보
   ② 승강장으로 이어지는 통로는 환자용 들것의 이동을 위해 여유폭(회전반경) 확보

   (2) 매뉴얼 작성
   ① 비상시 피난용승강기 운영방식 및 관제계획 초기 매뉴얼 제출
   - 1차 : 화재 층에서 피난안전구역
   - 2차 : 피난안전구역에서 지상1층 또는 피난층

   (3) 승강장 간 이격 및 구조
   ① 비상용승강기 승강장과 피난용승강기 승장장은 일정 거리를 이격하여 설치
   ② 서로 경유 되지 않는 구조로 설치

   (4) 출입문 표시
   - 비상용(피난용)승강기 승강장 출입문에는 사용 용도를 알리는 표시할 것

   (5) 승강기 간 이격 설치
   - 여러 대의 비상용승강기 및 피난용승강기는 각각 이격하여 설치

3-2

가스계소화설비 작동시 방호구역이 설계농도(Design Concentration)까지 도달하는 과정에서 발생되는 시간지연(Time Delay)요소에 대하여 설명하시오.

> 풀이

1. 설계농도 도달시간

1) 설계농도

① 방호대상물 또는 방호구역의 소화약제 저장량을 산출하기 위한 농도로서 소화농도에 안전율을 고려하여 설정한 농도

② 소화약제 종류별, 가연물별 설계농도 값 적용
- 이산화탄소 : 표면화재 최소설계농도 34 %
- 할로겐화합물 및 불활성기체 : 소화농도 × 1.2(A, C급 화재), 소화농도 × 1.3(B급 화재)

2) 설계농도 도달시간

① 소화약제 방출 후 방호구역 소화약제 농도가 설계농도에 도달하는 시간

② 방호구역에 신속하고 균일한 방사를 해서 설계농도에 도달해야 화재진압 가능

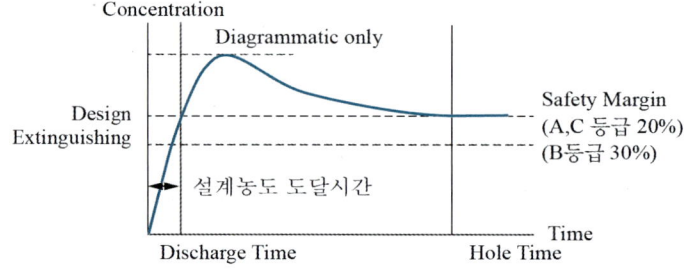

2. 설계농도 도달시간 지연 요소

1) 감지기 교차회로 동작에 필요한 시간

① 화재 발생 후, 일정 시간 후 감지기 동작
② 가스계 소화설비 감지방식은 교차회로 적용
③ 2개 회로 모두 동작해야 가스계 소화설비가 동작하므로 시간지연 발생

2) 방호구역 재실자 대피시간

① 수신기에서 화재신호를 수신하면 가스계소화설비 제어반으로 신호송신
② 방호구역 재실자 대피를 위해 기동용 가스용기의 솔레노이드 밸브 동작 전에 동작시간 지연 설정(30초~1분)

3) 분사헤드 소화약제 도달시간

① 저장용기로부터 분사헤드에 소화약제가 도달하는 데 시간 소요
② 저장용기실로부터 방호구역이 멀수록 배관 길이가 길어지므로 분사헤드에 소화약제

도달시간 지연 발생

③ 또한 배관 길이가 길어질 경우, 배관 내에서 소화약제의 기화발생으로 인한 vapor delay time 발생

4) 분사헤드에서 소화약제 방출시간

① 방출시간 : 분사헤드로부터 소화약제가 방출되기 시작하여 방호구역의 가스계 소화약제 농도 값이 최소설계농도의 95 %에 도달되는 시간

② 소화약제 종류별로 최대방출시간 기준이 있으나, 저장용기의 압력저하, 배관길이 과다로 인해 적정 방출률 확보 실패로 설계농도 도달시간 지연 발생
- 이산화탄소 : 1분 이내(표면화재), 7분 이내 및 2분 이내 설계농도 30 % 도달(심부화재)
- 할로겐화합물 : 10초 이내
- 불활성기체 : 2분 이내(A, C급 화재), 1분 이내(B급 화재)

5) 개구부 밀폐시간 소요

① 소화약제가 정상적인 기준대로 방출되어도, 개구부 밀폐시간이 지연되거나, 밀폐실패 발생 시, 설계농도 도달시간 지연 발생

② 밀폐되지 않은 개구부를 통해 누설량이 발생할 경우, 설계농도에 도달되어도 설계농도 유지시간(soaking time) 확보가 불가능하여 소화실패 발생

3. 설계농도 도달시간 단축 방안

1) 감지기 동작시간 단축

① 신뢰도가 높아 교차회로를 적용하지 않는 특수감지기 적용
② 아날로그 감지기, 다신호식 감지기, 복합형 감지기 등

2) 적절한 대피시간 설정

① 피난시뮬레이션을 통해 방호구역 내 재실자의 대피시간 설정
② 설정된 대피시간으로 기동용 가스용기 솔레노이드 밸브 동작의 시간지연 설정

3) 분사헤드 소화약제 도달시간 최소화

① 저장용기실을 방호구역과 가깝게 배치
② 배관 내 약제비(배관비)를 고려하여 배관을 길어지지 않게 배치
- 배관비 : 소화약제 체적(액화가스는 액상체적, 압축가스는 저장용기체적) 대비 해당 방호구역 전체 배관 체적의 백분율
③ 배관내 약제비가 제조사의 기준 초과 경우, 별도 독립배관 방식의 설비 설치

4) 소화약제 방출시간 최적화

　① 화재시뮬레이션을 통해 화재성장과 열방출률을 고려하여 방출시간 설정
　② 방출시간은 최대방출시간 이하로 설정하되, 방호구역의 과압을 고려하여 최소방출시간 설정 및 과압방출구 배치

5) 신속, 완벽한 개구부 밀폐

　① 개구부 자동폐쇄장치의 화재 시 정상작동을 위해 평상시의 유지관리 철저
　② 피스톤방식(PRD)보다 모터구동의 전기식 자동폐쇄장치 설치
　③ 자동폐쇄장치의 충분한 폐쇄력 확보를 위한 구동모터 병렬 설치

3-3

소방시설용 비상발전기의 기동불량에 대하여 자주 언급되고 있다. 평상시 점검에는 정상 작동이 되고 있으나, 정전 시에는 작동되지 않는 경우 이에 대한 작동불능의 원인과 해결방법을 설명하시오.

[풀이]

1. 비상전원 개념

　1) 계통도

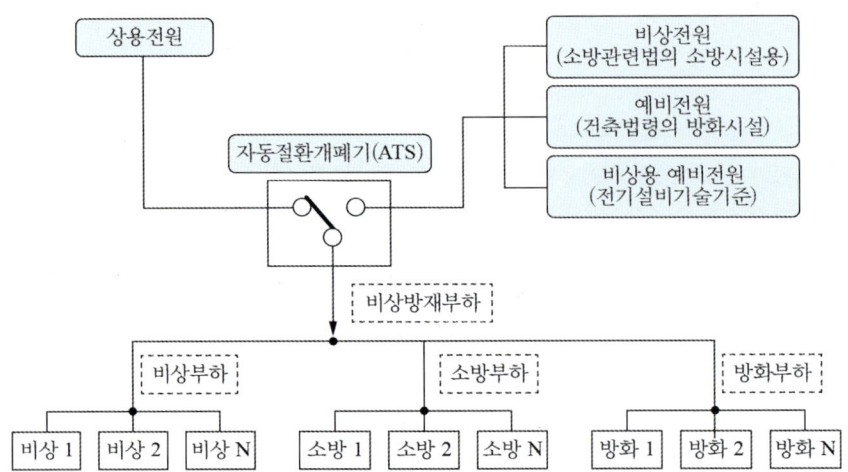

2) 부하 구분

① 소방부하 : 소방법에 의한 소방시설(소방부하) 및 건축법에 의한 방화시설(방화부하)을 포함한 전력부하

② 비상부하 : 소방부하 이외의 급배수, 통신, 공조 등 건축설비의 기능을 유지 및 안전성 등을 위해 사용하는 비상용 부하로서 예비전원이 요구되는 전력부하

3) 비상발전기 적용

구분	내용
소방부하전용 발전기 설치	① 가장 신뢰도가 높은 방법 ② 별도 비상부하 발전기 필요
소방부하 겸용 발전기	① 별도 비상부하 발전기 불필요 ② 발전기 출력용량이 증가
소방전원 보존형 발전기	① 별도 비상부하 발전기 불필요 ② 발전기 출력용량이 증가하지 않음 ③ 제어가 복잡하고 신뢰도가 낮음

2. 정전 시 비상발전기 작동불능 원인

1) 비상전원 정격출력용량 부족

① 비상전원 정격출력용량 부족에 의해 과부하 발생, 미동작

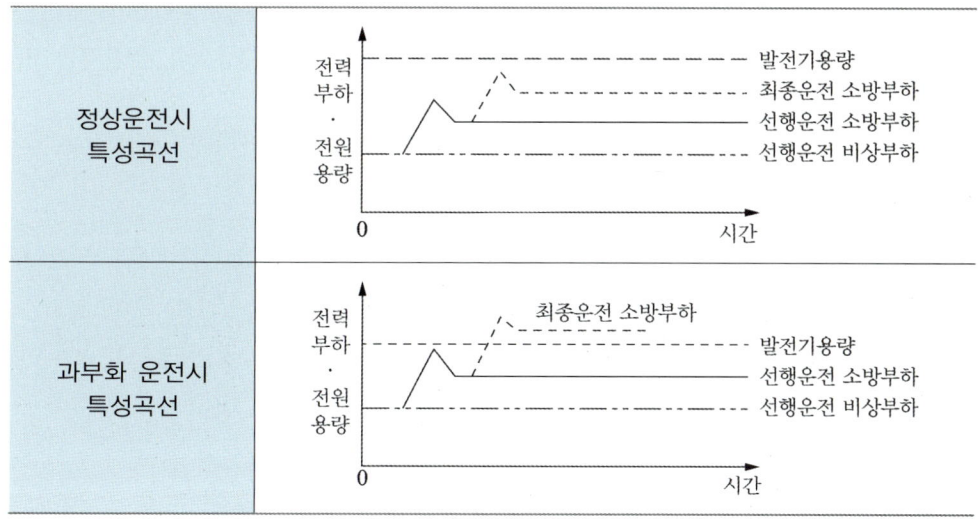

② 소방부하 또는 비상부하 한쪽 부하 중 큰 쪽을 선택하여 설치하여 정전 시 동시 운전할 경우, 출력이 부족한 결과를 초래

③ 소방부하 겸용 발전기의 경우
- 소방부하 겸용 발전기 적용과정에서 과부하 위험
- 정상 적용 시는 용량 증대로 약 2배의 설치비, 운영비로 자원 낭비 초래
- 비용절감을 위해 고의나 과실로 비상부하 산정 누락 및 수용률 오적용 발생
- 비상부하 용량 오적용에 의해 소방전원 용량이 침범되어 과부하 위험
- 전문분야 업무에서 초래되는 비상발전기 용량계산서 상 누락과 오류 발생은 소방감리원 및 소방관에 의한 식별과 행정지도 곤란

④ 소방전원보존형 발전기의 경우
- 소방전원보존형 발전기 적용 시 미확인의 부주의로 부실시공 발생
- 공인 성능 인정된 소방전원보존형 발전기 제어장치의 미설치 사례 다수
- 소방안전 확보 및 안전한 유지관리 곤란으로 위험 조건 초래

2) 무부하 시험 및 유지관리 소홀

① 자동절환스위치(ATS), 차단기 등 스위치 계통의 이상
- 비상발전기 부하시험은 상용전원을 차단해야 가능
- 일반부하 전원공급 중단 및 계통의 정전 및 복전에 따른 저압기기 파손, 병원의 응급부하 정지 등의 문제가 발생 우려
- 따라서 대부분의 현장에서는 무부하 상태로 비상발전기 성능을 시험
- 무부하 상태의 성능시험으로는 ATS 등 스위치 계통의 정상작동 여부 확인불가

② 비상발전기 시동용 축전지 방전

③ 소방시설 점검자의 전기시설에 대한 전문성 부족 및 구체적 점검기준 미흡

3. 해결방법

1) 충분한 정격출력용량 확보

(1) 소방부하 겸용 발전기의 경우
① 비상발전기 용량계산서와 전원단선결선도 및 부하일람표 확인 철저
② 소방기관의 경우 설계 협의 시 화재안전기준 준용 및 비상부하 누락이 없도록 철저한 행정지도
③ 상기 조건의 위험성 예방 및 자원낭비 방지를 위해 설계심의 및 인허가 협의 시 '소방전원보존형 발전기' 적용 적극 권장 필요

(2) 소방전원보존형 발전기의 경우
① 소방시설 완공 시 제어장치 및 시험성적서 내용 엄격 확인 필요
② 공인 시험성적서는 소방전원 보존 작동 및 표시 성능 확인 철저 필요

③ 화재안전기준에 의한 비영리 공인기관(한국전기연구원) 제어장치 성능시험성적서 확인 사항(법적요구사항)
- '소방전원보존형 발전기 제어장치' 명칭이 기재될 것
- 소방부하 및 비상부하에 비상전원이 동시 공급되고 표시될 것
- 과부하 시 비상부하가 단계적으로 차단되고 표시될 것

2) 부하시험 실시 및 철저한 유지관리
① 부하시험 실시에 대한 강력한 법제화 및 감독기관의 철저한 확인 및 지도
② 스위치 계통에 대한 구체적인 점검기준 마련
③ 전기시설에 대한 소방시설 점검자 정기적 교육실시

3-4

불꽃감지기에 대한 내용으로 다음 사항에 대하여 설명하시오.
1) 작동원리 및 종류
2) 설치 현장에서 동작시험 방법
3) 설치기준

[풀이]

1. 작동원리 및 종류

1) 작동원리

(1) Lambert-Beer 법칙

$$I = I_0 e^{-C_S L}$$

여기서, I : 연기가 있을 경우 빛의 세기
I_0 : 연기가 없을 경우 빛의 세기
C_S : 연기의 농도
L : 빛이 도달하는 거리

- 연기가 있을 경우, 빛의 세기는 연기농도 및 거리에 지수함수로 감소함을 의미

(2) 투과율

$$\frac{I}{I_0} = e^{-C_s L}, \quad T = e^{-C_s L}$$

여기서, $T = \left(\dfrac{I}{I_0}\right)$: 투과율(transmissivity)

- 연기밀도가 높을수록, 거리가 길수록 투과율은 낮고, 연기밀도가 낮을수록, 거리가 짧을수록 투과율은 높음을 의미

(3) 동작원리

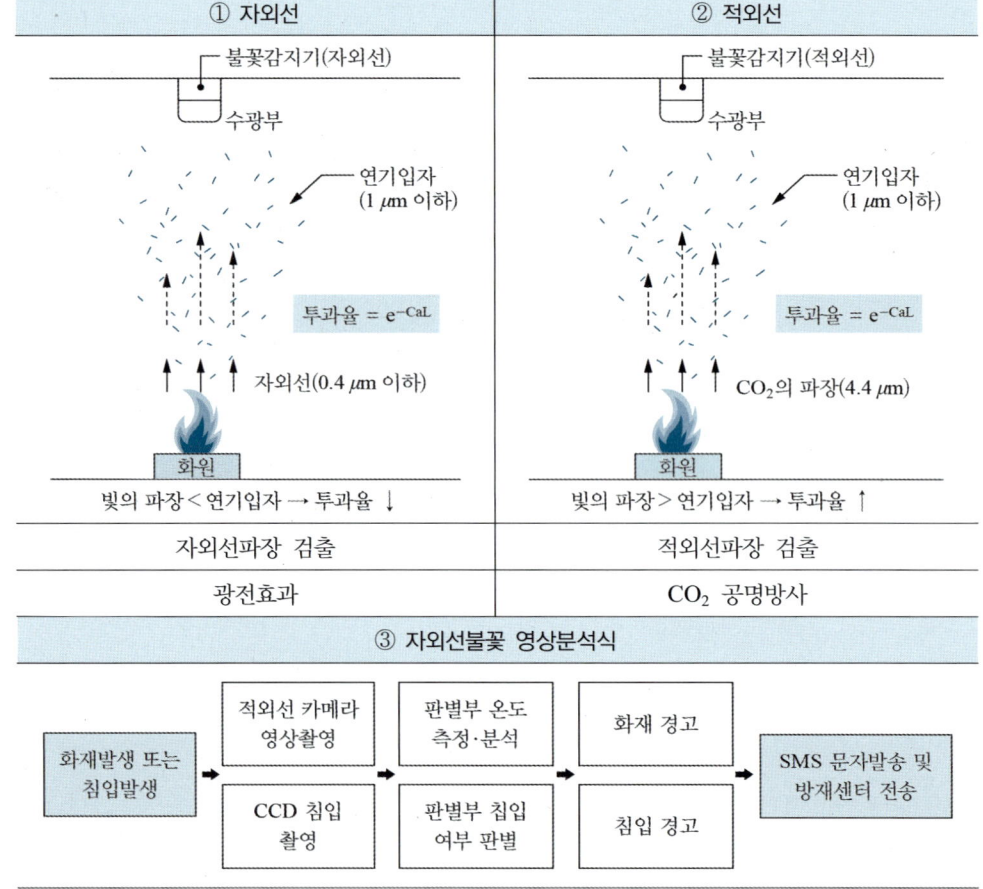

2) 종류

(1) 불꽃 자외선식
    ① 불꽃에서 방사되는 자외선의 변화가 일정량 이상 되었을 때 작동하는 것

② 일국소의 자외선에 의하여 수광소자의 수광량 변화에 의해 작동하는 것

(2) 불꽃 적외선식
① 불꽃에서 방사되는 적외선의 변화가 일정량 이상 되었을 때 작동하는 것
② 일국소의 적외선에 의하여 수광소자의 수광량 변화에 의해 작동하는 것

(3) 불꽃 자외선·적외선 겸용식
① 불꽃에서 방사되는 불꽃의 변화가 일정량 이상 되었을 때 작동하는 것
② 자외선 또는 적외선에 의한 수광소자의 수광량 변화에 의하여 1개의 화재신호를 발신하는 것

(4) 불꽃 영상분석식
불꽃의 실시간 영상 이미지를 자동 분석하여 화재신호를 발신하는 것

2. 설치현장에서 동작시험 방법

구분	내용
라이터를 이용	• 1~3 m 거리에서 간단하게 작동여부를 시험 • 감지기의 설정된 감도에 따라 시험거리가 영향 받음
토치램프를 이용	• 5~10 m 거리에서 작동여부를 시험 • 불꽃이 감지기에 설정된 시간 이상 지속시 화재경보 발생
연료를 태워서 시험	• 라이터나 토치램프로 시험하기에 부적합한 거리인 경우에 이용 • 연료 담을 용기를 사용, 일정한 크기 이상의 화염을 만들어 시험
테스트램프를 이용	• 불을 피우기 힘든 현장의 경우 사용 • 테스트램프를 감지기방향으로 고정, 감지기 작동여부 확인

3. 설치기준

① 공칭감시거리 및 공칭시야각 : 형식승인 내용에 따른다.
② 감시구역(공칭감시거리와 공칭시야각을 기준)이 모두 포용될 수 있도록 설치
③ 설치 : 모서리 또는 벽 등에 설치
   천장에 설치하는 경우 : 바닥을 향하여 설치
④ 수분이 많이 발생할 우려가 있는 장소 : 방수형
⑤ 그 밖의 설치기준은 형식승인 내용에 따르며 형식승인 사항이 아닌 것은 제조사의 시방에 따라 설치할 것

3-5

고층 건축물 화재 시 발생한 연기 또는 유해가스 등 연소생성물이 건축물 내부에서 확산하는 영향 요인에 대하여 설명하시오.

풀이

1. 연기제어의 목적
① 피난안전성 확보
② 소방활동 지원

2. 연기제어의 기본개념
① 구획화 : 공간을 벽과 수직벽으로 구획함
② 가압(차연) : 차압을 부여
③ 축연
- 공간의 용적 및 천장이 충분히 높은 경우
- 거주자 피난시간과 연기강하 상황 평가필요

④ 배연 : 연기자체를 제어. 충분한 깊이의 연기층 형성이 중요
⑤ 연기의 강하 방지
- 배연구를 최상부에, 급기구를 하부에 설치
- 유입공기가 확실하게 하부 청결층으로 공급되어야 함

⑥ 희석
- 연기 농도를 피난이나 소화활동에 지장이 없는 수준으로 유지
- 모든 연기제어 시스템은 부수적으로 희석 효과

3. 고층건축물의 연소생성물 확산 요인

1) 가스의 팽창(expansion)

① 제한된 공간에서 화재가 성장함에 따라 압력과 온도는 증가하며 최성기의 온도는 약 1,000 ℃에 도달
② 이들의 상관관계는 Boyle-Charles의 법칙을 이용

$$\frac{P_1 V_1}{T_1} = \frac{P_2 V_2}{T_2}$$

③ 건물 전체를 통하여 이동하는 공기량에 비하면 상대적으로 적음

2) 굴뚝효과(stack effect)

① 건물 내·외부 공기의 온도와 밀도 차이, 즉 압력 차로 인하여 건물을 통한 수직적인 공기유동
② 정상상태에서 건물 내 공기의 유동은 대부분이 굴뚝효과로 고층건물 화재 시 연기와 독성가스를 폭넓게 확산시킴
③ 굴뚝효과 크기
- 건물 높이
- 외벽의 공기차단
- 층간 공기누설
- 건물 내·외부 온도차
④ 관련 식

$$\Delta P = 3460H \left(\frac{1}{T_1} - \frac{1}{T_2} \right)$$

여기서, ΔP : 압력차[Pa]
　　　　T_1 : 건물 외기 온도[K]
　　　　T_2 : 건물 내부 온도[K]
　　　　H : 중성대로부터의 건물높이[m]

3) 바람의 효과(wind effect)

① 바람의 작용은 고층건물, 저층건물에서 다른 양상
② 바람이 불어오는 쪽에 면한 벽면은 내부로의 압력을 받게 되고 바람이 불어가는 쪽과 나머지 두 면의 벽은 외부로의 압력을 받게 되며, 지붕은 위쪽으로 압력을 받게 된다. 바람의 불어오는 쪽 가장자리가 가장 큰 압력을 받게 된다.

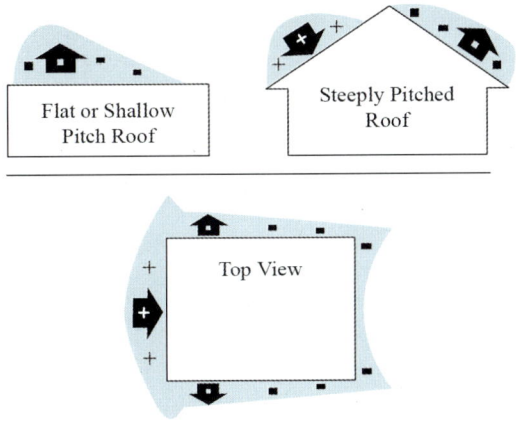

③ 관련 식

$$P_w = \frac{1}{2} C_w \rho_o V^2$$

여기서, C_w : 계수(-0.8~0.8)
   V : 풍속[m/s]
   ρ_o : 외기 밀도[lb/ft³, kg/m³]

4) 부력(buoyancy)

$$\Delta P = 3460 H \left(\frac{1}{T_1} - \frac{1}{T_2} \right)$$

여기서, T_1 : 화원주위의 온도[K]
   T_2 : 화원의 온도[K]
   H : 중성대로 부터의 층고[m]

5) 공조시스템(HVAC)

① 건물 내부에 설치되는 환기, 냉난방용의 공조덕트는 건물 내의 기류를 순환시켜 화재 시 건물 내의 연기를 타 구역으로 이동시킴
② 화재발생 시 화재실에 급기를 하게 되는 경우가 발생할 수 있어 화재 시에는 반드시 공조시스템을 정지시켜야 함
③ 공조시스템 정지 후에도 덕트 내부를 통하여 타 구역으로 연기의 이동을 막기 위해서는 방연댐퍼를 설치해야 함

6) 피스톤효과(piston effect)

① 승강기의 수직 이동에 의한 공기의 유동
   • 승강기 car의 운행으로 발생하는 차압

$$\Delta P = \frac{\rho}{2} \left[\frac{A_s A_e V}{A_f A_{li} C_c} \right]^2$$

여기서, ΔP : 승강기 car의 운행으로 발생된 최대 임계압력
   ρ : 승강로 내의 공기 밀도
   A_s : 승강로의 단면적
   A_e : 승강로와 외부 사이의 총유효 누설틈새면적
   V : 승강기 car의 속도
   A_f : 승강기 단면적을 뺀 샤프트 단면적

A_{li} : 승강장과 건물 내부 사이 누설면적

C_c : 승강기 car 주변의 흐름계수(무차원)

② 엘리베이터가 움직일 때 샤프트 안에서는 엘리베이터 뒤쪽에 피스톤 운동에 의한 부압이 발생

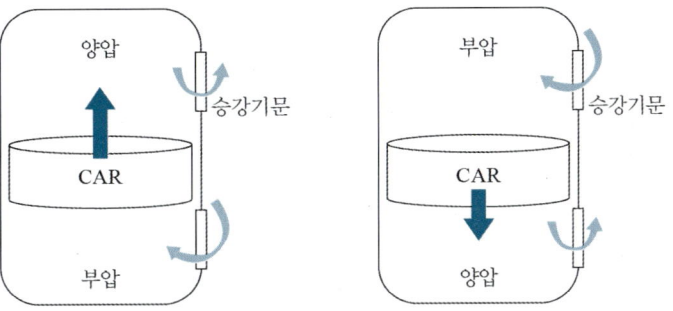

③ 엘리베이터가 화재층을 통과할 때 엘리베이터 샤프트나 인접한 로비에 연기를 침입시키지 않기 위한 연기제어 시스템이 이 부압에 의해 저해될 가능성이 있음

3-6
화재, 폭발의 위험성이 존재하는 작업장에서의 공정 위험성평가에 대하여 설명하시오.

> 풀이

1. 공정 위험성평가 목적

1) 개념

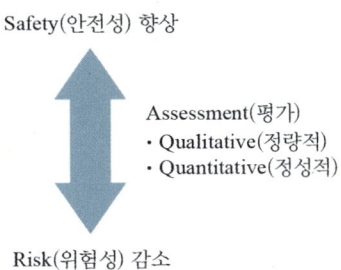

2) 목적

① on-site, off-site 위험의 정량화

② 위험의 결정을 확률론적으로 접근하여 위험매트릭스의 우선순위 결정
③ 위험성평가를 통한 risk 방지대책 및 비상대응 체계 수립
④ 신뢰도 확보를 통한 경제성 확보

2. 위험성평가

1) 절차

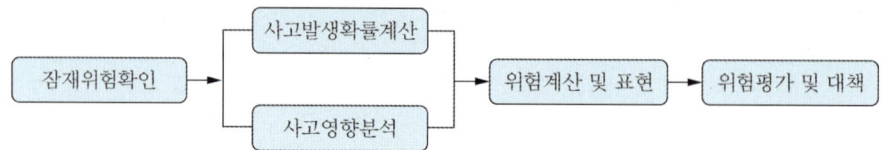

2) hazard 확인

① 위험성 평가의 기초과정으로써 위험을 찾아내는 것
② 사고예상 질문분석법(what-if), 체크리스트(check-list), 위험과 운전분석(HAZOP) 등이 있다.

3) 빈도(사고발생 확률) 분석

① 사고 발생 데이터를 기초로 사고 확률을 계산해 가는 것
② 정량적 위험성 평가기법인 결함수분석법(FTA), 사건수분석법(ETA)을 주로 사용한다.

4) 가혹도(사고영향) 분석

① 위험요소가 사고로 진전되었을 때 얼마만큼 손실을 줄 것인가를 예측하는 것으로 위험의 크기와 영향을 분석하는 것
② source modeling(기상, 액상, 2상 등), dispersion modeling(가벼운 가스, 무거운 가스, 플룸 등), fire modeling(화이어 볼, 풀 화재, 플래쉬 화재 등), explosion modeling(블레비, UVCE 등), effect modeling(독성, 복사열, 과압)의 피해예측 기법이 있다.

5) 위험 계산 및 표현

① 사회적 위험과 개인적 위험을 표현
② 위험도 매트릭스, F-N 커브, 위험 등고선 등으로 위험을 표현하여 위험의 크기를 비교

6) 위험평가 및 대책

① 개인적 사회적 위험의 판별을 통해 위험을 배제하거나 허용한계 이상의 위험을 낮추는 대책을 세우는 과정이다.
② 비상조치를 통한 피해를 최소화하고, risk를 감소시키기 위한 방호설비 등 실질적인 계획을 말한다.

3. 사고영향분석(CA)

1) 흐름도

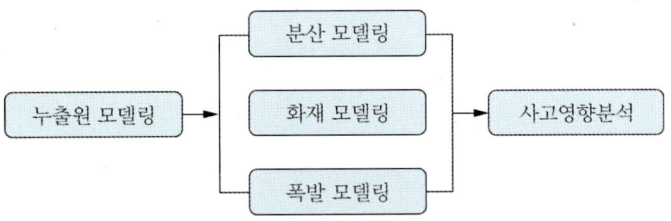

2) 누출원 모델링(source term modeling)

① 물질의 물리적 상태에 따라 분출 형태가 달리 나타나며 저장 내용물이 가스나 증기이면 기상누출로, 액체저장의 액체 수위 이하일 경우 액상누출이나 순간 증발로, 액체와 증기의 2상에서의 누출은 2상 유출로 나타난다.

② 누출 모델은 누출속도, 총 누출량, 누출상에 대해 어떻게 배출되는지를 설명하기 위해 사용된다.

3) 대기확산 모델링(dispersion modeling)

① 독성물질 이동예측 모델

② 물질이 바람의 방향 쪽으로 어떻게 운송되고 어떤 농도로 어떻게 분산되는지를 설명하기 위해 사용된다.

③ 주요 변수는 바람속도, 대기안정도, 대지조건, 누출지점의 높이, 누출된 물질의 부력과 운동량 등이다.

4) 화재 모델링(fire modeling)

① 화재가 발생했을 때 얼마나 큰 에너지를 방출하고, 방출된 에너지가 얼마만큼 영향을 미치는가를 예측하는 모델

② 액면화재(pool fire) 모델, 제트화재 모델, fire ball 모델, 플래쉬화재(flash fire) 모델 등이 있다.

5) 폭발 모델링(explosion modeling)

① 용기폭발 모델링(vessel explosion modeling)

② BLEVE modeling

③ 증기운폭발 모델링(vapor cloud explosion modeling)

6) 사고영향 모델링(effect modeling)

평가	독성	열복사	과압(폭발)
국제기준	TLV - TWA	수포성 화상	고막파열
KOSHA Guide	ERPG - 2농도에 도달할 수 있는 거리	5 kW/m² 복사열이 미치는 거리	1 psi 과압이 도달할 수 있는 거리

4. 공정위험성 평가서의 작성

① 위험성 평가의 목적
② 공정 위험특성
③ 위험성 평가결과에 따른 잠재위험의 종류 등
④ 위험성 평가결과에 따른 사고빈도 최소화 및 사고시의 피해 최소화 대책 등
⑤ 기법을 이용한 위험성 평가 보고서
⑥ 위험성 평가 수행자 등

교시 4

4-1
화재발생시 초기대응 및 인명구조 골든타임을 확보하기 위한 조건으로 소방자동차 출동 진입로 확보 및 주변 장애요소의 개선방안에 대하여 설명하시오.

> 풀이

1. 소방자동차 진입(통로) 동선 확보

1) 목적

   화재 발생 등 각종 재난, 재해 그 밖의 위급한 상황에서 소방자동차 출동진입(통로)로 확보 및 주변 장애 요소를 제거하여 원활한 소방활동 환경을 마련

2) 진입로 확보 및 장애요소 개선방안

   (1) 진입로 다중화
   ① 동별 최소 2개 면에 소방자동차 접근이 가능한 진입(통로)로 설치
   ② 소방자동차 진입로에는 경계석 등 장애물 설치를 금지
   ③ 진입로 회전반경은 차량 중심에서 최소 10 m 이상 확보, 회차 가능하도록 할 것

   (2) 공동주택 도로
   - 단지 내 폭 1.5 m 이상의 보도를 포함한 폭 7 m 이상의 도로 설치

   (3) 주차차단기 등을 설치할 경우
   - 소방자동차 진입로 : 최소 3 m 이상

   (4) 문주 및 필로티
   - 진입로에 설치되는 문주(門柱) 및 필로티 높이 : 5 m 이상

   (5) 동 번호 표시
   - 공동주택의 경우 외벽 양쪽 측면 상단과 하단에 동 번호 표시

(6) 진입로 경사각도
- 경사 구간의 경우 시작 각도 3° 이하, 최대각도 10° 이하

2. 소방자동차 소방활동 전용구역 확보

1) 목적
- 화재 발생 등 각종 재난, 재해 그 밖의 위급한 상황에서 충분한 소방활동 전용구역을 확보함으로써 '초기대응 및 인명구조 골든타임'을 확보하기 위함

2) 전용구역 확보 및 장애요소 개선방안

(1) 특수소방자동차 전용구역 확보
① 전용구역은 동별 전면 또는 후면에 1개소 이상 확보
② 건축물 외벽으로부터 차량 턴테이블 중심까지 6 m에서 15 m 이내 구간에 시·도별 보유한 특수소방자동차 제원에 따라 「소방자동차 전용구역」 설치할 것
③ 특수소방자동차 전용 구역은 동별 소방관진입창 또는 피난시설(대피공간 등)이 설치된 장소와 동선이 일치
④ 문화 및 집회시설, 판매시설 등 다중이용시설의 경우 동별 출입로에 구급차 전용구역 확보하고 위치를 확인할 수 있는 번호 표지판을 부착

(2) 소방자동차 전용구역 바닥 구조
- 시·도별 보유한 특수소방자동차의 중량을 고려하여 견딜 수 있는 구조

(3) 특수소방자동차 전용 구역 경사도
- 아웃트리거 조정각도 고려하여 5° 이하

(4) 소방자동차 전용 구역은 조경 및 볼라드 설치로 인해 장애 금지

(5) 소방자동차 전용 구역은 공기안전매트 전개 장소와 중첩 금지

4-2

다음과 같은 조건의 소방대상물에 고팽창포 소화설비를 설치하고자 한다. 전체 포생성률(Total Generator Capacity, m³/분)을 계산하고, 전역방출방식의 고발포용 고정포방출구 국내 설치기준을 설명하시오.

[조건]
① 건물특성 : 폭 30 m, 길이 60 m, 높이 8 m, 경량강재구조(Light Steel) 적절한 환기, 모든 개구부의 폐쇄 가능한 벽돌벽체
② 소방설비 : 스프링클러(습식)방호, 3 m X 3 m 간격, 10.2 lpm/m² 살수밀도, 50개 스프링클러헤드 개방
③ 가연물질 : 적재높이 6 m, 띠 없는 종이롤(Unbanded Rolled Paper Kraft)
④ 기타사항 : 침수시간(Submergence Time) 5분
   단위 포파손율(Foam Breakdown) 0.0748 m³/min·L/min
   일반적인 포수축 보상, C_N = 1.15
   포누설 보상, C_L = 1.2(닫힌 문 및 배수구 등에 의한 포손실)

> 풀이

1. 전체 포생성율(m³/분)

1) 수식

$$R = (\frac{V}{T} + R_s) \times C_N \times C_L$$

여기서, R : 방출률[m³/min]
V : 관포체적[m³], 방호대상물×1.1, 최소 0.6 m 이상
T : 관포시간[min]
R_s : 스프링클러에 의한 포파괴율[m³/min]
R_s = S(단위포파손율)×Q(작동예상되는 스프링클러 수량)

2) 방출률

$$R = [\frac{(30 \times 60 \times 6.6)}{5} + (0.0748 \times 10.2 \times 9 \times 50)] \times 1.15 \times 1.2$$

$R = 3,752.68 \text{ m}^3/\text{min}$

2. 전역방출방식의 고발포용 고정포방출구 국내 설치기준

구분	기준		
자동폐쇄장치	개구부, 제외 : 누설량 이상의 포수용액을 방출하는 설비		
고정포 방출구 개수	바닥면적 500 m²마다		
고정포 방출구 위치	방호대상물보다 위(밀어올리기 가능할 경우 제외)		
관포체적 1 m³에 대한 분당 방출량	소방대상물	팽창비	1 m³에 대한 분당 방출량
	항공기격납고	80 이상 250 미만	2.0 L
		250 이상 500 미만	0.5 L
		500 이상 1,000 미만	0.29 L
	차고, 주차장	80 이상 250 미만	1.11 L
		250 이상 500 미만	0.28 L
		500 이상 1,000 미만	0.16 L
	특수가연물 저장, 취급	30 이상 250 미만	1.25 L
		250 이상 500 미만	0.31 L
		500 이상 1,000 미만	0.18 L

3. 국내기준과 NFPA 기준 비교

	국내	NFPA
포의 깊이	• 전역방출 : 소방대상물 + 0.5 m • 국소방출 : 소방대상물 높이의 3배 연장한 면적	• 전역방출 : 소방대상물 높이 × 1.1 최소 0.6 m 이상 • 국소방출 : 방호대상물보다 최소 0.6 m 이상
관포시간	없음	가연물 종류, 구조, SP 유무 2~8분
방출량(전역)	소방대상물/ 팽창비에 따라 결정	SP, 관포시간, 누설여부
방출량(국소)	방호면적	2분 이내 관포체적 / 12분 이상 방출
누설여부	고려 ×	고려
예비용량	고려 ×	포소화약제 × 2
수원	10분	15분 이상

4-3

도로터널에 설치하는 무선통신 보조설비의 누설동축케이블 방식에는 최말단 길이가 1 km가 넘는 경우 전송손실이 발생한다. 이에 따른 손실 종류와 측정 및 보완방법을 설명하시오.

풀이

1. 개요

① 누설동축케이블 내의 신호는 전송거리에 따라 약해지고, 외부로의 누설 전계도 그것에 따라 약해지는데, 이의 손실보상이 필요

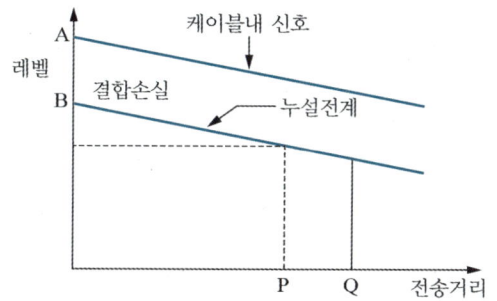

② P점에는 문제가 없으나 Q점에서는 레벨이 약해져 실제 사용할 수 없으므로 케이블 내의 신호를 증폭하는 조작이 필요

③ 누설동축케이블의 경우 중계기나 증폭기를 설치하는 대신 결합손실이 작은 케이블을 접속함으로 희망하는 전송거리를 얻을 수 있음

2. 손실 종류

1) 전송손실

① 케이블의 길이 방향으로 신호가 전달되면서 신호입력단에서 멀어질수록 신호의 세력이 감쇄되는 양을 dB로 나타낸 것

② 케이블 길이가 증가할수록 전송손실 증가

③ 누설동축케이블 전송손실 = 도체손실 + 절연체 손실 + 복사손실

④ 전송손실은 주파수가 높을수록 증가

⑤ 전송손실의 요인 : 표피효과, 근접효과, 와류손실

2) 결합손실

① 전기회로에 어떤 기기 또는 물질을 추가로 삽입했을 때 이것으로 인해 발생한 손실

② 결합손실은 기후, 기온, slot 크기와 각도에 의해 영향받음

3. 손실 측정 및 보완방법

1) 손실 측정방법

① 누설동축케이블에서 1.5 m만큼 떨어진 거리에 있는 다이플 안테나를 설치하고 케이블의 입력전압, 전력과 수신전압, 전력의 비율로 결합손실을 구함

② 전압비의 경우 결합손실 $L_C = -10\log\dfrac{V_R}{V_T}$

③ 전력비의 경우 결합손실 $L_C = -10\log\dfrac{P_R}{P_T}$

2) 보완방법 (그레이딩)

(1) 개념

① 누설동축케이블의 경우 증폭기나 중계기를 사용하지 않고 결합손실이 작은 케이블을 접속하여 전송거리를 얻는 방법

② 전송손실, 결합손실에 의해 케이블을 따라 신호레벨이 감쇄하므로, 그레이딩을 통해 케이블의 신호를 증폭 가능

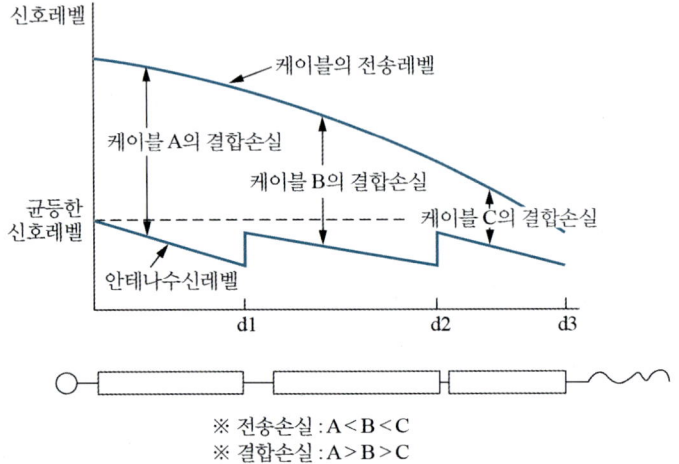

※ 전송손실 : A < B < C
※ 결합손실 : A > B > C

2) 적용방법

① 신호레벨이 높은 곳에는 결합손실이 큰 케이블을 사용
② 신호레벨이 낮은 곳에는 결합손실이 작은 케이블을 사용
③ 적용효과 : 신호레벨을 케이블 길이에 관계 없이 계단처럼 평준화 가능

4-4
가스누설경보기를 설치하여야 하는 특정소방대상물과 구성요소인 탐지부에 대한 감지방식에 대하여 설명하시오.

[풀이]

1. 설치해야 하는 특정소방대상물 (가스시설이 설치된 경우만 해당)
① 판매시설, 운수시설, 노유자시설, 숙박시설, 창고시설 중 물류터미널
② 문화 및 집회시설, 종교시설, 의료시설, 수련시설, 운동시설, 장례시설

2. 기본원리 (휘트스톤 브릿지)

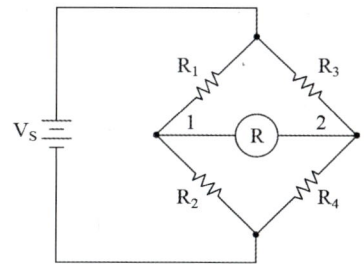

① 4개의 저항을 대칭으로 연결
② $V_1 = V_2$ 가 되면 R 경로에는 전류가 흐르지 않음
③ 전류가 흐르지 않을 때 $R_1 R_4 = R_2 R_3$ 관계 성립
④ 가스누설을 검지 시 가변저항에 저항변화가 있어 $R_1 R_4 \neq R_2 R_3$ 이 되어 전류가 흐름

3. 감지방식

1) 반도체식 가스 검지기
   ① 산화석(SnO_2)이나 산화철(FeO)의 반도체를 히터로 350 ℃ 정도 가열
   ② 가연성가스 접촉 시, 가스가 반도체의 표면에 흡착되어 반도체의 저항치가 감소하는 특성을 이용하여 가스를 검출
   ③ 출력은 40~80 V 정도의 고출력

2) 백금선식 접촉 연소식 검지기
   ① 코일상태로 감은 백금선의 주위에 알루미나를 소결시켜 만든 산화촉매를 부착시키고 약 500 ℃ 정도로 가열
   ② 가연성가스가 표면에 접촉하면 표면에서 연소하므로 백금선의 온도가 상승하여 전기

저항이 커져 휘트스톤 브리지 회로의 평형이 붕괴, 출력 발생
③ 출력이 약하므로 경보기를 울리기 위해서는 증폭기를 사용
④ 수증기나 온도, 습도의 영향이 적어 가장 많이 사용

3) 백금선식 기체 열전도식 검지기
① 기체의 열전도율의 차이를 검지하는 방식으로 150~200 ℃에 소자를 가열
② 접촉 연소식과 유사하지만 표면에서 연소 능력이 없는 점이 다름
③ 백금선 코일에 산화석(SnO_2) 등의 반도체를 도포하고 이를 가열해 두고 공기와 가연성가스의 열전도도가 다르기 때문에 가연성가스가 검지소자에 접촉하면 백금선의 온도가 변화하고 이에 따라 전기저항도 변화하는 특성을 이용
④ 출력이 약하므로 경보장치를 구동시키려면 증폭기가 필요

4. 경보방식

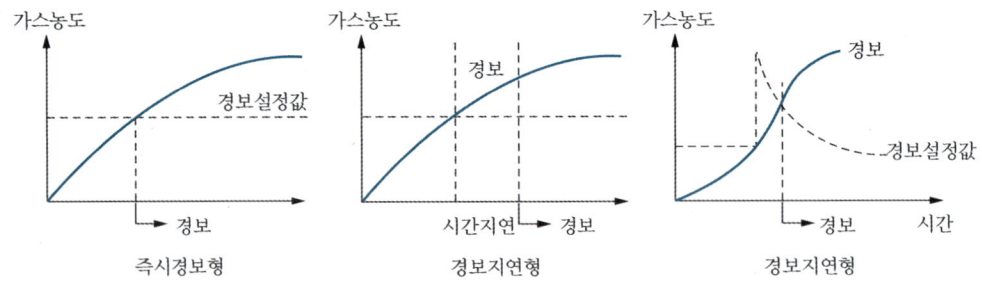

4-5

내화배선의 공사방법에 대하여 설명하시오.

풀이

1. 내화배선 공사방법

   1) 내화전선의 성능 및 난연성능 시험기준에 적합한 제품
      ① FR-8
      ② 케이블 공사방법에 따라 설치

2) 내화전선의 성능 및 난연성능 시험기준에 부적합한 제품

   (1) 수납 방법(매립하므로 방수 관점에 유의)
      ① 전선이나 케이블을 금속관·2종 금속제 가요전선관·합성수지관에 수납
      ② 내화구조로 된 벽이나 바닥 등에 25 mm 이상의 깊이로 매설

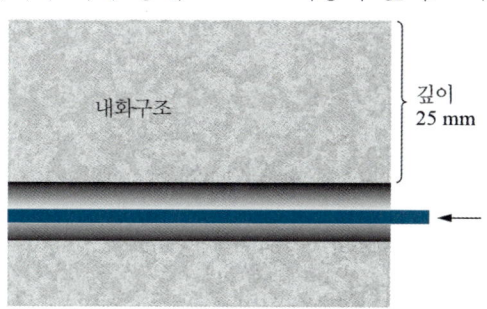

   (2) 구획된 실내 설치방법
      ① 전용
         내화성능을 갖는 배선전용실 또는 배선용 샤프트·피트·덕트에 설치
      ② 겸용(구획된 실내 다른 설비의 배선이 있는 경우)
         • 이격 : 15 cm 이상
         • 불연성 격벽 설치 : 타 용도 배선 직경의 1.5배 이상의 높이

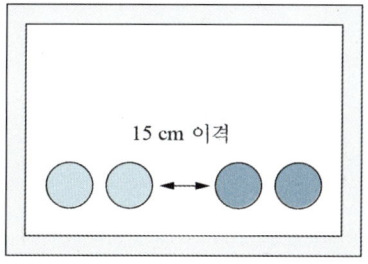 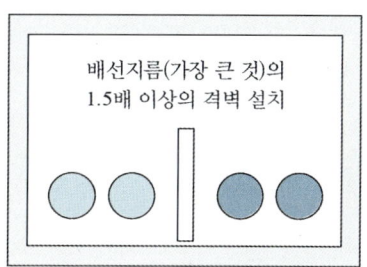

2. 내화전선 성능시험

1) 내화성능 시험

   ① 시험기준 : KS C IEC 60331-1,2
   ② 시험방법 : 케이블에 전압을 가한 상태에서 가열 및 기계적 충격(5분마다)
              (온도 830 ℃에서 가열시간 120분)
   ③ 성능기준
      • 케이블과 연결된 회로의 전압 유지(퓨즈 용융 또는 차단기 차단 없음)
      • 케이블의 도체 파열 없음(회로에 연결된 램프가 꺼지지 않음)

2) 난연성능 시험

① 시험기준 : KS C IEC 60332-3-24
② 시험방법 : 불꽃 인가(20분) 후, 케이블 탄화길이 측정
③ 성능기준 : 탄화길이 2.5 m 이하

3. 내화배선 적용

1) 자동화재탐지설비

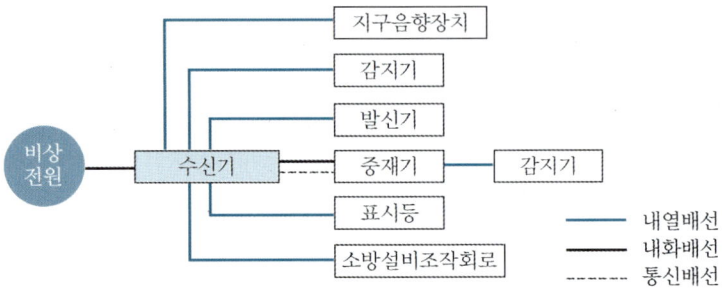

2) 스프링클러

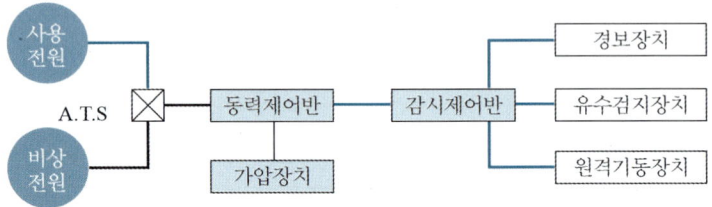

4-6

기계 설비인 송풍기와 관련된 내용으로 다음 사항을 설명하시오.
1) 원심송풍기와 축류송풍기의 종류
2) 송풍기 효율의 종류

> 풀이

1. 송풍기 분류

1) 원심송풍기

① 작동원리 : 송풍기 임펠러의 원심력을 이용
② 송풍방향 : 임펠러 축 방향으로 흡입, 축 직각 방향으로 송풍
③ 특징 : 풍량 증가에 따라 축동력 증가가 큼

2) 축류송풍기

① 작동원리 : 송풍기 임펠러의 양력을 이용
② 송풍방향 : 임펠러 축 방향으로 흡입, 축 방향으로 송풍
③ 특징 : 풍량증가에 따라 축동력 변화가 적음

2. 원심송풍기와 축류송풍기의 종류

1) 원심송풍기

종류	임펠러 형태	성능곡선	특성
다익 송풍기 (Multi-blade fan)			① 풍량과 동력변화가 비교적 큼 ② 풍량을 줄이면 서징 발생 ③ 가격이 싸다 ④ 용도 : 저속덕트 공조용, 급배기용
익형 송풍기 (Airfoil fan)			① 풍량변화가 비교적 큼 ② 날개교환이 쉽다 ③ 고속운전 가능 ④ 용도 : 고속덕트 공조용
한정부하 송풍기 (Limit loaded fan)			① 풍량변화가 적음 ② 동력변화가 최고 효율점 부근에서 적음 ③ 용도 : 저속덕트 공조용, 공장 환기용

종류	임펠러 형태	성능곡선	특성
레이디얼 송풍기 (Radial fan)		압력/축동력 vs 풍량	① 주로 이송용 fan으로 사용 ② 고온가스나 마모가 심한 장소 ③ 용도 : 톱밥, 곡물이송
터보 송풍기 (Turbo fan)		압력/축동력 vs 풍량	① 풍량변화가 비교적 큼 ② 가격이 비쌈 ③ 용도 : 고속덕트 공조용

2) 축류송풍기

종류	임펠러 형태	성능곡선	특성
Propeller형		압력/축동력 vs 풍량	① 압력상승이 적음 ② 압력변화는 우하향 ③ 용도 : 유닛쿨러, 유닛히터, 환기배기 fan
Tube형		압력/축동력 vs 풍량 (곡)	① 풍량, 동압변화가 적음 ② 동압이 큼 ③ 용도 : 환기, 공조 배연용
Vane형		압력/축동력 vs 풍량 (곡)	① 풍량, 동력변화가 적음 ② 효율 높음 ③ 용도 : 고속덕트용, 터널환기용, 급배기용

3. 송풍기 효율의 종류

1) 송풍기 효율

① 송풍기 효율$(\eta) = \dfrac{\text{공기동력}[kW]}{\text{축동력}[kW]} \times 100$

② 공기동력 $= \dfrac{PQ}{102}[kW]$ (압력비 1.03 이하일 때 적용)

여기서, P : 송풍기 전압(P_t), 송풍기 정압(P_s) [kgf/m², 또는 mmAq]
Q : 유량[m³/s]

③ 축동력 $= \dfrac{PQ}{102\eta}[kW]$

2) 송풍기 효율의 종류

(1) 전압효율(η_t) : 일반적으로 송풍기 효율
① 공기동력 계산 시, 압력을 송풍기 전압(P_t)으로 적용한 효율
② 송풍기 전압(P_t) : 송풍기 토출구와 흡입구의 전압 차이

(2) 정압효율(η_s)
① 공기동력 계산 시, 압력을 송풍기 정압(P_s)으로 적용한 효율
② 송풍기 정압(P_s) : 송풍기 전압에서 송풍기 토출구 동압을 뺀 값

(3) 축동력과 전압효율(η_t), 정압효율(η_s)의 관계

축동력 $= \dfrac{P_t Q}{102\eta_t} = \dfrac{P_s Q}{102\eta_s}$

제128회 소방기술사

1 교시

1. 건축물의 구조안전 확인 대상과 적용기준을 설명하시오.

2. 건축법령에 따라 건축물의 외벽에 설치하는 창호(窓戶)가 방화에 지장이 없도록 하기 위해 규정하고 있는 방화유리창 대상건축물 및 적용기준에 대하여 설명하시오.

3. FREM(Fire Risk Evaluation Model)의 화재위험성 산정 개념과 평가항목에 대하여 설명하시오.

4. NFPA 72의 감지기 배선방식(Class A, Class B)을 설명하시오.

5. 소방펌프 설치 시 펌프의 방진장치 설치에 따른 내진용 스토퍼 설치방법을 설명하시오.

6. 개방형 격자 천장의 스프링클러헤드 설치방법을 설명하시오.

7. 유체흐름을 나타내는 방법 중 라그랑제(Lagrange)방법에 대하여 설명하시오.

8. 확성기의 매칭트랜스에 대하여 설명하시오.

9. 히스테리시스 곡선(Hysteresis Loop)에 대하여 설명하시오.

10. 부차적손실(Minor Loss)의 정량적 표현방법 3가지를 설명하시오.

11. 할로겐화합물 소화약제 소화설비에서 방사시간을 제한하는 주된 이유와 방사시간 결정요인을 설명하시오.

12. 물소화약제를 미립자로 방사하는 경우 사용목적과 적용대상을 설명하시오.

13. 자연발화가 일어나기 쉬운 조건을 설명하시오.

2 교시

※ 다음 문제 중 4문제를 선택하여 설명하시오. (각 25점)

1. 건축자재 등 품질인정 및 관리기준(국토교통부고시 제2022-84호)에 따른 복합자재 및 외벽 마감재료의 불연재료 성능기준과 실물모형시험기준에 대하여 설명하시오.

2. 초고층 및 지하연계 복합건축물 재난관리에 관한 특별법 시행규칙에 의해 설치하는 종합방재실의 설치위치, 면적, 구조, 설비에 대하여 설명하시오.

3. 스프링클러헤드에서 방출속도와 화재플룸(Fire Plume) 상승속도의 관계를 설명하시오.

4. 정적독성지수와 동적독성지수에 대하여 설명하시오.

5. 상업용 조리시설의 화재특성 및 손실저감 대책에 대하여 설명하시오.

6. LED용 SMPS(Switching Mode Power Supply)와 관련하여 다음을 설명하시오.
   1) 구조 및 동작원리
   2) 소손패턴

3 교시

※ 다음 문제 중 4문제를 선택하여 설명하시오. (각 25점)

1. 건축물의 지하층 구조 및 지하층에 설치하는 비상탈출구의 기준에 대하여 설명하시오.

2. 화학공장의 정량적 위험도 평가(Quantitative Risk Assessment) 7단계에 대하여 설명하시오.

3. 가스계소화설비에서 설계농도 유지시간(Soaking Time)에 영향을 주는 요소 및 방호구역 밀폐시험에 대하여 설명하시오.

4. 복사 쉴드(Shield)와 관련하여 다음을 설명하시오.
   1) 복사 쉴드(Shield)의 개념
   2) 복사 쉴드(Shield) 수에 따른 열 유속변화

5. 원심펌프 운전 시 발생할 수 있는 공동현상, 수격작용, 맥동현상, Air Binding에 대하여 각각의 문제점과 방지대책을 설명하시오.

6. 물질의 발열량과 관련하여 다음을 설명하시오.
   1) 발열량의 종류
   2) 발열량 측정방법

4교시

※ 다음 문제 중 4문제를 선택하여 설명하시오. (각 25점)

1. 소방시설공사업법령에서 감리업자가 수행해야 할 업무와 공사감리 결과를 통보 시 감리결과 보고서에 첨부서류 및 완공검사의 문제점에 대하여 설명하시오.

2. 거실제연설비 제연댐퍼 제어방식을 일반적으로 4선식(전원 2, 동작 1, 확인 1)으로 설계하는데 4선식의 문제점 및 해결 방안을 설명하시오.

3. 터널화재에서 백레이어링(Back Layering)현상과 영향인자 및 대책을 설명하시오.

4. 연기이동에 따른 영향과 관련하여 다음의 사항에 대하여 개념을 쓰고, 계산식으로 나타내어 설명하시오.
   1) 연기의 성층화
   2) 암흑도
   3) 유효증상(FED; Fractional Effective Dose)

5. 스프링클러설비, 물분무설비, 미분무설비의 특징을 설명하고, 주된 소화효과 및 적응성을 비교하여 설명하시오.

6. 훈소(Smoldering Combustion)와 표면연소(Surface Combustion)을 비교하고, 훈소의 화염전환과 축열조건에 대하여 설명하시오.

교시 1

1-1
건축물의 구조안전 확인대상과 적용기준을 설명하시오.

풀이

1. 구조안전 확인 대상

1) 착공신고 때 구조안전 확인 서류를 허가권자에게 제출하는 건축물

   ① 층수가 2층(목구조 3층) 이상인 건축물
   ② 연면적 200 m² (목구조 500 m²) 이상인 건축물(창고, 축사, 작물재배사 제외)
   ③ 높이 13 m 이상 건축물
   ④ 처마높이 9 m 이상 건축물
   ⑤ 기둥과 기둥 사이의 거리 10 m 이상 건축물
   ⑥ 건축물의 용도 및 규모를 고려한 중요도가 높은 건축물로서 국토교통부령으로 정하는 건축물
   ⑦ 국가적 문화유산으로 보존할 가치가 있는 건축물로서 국토교통부령으로 정하는 것
   ⑧ 특수구조 건축물
   - 한쪽 끝은 고정되고 다른 끝은 지지되지 아니한 구조로 된 보·차양 등이 외벽(외벽이 없는 경우에는 외곽 기둥)의 중심선으로부터 3 m 이상 돌출된 건축물
   - 특수한 설계·시공·공법 등이 필요한 건축물로서 국토교통부장관이 정하여 고시하는 구조로 된 건축물
   ⑨ 별표 1 제1호의 단독주택 및 제2호의 공동주택

2) 기존 건축물
   - 건축 또는 대수선하려는 건축주는 적용의 완화를 요청할 때 구조 안전의 확인 서류를 허가권자에게 제출

2. 적용기준

1) 허가 및 확인

① 건축물을 건축하거나 대수선하려는 자는 특별자치시장·특별자치도지사 또는 시장·군수·구청장의 허가를 받아야 함. 다만, 21층 이상의 건축물 등 대통령령으로 정하는 용도 및 규모의 건축물을 특별시나 광역시에 건축하려면 특별시장이나 광역시장의 허가를 받아야 함

② 건축물을 건축하거나 대수선하는 경우는 대통령령으로 정하는 바에 따라 구조의 안전을 확인

2) 건축구조기술사의 협력

① 설계자는 해당 건축물에 대한 구조의 안전을 확인하는 경우 건축구조기술사의 협력

3. 건축구조기술사 확인 대상 건축물

① 6층 이상인 건축물
② 특수구조 건축물
③ 다중이용 건축물
④ 준다중이용 건축물
⑤ 3층 이상의 필로티형식 건축물
⑥ 건축물의 용도 및 규모를 고려한 중요도가 높은 건축물로서 국토교통부령으로 정하는 건축물

1-2

건축법령에 따라 건축물의 외벽에 설치하는 창호(窓戶)가 방화에 지장이 없도록 하기 위해 규정하고 있는 방화유리창 대상건축물 및 적용기준에 대하여 설명하시오.

풀이

1. 연소확대 원리

① 화재가 발생하면 화염의 온도가 주변 공기온도보다 높으면 부력이 발생
② 부력이 발생하면 연기층과 중성대는 하강
③ 중성대 상부는 분출력이 발생하는데 분출력 > 부착력일 경우 인접건물 연소확대
④ 분출력 < 부착력일 경우 창을 통한 상층 연소확대 위험성이 발생

2. 방화유리창 대상건축물

① 상업지역(근린상업지역은 제외)의 건축물로서 다음 하나에 해당하는 것
- 제1종 근린생활시설, 제2종 근린생활시설, 문화 및 집회시설, 종교시설, 판매시설, 운동시설 및 위락시설의 용도로 쓰는 건축물로서 그 용도로 쓰는 바닥 면적의 합계가 2,000 m² 이상인 건축물
- 공장(국토교통부령으로 정하는 화재 위험이 적은 공장은 제외)의 용도로 쓰는 건축물로부터 6 m 이내에 위치한 건축물

② 의료시설, 교육연구시설, 노유자시설 및 수련시설의 용도로 쓰는 건축물
③ 3층 이상 또는 높이 9 m 이상인 건축물
④ 1층의 전부 또는 일부를 필로티 구조로 설치하여 주차장으로 쓰는 건축물
⑤ 공장, 창고시설, 위험물 저장 및 처리 시설(자가난방과 자가발전 등의 용도로 쓰는 시설을 포함), 자동차 관련 시설의 용도로 쓰는 건축물

3. 방화유리창 적용기준

① 방화유리창 대상건축물의 인접대지경계선에 접하는 외벽에 설치하는 창호(窓戶)와 인접대지경계선 간의 거리가 1.5 m 이내인 경우
② 한국산업표준 KS F 2845(유리구획 부분의 내화 시험방법)에 규정된 방법에 따라 시험한 결과 비차열 20분 이상의 성능이 있는 것
③ 스프링클러 또는 간이 스프링클러의 헤드가 창호로부터 60 cm 이내에 설치되어 건축물 내부가 화재로부터 방호되는 경우에는 방화유리창 설치 제외

1-3

FREM(Fire Risk Evaluation Model)의 화재위험성 산정 개념과 평가항목에 대하여 설명하시오.

풀이

1. 화재위험성 산정 개념

① 화재위험 평가모델인 FREM(fire risk evaluation method)은 유럽에서 건축허가 또는 보험업무에 위험도 평가도구로 사용하고 있는 Gretener method를 컴퓨터 프로그램으로 제작한 것을 말한다.

② 적용 용도는 다중이용시설로 많은 인명피해가 예상되는 건물, 공장 및 상업용 건물, 다용도 건물 등이 있다.

③ 화재위험도$(R) = \dfrac{\text{화재위험}}{\text{방호대책}} = \dfrac{\text{잠재위험}(P) \times \text{활성위험}(A)}{\text{기본대책}(N) \times \text{특별대책}(S) \times \text{내화대책}(F)}$

2. 평가항목

① 잠재위험 : 화재하중, 연소속도, 연기위험, 부식위험, 건물형태 등을 이용하여 결정
② 활성위험 : 건물 내의 발화위험, 정리정돈, 훈련 및 건물의 복잡성에 의해 결정
③ 기본대책 : 소화기, 소화전, 소화수, 방화교육 등에 의해 결정
④ 특별대책 : 자탐, 경보전달, 소방대 능력, 자동식소화설비, 배연구 등에 의해 결정
⑤ 내화대책 : 주요구조부 내화도, 방화구획, 외벽 등에 의해 결정

3. 화재위험도 등급

화재위험도(R)	위험도 등급
$R < 1.2$	낮은 위험
$1.2 \leq R \leq 1.4$	보통 위험
$1.4 < R \leq 3$	약간 높은 위험
$3 < R \leq 5$	높은 위험
$5 < R$	매우 높은 위험

1-4

NFPA 72의 감지기 배선방식(Class A, Class B)을 설명하시오.

풀이

1. NFPA 72 배선방식

1) 자탐구성 회로

① 입력장치회로(IDC, initiating device circuits)
　감지기, 수동발신기, 감시스위치 등 주소기능이 없는 입력장치 회로
② 통보장치회로(NAC, notification appliance circuits)
　화재의 발생을 통보하고 대피와 소화활동에 필요한 신호를 발생시키는 장치

③ 신호선로회로(SLC, signaling line circuits)
  입력장치와 수신기, 수신기와 수신기, 수신기와 중계기 간 다중통신회로

2. 입력장치회로

CLASS	구분	고장 종류(abnormal condition)	
		단선	지락
B	고장표시	○	○
	고장 중 경보능력	-	○
A	고장표시	○	○
	고장 중 경보능력	○	○

3. 신호선로회로

CLASS	구분	고장 종류(abnormal condition)					
		단선	지락	단락	단락과 단선	단락과 지락	단선과 지락
B	고장표시	○	○	○	○	○	○
	고장 중 경보능력	-	○	-	-	-	-
A	고장표시	○	○	○	○	○	○
	고장 중 경보능력	○	○	-	-	-	○
X	고장표시	○	○	○	○	○	○
	고장 중 경보능력	○	○	○	-	-	○

1-5
소방펌프 설치 시 펌프의 방진장치 설치에 따른 내진용 스토퍼 설치방법을 설명하시오.

[풀이]

1. 내진용 스토퍼

1) 개념

  ① 지진하중에 의해 과도한 변위가 발생하지 않도록 제한하는 장치

② 가압송수장치에 방진장치가 있어 앵커볼트로 지지 및 고정할 수 없는 경우에는 내진스토퍼 설치(방진장치에 내진성능이 있는 경우 제외)

2) 설치방법

① 정상운전에 지장이 없도록 내진스토퍼와 본체 사이에 최소 3 mm 이상 이격하여 설치
② 내진스토퍼는 제조사에서 제시한 허용하중이 지진하중 이상을 견딜 수 있는 것으로 설치
③ 내진스토퍼와 본체 사이의 이격거리가 6 mm를 초과한 경우는 수평지진하중의 2배 이상을 견딜 수 있는 것으로 설치
④ 가압송수장치의 흡입 측 및 토출 측에는 지진 시 상대변위를 고려하여 가요성 이음장치를 설치

1-6
개방형 격자 천장의 스프링클러헤드 설치방법을 설명하시오.

> 풀이

1. 스프링클러헤드 설치기준

① 스프링클러헤드는 특정소방대상물의 천장·반자·천장과 반자 사이·덕트·선반 기타 이와 유사한 부분(폭이 1.2 m를 초과하는 것)에 설치. 다만, 폭이 9 m 이하인 실내에 있어서는 측벽에 설치할 수 있다.
② 개방형 격자가 1.2 m 이상일 경우 추가로 격자 하부에 설치가 원칙

2. 격자의 조건

① 개방형 격자 천장의 재료 두께 : 격자 구멍의 가장 작은 크기 미만
② 개구부가 천장 면적 개구율의 70 % 이상
③ 개구부의 가장 작은 치수가 6.4 mm 이상인 경우

3. 스프링클러헤드 설치방법

① 이 조건을 만족할 경우 천장 상부에만 설치
② 격자 천장과 헤드의 간격은 최소 450 mm 이상 이격

1-7
유체흐름을 나타내는 방법 중 라그랑제(Lagrange)방법에 대하여 설명하시오.

풀이

1. 개념
① 운동학적 기술법(kinematic description)은 물체의 거동을 공간상에서 표현하기 위해 기준이 되는 좌표를 설정하는 것
② 운동학적 기술법에는 라그랑제 기술법과 오일러 기술법이 있다.
③ 라그랑제 기술법은 유체를 따라가면서 변화를 관측, 오일러적 기술법은 고정지점을 설정하여 관측한다.

2. 라그랑제 기술법
① 기준 : 입자 하나하나
② 이동 : 격자와 물체가 같이 이동
③ 용도 : 고체의 변형률, 응력
④ 소방적용 : 배관의 동적해석

3. 비교

	라그랑제 기술	오일러 기술
기준	입자 하나하나	고정되어 있는 각 지점
물리량	각 입자의 물리량	지점 통과 물체의 물리량
이동	격자와 물체가 같이 이동	격자는 고정되고 물체 이동
해석대상	구조물의 강도나 진동해석	유체의 속도, 온도, 압력, 밀도의 변화
도식	초기 격자와 물체 / 격자와 물체 동시 이동	격자 고정 / 물체만 이동
용도	고체의 변형률, 응력	유체 유동, 열유동, 전자기력의 흐름
소방적용	배관의 동적해석	화재시뮬레이션, 기류시뮬레이션

1-8
확성기의 매칭트랜스에 대하여 설명하시오.

> 풀이

1. 개념
① 앰프의 임피던스와 스피커의 임피던스를 맞춰주는 역할
② 코일에 전류가 흐를 경우 흐름을 방해하는 저항이 발생하는데 이를 임피던스라 한다.
③ 앰프의 출력단 임피던스 값이 4Ω, 8Ω, 16Ω으로 설계되어 있어 스피커 코일의 임피던스 값과 같게 하여 앰프의 출력을 안전하게 사용

2. 확성기의 매칭트랜스
① 앰프는 스피커 연결부에 하이 임피던스를 많이 사용하는데 스피커는 로우 임피던스로 되어 있어 직접 연결하여 사용하면 과전압으로 파손 우려가 있음

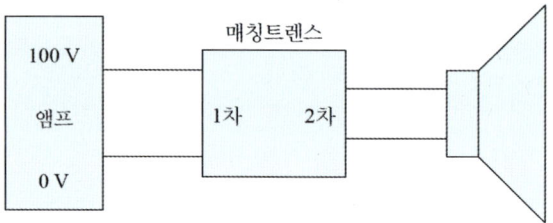

② 매칭트랜스의 1차측은 앰프 100 V 스피커 단자에 연결되어 높은 전압을 받아들이고 2차측에 낮은 전압으로 만들어 스피커를 보호하는 역할
③ 앰프에서 높은 전압을 사용하는 이유는 선로에서 손실되는 출력전압을 적게하고 다량의 스피커를 사용하기 위함이다.

3. 앰프와 스피커의 임피던스 관계

임피던스	비고
앰프 = 스피커	앰프의 출력을 정상적으로 사용
앰프 > 스피커	앰프 출력단에 과부하로 앰프 손상
앰프 < 스피커	앰프가 안정적으로 작동하나 출력이 감소

1-9
히스테리시스 곡선(Hysteresis Loop)에 대하여 설명하시오.

풀이

1. 자화곡선(magnetization curve)
① 자장의 크기와 자속밀도의 관계를 나타낸 곡선을 말한다.
② 철 등의 강자성체를 자화시킬 때 자계의 세기를 증가시키면 자속밀도도 증가한다.
③ 자계의 세기를 증가시켜도 자속밀도는 증가하지 않게 되는데 자기포화(magnetic saturation)라 한다.

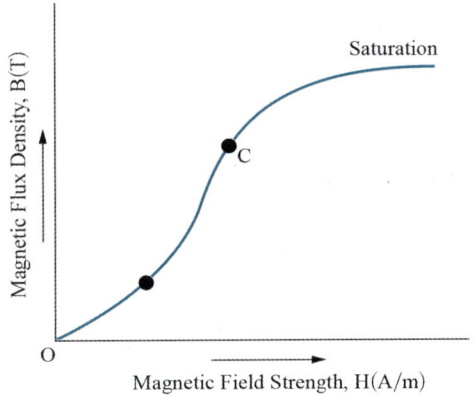

2. 히스테리시스 곡선(hysteresis loop)

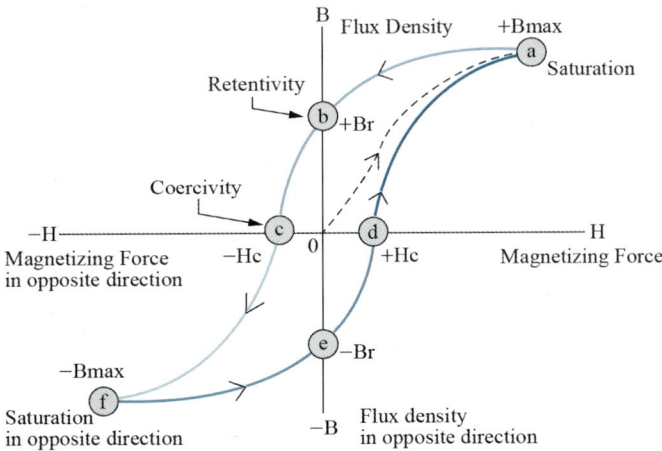

① 자화되지 않는 강자성체를 자장 중에 놓고 자계의 크기를 0 → +H_m → 0 → −H_m과 같이 변화시키면 자속밀도는 0 → a → b → c → f → e → d → a와 같이 변화하는 곡선을 히스테리시스 곡선이라 한다.
② 자성체를 +H_m으로 자화시킨 후 자계의 세기를 0으로 하여도 자성체는 B_r만큼 자기가 남게 되는데 이를 잔류자기라 한다.
③ 잔류자기 B_r을 0으로 만드는데 소요되는 자계의 크기 H_C를 보자력이라 한다.
④ 자성체가 될 수 있는 금속체에 강한 자계를 걸고 나서 자계를 끊어도 자성이 남아서 자석이 되는 원리를 설명하는 그래프이다.
⑤ hysteresis는 switching 회로의 on/off로 변환하는 데 소요되는 시간을 지연시키는 현상을 의미한다.

1-10
부차적 손실(Minor Loss)의 정량적 표현방법 3가지를 설명하시오.

풀이

1. 손실 개념
① 주손실(main loss) : 직관의 마찰손실
② 부차적 손실(minor loss) : 직관 이외의 손실

2. 부차적손실(minor loss)의 정량적 표현

1) 손실계수 또는 전저항계수(k)

① $h_\ell = k \dfrac{V^2}{2g}$

여기서, V : 평균 유속
k : 전저항 계수(k는 레이놀즈수, 장애물 크기와 관경의 비, 상대조도에 비례)

② 손실계수 k

$$k = \lambda \dfrac{1}{D}, \quad \lambda = \dfrac{64}{Re}, \quad Re = \dfrac{V \cdot D}{\nu} = \dfrac{\rho VD}{\mu}$$

여기서, μ : 점성계수

ν : 동점성 계수($\nu = \dfrac{\mu}{\rho}$)

③ 급확대 관로의 손실

$$h_\ell = \frac{(V_1 - V_2)^2}{2g} = \left(1 - \frac{V_2}{V_1}\right)^2 \frac{V_1^2}{2g} = \left(1 - \frac{A_1}{A_2}\right)^2 \frac{V_1^2}{2g} = \left[1 - \left(\frac{D_1}{D_2}\right)^2\right]^2 \frac{V_1^2}{2g} = k \frac{V_1^2}{2g}$$

④ 급축소 관로의 손실

$$h_\ell = \left(\frac{A_2}{A_0} - 1\right)^2 \frac{V_2^2}{2g} = \left(\frac{V_0}{V_2} - 1\right)^2 \frac{V_2^2}{2g} = \left(\frac{1}{C_c} - 1\right)^2 \frac{V_2^2}{2g} = k \frac{V_2^2}{2g}$$

여기서, 수축계수 $C_c = \dfrac{A_0}{A_2}$

⑤ 점차확대 관로의 손실

$$h_\ell = \xi \frac{(V_1 - V_2)^2}{2g} = k \frac{V_1^2}{2g}$$

여기서, ξ : 확대각 θ 또는 단면적의 모양에 따라 결정

⑥ 밸브 또는 곡관의 손실

$$h_\ell = k \frac{V^2}{2g}$$

여기서, V : 평균 유속
  k : 전저항 계수

2) 관의 상당길이(equivalent length of pipe)

① 임의의 부차적 손실을 관 마찰에 의한 손실수두와 동일한 관의 길이로 환산

② $k \dfrac{V^2}{2g} = \lambda \dfrac{L_e}{d} \dfrac{V^2}{2g}$, $L_e = \dfrac{kD}{\lambda}$

여기서, L_e : 관의 상당길이

1-11
할로겐화합물 소화약제 소화설비에서 방사시간을 제한하는 주된 이유와 방사시간 결정요인을 설명하시오.

[풀이]

1. 방사시간

1) 정의
   ① 최소 설계농도에 도달하는 데 필요한 약제량(21 ℃)의 95 %를 노즐로부터 방사를 개시한 시점부터 방출하는 데 필요한 시간
   ② 설계농도는 소화농도에서 안전율을 주는데 A·C급의 경우 20 %, B급인 경우 30 %를 감안한 농도이다.

2) 방사시간
   ① 할론 1301, 1211 소화약제 - 국내 : 10초, 국외 : 10초
   ② 할로겐화합물 소화약제 : 10초
   ③ CO_2 소화약제 - 표면화재 : 1분, 심부화재 : 7분 이내(2분 이내 30 % 설계농도)
   ④ 불활성기체 소화약제 : A·C급 화재 2분, B급 화재 1분 이내

2. 방사시간을 제한하는 주된 이유

구분	방사시간 제한 이유
SFPE handbook	① 노즐을 통과하는 유속을 증가시켜 방호구역 내부에서 소화약제가 공기와 잘 혼합되도록 함 ② 충분한 배관 내의 속도를 통해 액체 및 증기 유동을 균일하게 유지 ③ 소화약제 열분해 생성물 발생을 제한 ④ 직간접 화재피해 최소화(빠르게 발달하는 화재시나리오의 경우)
NFPA 2001	① 강화된 소화약제 혼합 ② 분해부산물 제한 ③ 화재 손상 및 그 영향의 제한 ④ 구획실 과압의 제한 ⑤ 부수적인 노즐 효과

3. 방사시간 결정요인

① 증기압과 가압원
   증기압이 높을수록, 가압원의 압력이 높을수록 노즐에서 소화약제의 유량이 많으므로 방

사시간은 짧아진다.
② 배관의 길이와 노즐의 구경
배관의 길이가 짧을수록, 배관 및 노즐의 구경이 클수록 노즐에서 유량이 많으므로 방사시간은 짧아진다.

1-12
물소화약제를 미립자로 방사하는 경우 사용목적과 적용대상을 설명하시오.

풀이

1. 물방울의 방사 특성
① 스프링클러는 중력에 의해 낙하하여 타고 있는 가연물을 직접 적셔 소화하는 특성을 가지므로 물의 현열을 이용한 표면냉각효과가 높다.
② 따라서 물방울이 클수록 물방울이 타고 있는 가연물에 도달할 확률이 높아진다.
③ 반면 미분무는 운동량(mv)에 의해 침투하므로 주변의 ceiling jet flow를 냉각하여 기화하는 특성을 가지고 있어 물의 잠열을 이용한 기상냉각효과가 높다.
④ 따라서 물방울이 작을수록 유리하며 물방울이 작을수록 빠르게 기화하여 산소농도를 낮추는 효과를 갖는다.

2. 사용목적
① 소화(fire extinguishment)
  연소하고 있는 가연물이 없도록 완전히 진압하는 것
② 화재진압(fire suppression)
  • 미분무수를 충분히 방출하여 열방출속도를 급격히 감소시키고 화재의 재성장을 방지
  • 화재의 재성장, 재발화를 방지하는 진압 방법
③ 화재제어(fire control)
  • 건물 구조물의 열에 대한 노출 감소
  • 거주자에 대한 위험 감소
  • 열방출속도, 화재성장속도, 인접 물체로의 확산과 같은 화재관련 특성의 감소
④ 온도제어(temperature control)

⑤ 연소확대방지(exposure protection)
- 열전달 방식(전도, 대류, 복사)에 의해 미연소물이 점화되거나 주변의 구조물이 손상되는 것을 방지
- 가연성, 인화성 액체 위험물 탱크에 설치하는 물분무설비

3. 적용대상
① A, B, C급 화재에 적응성
② 상대적으로 물방울이 크면 클수록 중력 > 부력을 통한 A급 화재에 적응성
③ 상대적으로 물방울이 작으면 작을수록 침투성능보다 주변을 냉각하여 B급 화재에 적응성
④ 미립자로써 연속체보다 불연속체로 간주하므로 C급 화재 적응성

1-13
자연발화가 일어나기 쉬운 조건을 설명하시오.

풀이

1. 개념
① 자연발화(auto ignition, spontaneous ignition)란 물질이 공기 중에서 발화온도보다 낮은 온도에서 스스로 발열하여 그 열이 장기간 축적, 발화점에 도달하여 연소에 이르는 현상
② 즉, 자연발화는 밀폐계로 주변의 입열에 의해 열의 축적이 계의 중심에서 발생하고 발화온도 이상 시 발화하는데, 자연발화와 인화에 의한 발화는 발열이 방열보다 클 때 발생한다(발열 > 방열).

2. 자연발화가 일어나기 쉬운 조건
① 열발생속도와 방산속도
  열발생속도가 방산속도보다 큰 경우
② 휘발성이 낮은 액체
  휘발성이 낮을수록 증발 시 증발열을 빼앗기 때문에 열의 축적이 용이
③ 축적된 열량이 큰 경우
  환기가 되지 않는 장소, 단열재 내부 등 열이 축적되기 쉬운 곳
④ 공기와 접촉면이 큰 경우

화학반응은 공기와의 접촉면적에 의해 결정되기 때문에 공기와의 접촉면적이 큰 경우
⑤ 고온다습한 경우
화학반응속도는 온도에 비례하고, 수분과 반응하는 물질이 있기 때문에 다습한 경우
⑥ 단열압축
단열된 상태에서 압력이 상승하면 온도가 상승하므로 발화위험성이 있다.
⑦ 열전도율, 열의 축적, 발열량, 수분, 퇴적방법 등
열전도율이 작을수록, 열의 축적이 용이할수록, 발열량이 클수록, 열축적이 용이하게 적재되어 있을수록 용이하며 수분은 촉매역할을 한다.

3. 자연발화 방지법

1) 방열을 키우는 대책

　① 열의 축적방지
　　발열과 방열의 균형이 깨져 열의 축적이 발생. 따라서 통풍, 환기, 저장방법 등을 고려하여 열의 축적을 방지

2) 발열을 줄이는 대책

　① 온도를 낮게 유지
　　반응속도는 온도에 크게 좌우되므로 온도가 중요하며 주위 온도를 낮게 유지
　② 습도를 낮게 유지
　　습도, 수분 등은 물질에 따라 촉매적 효과로 작용하므로 습도가 낮은 곳에 저장

교시 2

2-1
건축자재 등 품질인정 및 관리기준(국토교통부고시 제2022-84호)에 따른 복합자재 및 외벽마감재료의 불연재료 성능기준과 실물모형시험기준에 대하여 설명하시오.

[풀이]

1. **복합자재**

   1) 성능기준

      (1) 강판
      - ① 두께(도금 이후 도장(塗裝) 전 두께) : 0.5 mm 이상
      - ② 앞면 도장 횟수 : 2회 이상
      - ③ 도금의 부착량
        - 용융 아연 도금 강판 : 180 g/m^2 이상
        - 용융 아연 알루미늄 마그네슘 합금도금 강판 : 90 g/m^2 이상
        - 용융 55 % 알루미늄 아연 마그네슘 합금도금 강판 : 90 g/m^2 이상
        - 용융 55 % 알루미늄 아연 합금도금 강판 : 90 g/m^2 이상
        - 그 밖의 도금 : 국토교통부 장관이 정하여 고시하는 기준 이상

      (2) 심재
      - ① 한국산업표준에 따른 그라스울 보온판 또는 미네랄울 보온판으로서 국토교통부 장관이 정하여 고시하는 기준에 적합한 것
      - ② 불연재료 또는 준불연재료인 것

   2) 실물 모형시험기준
      - ① KS F ISO 13784-1(건축용 샌드위치패널 구조에 대한 화재 연소 시험방법)
      - ② 복합자재를 구성하는 강판과 심재가 불연재료인 경우 실물 모형시험을 제외

구분	KS F ISO 13784-1 (small room test)
시험체 공간	• 공간크기 : 3.6 m × 2.4 m × 2.4 m (길이 × 높이 × 폭) • 개구부 크기 : 0.8 m × 2.0 m (폭 × 높이)
시편의 설치	• 실내 마감재로 부착
화원	• 프로판 가스버너를 개구부 반대편에 설치 • 최초 10분간 100 kW, 이후 10분간 300 kW
시험시간	• 30분 또는 플래쉬오버 발생지점까지

3) 판정

구분	판정
불꽃 유무	• 외부로 불꽃 발생하지 않음
평균온도	• 시험체 상부 650 ℃ 이하
복사 열량계의 열량	• 25 kW/m² 이하
발화	• 바닥 신문지 뭉치가 발화하지 않을 것
화염분출	• 개구부로 화염이 분출되지 않을 것

2. 외벽마감재료

1) 성능기준

(1) 한국산업표준 KS F ISO 1182(건축 재료의 불연성 시험방법)에 따른 시험

적용시험방법	시험기준	평가방법
불연성시험 (불연)	온도(℃) 750 ───────── 　　　　　　20 시간(min) • 일정한 가열온도(750 ± 5 ℃)에서 20분 안정 • 3회 실시	• 온도상승 : 가열로 내의 최고온도가 최종평형온도를 20 K 이하 상승 • 질량감소율 : 30 % 이하 • IMO의 기준 : 최고온도와 최저온도차 30 ℃ 미만, 질량감소율 50 % 미만, 잔염시간 10초 미만

	기준	시험체 크기[mm]	시험횟수
불연성시험	KS F ISO 1182	Φ(45 - 2) × (50 - 2), 원통형	총 3회

(2) 한국산업표준 KS F 2271(건축물의 내장 재료 및 구조의 난연성 시험방법) 중 가스유해성 시험

적용시험방법	시험기준	평가방법
가스유해성시험 (불연, 준불연, 난연)	• 가열시간 : 6분	• 쥐(마우스) 행동정지시간 → 9분보다 클 경우 합격(기본 횟수 2회)

시험	기준	시험체 크기[mm]	시험횟수
연소가스유해성시험	KS F 2271	220 × 220 × 150 이하	총 2회

2) 실물 모형시험기준

① 마감재료를 구성하는 재료 전체를 하나로 보아 국토교통부 장관이 정하여 고시하는 기준에 따라 실물 모형시험(실제 시공될 건축물의 구조와 유사한 모형으로 시험)

② 국토교통부 장관이 정하여 고시하는 기준을 충족할 것(외벽 마감재료 또는 단열재를 구성하는 재료가 모두 불연재료인 경우 실물 모형시험을 제외)

③ KS F 8414(건축물 외부 마감 시스템의 화재 안전 성능 시험방법)에 따라 시험

3) 판정

① 외부 화재 확산 성능 평가 : 시험체 온도는 시작시간을 기준으로 15분 이내에 레벨 2(시험체 개구부 상부로부터 위로 5 m 떨어진 위치)의 외부 열전대 어느 한 지점에서 30초 동안 600 ℃를 초과하지 않을 것

② 내부 화재 확산 성능 평가 : 시험체 온도는 시작시간을 기준으로 15분 이내에 레벨 2(시험체 개구부 상부로부터 위로 5 m 떨어진 위치)의 내부 열전대 어느 한 지점에서 30초 동안 600 ℃를 초과하지 않을 것

2-2

초고층 및 지하연계 복합건축물 재난관리에 관한 특별법 시행규칙에 의해 설치하는 종합방재실의 설치위치, 면적, 구조, 설비에 대하여 설명하시오

풀이

1. 종합방재실의 개수

① 1개

② 100층 이상인 초고층 건축물 등(공동주택 제외) : 종합방재실을 추가로 설치하거나, 관계지역 내 다른 종합방재실에 보조종합재난관리체제를 구축

2. 종합방재실의 설치위치

① 1층 또는 피난층, 특별피난계단 출입구로부터 5 m 이내 : 2층 또는 지하 1층, 공동주택 : 관리사무소 내에 설치 가능
② 비상용 승강장, 피난 전용 승강장 및 특별피난계단으로 이동하기 쉬운 곳
③ 재난정보 수집 및 제공, 방재 활동의 거점 역할을 할 수 있는 곳
④ 소방대가 쉽게 도달할 수 있는 곳
⑤ 화재 및 침수 등으로 인하여 피해를 입을 우려가 적은 곳

3. 종합방재실의 구조 및 면적

① 다른 부분과 방화구획
  - 제어실 등의 감시를 위한 7 mm 이상의 망입유리(16.3 mm 이상 접합유리 또는 28 mm 이상의 복층유리 포함)로 된 4 m^2 미만의 붙박이창 설치 가능
② 인력의 대기 및 휴식 등을 위하여 종합방재실과 방화구획된 부속실을 설치
③ 출입문에는 출입 제한 및 통제 장치
④ 면적 : 20 m^2 이상
⑤ 재난 및 안전관리, 방범 및 보안, 테러 예방을 위하여 필요한 시설·장비의 설치와 근무 인력의 재난 및 안전관리 활동, 재난 발생 시 소방대원의 활동에 지장이 없도록 설치

4. 종합방재실의 설비 등

① 조명설비(예비전원 포함) 및 급수·배수설비
② 상용전원과 예비전원의 공급을 자동 또는 수동으로 전환하는 설비
③ 급·배기설비 및 냉·난방설비
④ 전력 공급 상황 확인 시스템
⑤ 공기조화·냉난방·소방·승강기 설비의 감시 및 제어시스템
⑥ 자료 저장 시스템
⑦ 소화 장비 보관함 및 무정전(無停電) 전원공급장치
⑧ 피난안전구역, 피난용 승강기 승강장 및 테러 등의 감시와 방범·보안을 위한 폐쇄회로텔레비전(CCTV)
⑨ 지진계 및 풍향·풍속계

2-3 스프링클러헤드에서 방출속도와 화재플룸(fire plume) 상승속도의 관계를 설명하시오

풀이

1. 운동의 상대성

① 부력과 중력은 운동의 절대성인 본질적으로 무거우면 낙하하고, 가벼우면 상승하는 개념이 아니다.

② 운동의 상대성으로 주변보다 무거우면 중력에 의해 낙하하고, 주변보다 가벼우면 부력에 의해 상승한다.

③ 스프링클러는 중력에 의한 낙하와 플룸의 부력과의 관계에서 결정된다.

④ 중력 > 부력일 경우 타고 있는 가연물에 침투하여 소화하는 개념인데 ESFR에서는 ADD 개념이 된다.

⑤ 중력 < 부력일 경우 물방울이 침투하지 못하고 스프링클러 주변을 냉각하여 동작하지 못하는 skipping 현상이 발생한다.

2. 스프링클러 성능을 결정하는 3요소

1) 반응시간지수(RTI)

① RTI는 열흡수능력으로 열기류감도 시험기와 같은 시험장치를 이용해 측정하며 가열 공기의 온도와 속도에 의해 결정된다.

② RTI 값이 낮을수록 감열체의 온도상승 비율이 커져 헤드가 조기 작동한다.

③ RTI가 낮을수록 방사시점을 빠르게 할 수 있어 부력의 온도가 상대적으로 낮을 때 방사하므로 침투성능을 높여 균일한 살수밀도 확보에 유리해진다.

2) 오리피스(K-factor)

① 물방울의 크기는 오리피스 직경의 2/3승에 비례하고, 압력의 1/3승에 반비례

② 물방울의 크기 $\propto \dfrac{D^{2/3}}{P^{1/3}}$

③ 따라서 오리피스가 크면 물방울은 커지고 오리피스가 작으면 물방울은 작아진다.

④ 물방울이 낙하할 때 중력에 의해 가속운동 하다가 물방울의 무게에 의한 종말속도인 등속운동으로 낙하한다.

⑤ 스프링클러의 발전사를 보면 K값이 표준형(K = 80) → large drop(K = 160) → extra large orifice(K = 240) → ESFR(K = 320) 증가함으로 균일한 살수밀도 확보에 유리

해진다.
⑥ 이는 가연물이 목재에서 플라스틱으로 바뀌어 화재하중이 증가하여 열방출률이 높아져 가기 때문이다.

3) 디플렉터
① 디플렉터는 포용면적을 결정하는데 포용면적이 좁을수록 살수밀도가 높아진다.
② 반면 넓은 포용면적일 경우 살수밀도는 낮아진다.

3. 스프링클러헤드에서 방출속도와 화재플룸(fire plume) 상승속도의 관계

1) 스프링클러의 소화 개념
① 스프링클러는 설계면적에 균일한 살수밀도를 확보하여 소화

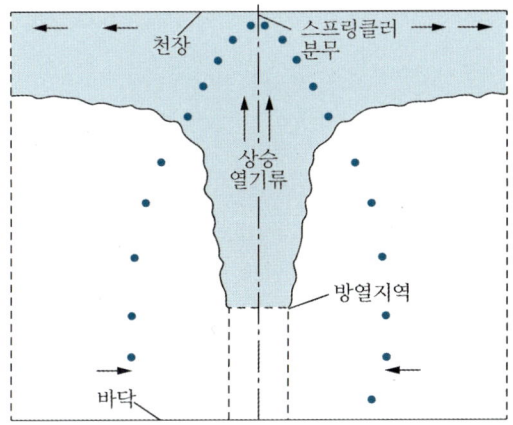

② 스프링클러 중 큰 물방울은 연소표면을 소화하기 위해 상승 열기류 속으로 침투하고, 상대적으로 작은 물방울은 화염과 주위온도의 냉각과 화재에 노출된 가연물의 주위를 신속히 냉각시켜 화재 size를 줄이는 기능을 갖는다.
③ 표준화재에서 직경 4~5 mm의 큰 물방울은 화재기류를 침투할 수 있는 것으로 보여지며, 이보다 작은 물방울은 주위를 냉각하고 주변의 스프링클러의 개방을 막는 효과와 더불어 skipping 현상을 유도하기도 한다.

2) 화재플룸 상승속도와 물방울 종말속도 관계
① 물방울의 종말속도(terminal velocity)는 낙하하는 물체에 작용하는 3가지 힘 중 부력과 항력의 합이 중력과 같아질 때의 속도로 관성력에 의한 등속운동 할 때 속도를 말한다.
② 물방울 입자의 순간 가속도 기본식은 $m\dfrac{du}{dt}$ = 중력 - 부력 - 항력(마찰력)으로 du ≒

0이면 중력 = 부력+항력일 때 속도가 종말속도가 된다.
③ 플룸의 상승속도가 스프링클러의 중력을 상회한다면 그 물방울은 화재기류를 따라 상승하여 소화 장소와 연료기화지역을 벗어난다.
④ 스프링클러의 수평거리와 위치는 화재를 효과적으로 소화하기 위하여 일부러 물방울을 서로 겹치게 하고, 종말속도의 차이는 물방울을 서로 충돌하게 한다. 작은 물방울은 큰 물방울이 되기도 하고 큰 물방울은 작은 물방울이 되게 하기도 한다.
⑤ 큰 물방울은 침투성능을 높여 연소속도 및 열방출속도를 줄이는 역할을 하고, 작은 물방울은 주변을 냉각해 화재확산을 막는 역할을 한다.

2-4 정적독성지수와 동적독성지수에 대하여 설명하시오.

[풀이]

1. 재료의 위험성 평가방법
① 재료의 위험성은 화학분석에 의한 방법과 동물실험을 통해 영향을 평가
② 화학분석법은 가스크로마토그래피, 적외선분석, 질량분석 등의 방법이 있으나 장단점이 있어 병용하여 사용하지만 모든 가스의 분석은 불가능하다.
③ 혼합가스의 경우는 상승효과를 가질 가능성이 높아 종합적 평가가 요구된다.
④ 동물실험은 아주 높은 독성 성분도 포함하여 가스의 종합 독성 평가가 가능하여 동물실험을 통해 재료의 평가
⑤ 단점으로는 감도 및 재현성이 낮고, 중독의 원인물질 파악이 어렵고, 독성 성분 이외의 효과인 연기입자, 온도, 산소결핍 등의 효과를 분리할 수 없다.
⑥ 따라서 독성을 알고 유효한 대책을 수립하려면 동물실험과 화학분석을 병행하는 것이 바람직하다.

2. 정적독성지수
1) 개념
① 재료 단위중량당 발생 유해가스량
② 재료의 발열량이나 발연계수와 대응하는 정적인 개념

2) 수식

① 분위기 독성

$$t = \frac{c}{c_f}$$

여기서, t : 분위기 독성으로 무차원이며 0.02~20의 범위
       c : 가스의 독성
      c_f : 그 가스가 30분간 폭로로 인간에 대하여 치명적인 영향을 줄 때 농도

② 재료의 독성지수

$$T = \frac{tV}{W}$$

여기서, T : 재료의 독성지수로 일반적으로 1~1,200 정도
      V : 재료의 용적
      W : 재료의 중량

③ 2종 이상 혼합가스의 경우

$$t = \sum t_i, \; t = \sum T_i$$

3. 동적 독성지수(Dynamic Toxicity Factor)

1) 개념

① 유해가스 위험성을 양적인 개념보다 속도 관점으로 접근한 개념으로 단위시간, 단위면적당 생성되는 유해가스의 독성
② 재료의 발열속도나 발연속도와 대응하는 동적인 개념

2) 수식

① 동적 독성지수

$$T_d = \frac{\dot{v}}{A \cdot c_f}$$

여기서, $\dot{v}$: 유해가스 용적발생속도
      A : 면적

② 2종 이상 혼합가스의 경우

$$T_d = \frac{1}{A} \sum \left(\frac{\dot{v}}{c_f}\right)_i$$

③ 위험지수

$$H_{max} = \frac{1}{V} \sum \left(\frac{a}{c_f}\right)_i \left(-\frac{dX}{dt}\right)_{max}$$

여기서, a_i : 단위분해량 당 발생하는 유독성분 i의 가스량

$\left(-\dfrac{dX}{dt}\right)_{max}$: 최대중량감소속도

④ 이 개념은 가스발생속도는 분해속도에 비례함을 의미한다.

2-5
상업용 조리시설의 화재특성 및 손실저감 대책에 대하여 설명하시오.

[풀이]

1. 개요

① K급 화재란 미국방화협회(NFPA 10)에 의하면 가연성 튀김기름을 포함한 조리로 인한 화재(식물성 또는 동물성 기름 및 지방)를 말하며, 국제표준화기구(ISO 7165)에서는 F급 화재라 칭한다.

② K급 화재는 인화성액체, 인화성 가스 등의 유류화재인 B급 화재와 화재 메커니즘이 달라 별도의 대책이 필요한데, 에너지 조건을 제어하면서 물적 조건을 제어하는 대책을 통해 소화할 수 있다.

2. 상업용 조리시설의 화재특성

1) 일반 석유류 화재 특성

① 연소 메커니즘 : 흡열 → 증발 → 혼합 → 연소 → 배출

② 복사열에 의한 액면의 증발을 통해 연소가 진행되기 때문에 화염이 제거되면 복사열에 의한 증발이 없어 재착화 가능성이 없다.

③ 경질유의 경우 액면 석유의 온도가 발화점보다 훨씬 낮은 비점에서 유면상의 증기가 연소한다.

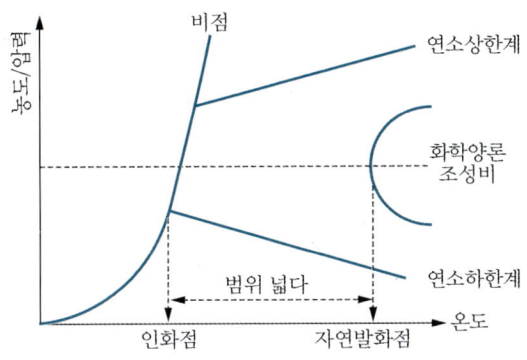

2) 상업용 조리시설의 화재 특성

(1) 열축적이 용이
① 상업용 조리시설의 화재는 전형적인 자연발화로 열발생속도 > 열방산속도일 때 열축적에 의한 발화
② 입열 = 방열일 때 열축적은 일어나지 않고 온도는 일정해진다. 물의 경우 100 ℃에서 온도가 변하지 않는 것은 끓으면서 방열효과를 높이기 위해 거품으로 표면적을 늘리기 때문이다.
③ 식용유의 경우 용존산소가 없기 때문에 방열효과가 적어 열축적이 용이하다.

(2) 식용유 화재
① 인화점과 발화점 차이가 적어 약간의 열축적에 의해서도 발화점 이상이 되어 식용유 화재가 발생한다.

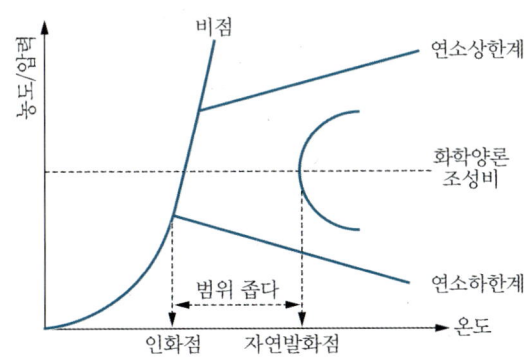

② 이때 유면상의 화염을 제거해도 기름의 온도가 발화점 이상이기 때문에 재발화가 된다.

③ 식용유 화재는 에너지 조건인 자체 발화온도보다 50 °F 이상 낮게 유지하여 재발화를 방지한다.

④ 식용유 화재를 제어하기 위해서는 에너지 조건을 제어하면서 물적 조건을 동시에 제어하는 방법이 바람직하다.

⑤ 건성유 > 반건성유 > 불건성유의 순으로 자연발화의 위험성이 크다.

⑥ 건물에서 식용유 화재는 주로 hood를 통한 duct 화재로의 전이가 일반적이다.

3. 소화대책(냉각 + 피복질식)

1) 중탄산나트륨의 비누화 이용 소화

① 식용유 화재에 1종 분말소화약제($NaHCO_3$)를 방출 시 금속비누를 만들고 이 비누가 거품을 생성하여 질식효과를 갖는 현상을 말한다.

② 생성된 비누상 물질은 가연성 액체의 표면을 덮어서 질식소화 효과와 재발화 억제 효과를 나타내며 수증기와 비누가 포를 형성하여 소화를 돕는데 분말소화약제의「비누화현상」이라고 말한다.

③ 반응식

$$\begin{array}{c} RCOO-CH_2 \\ R'COO-CH \\ R''COO-CH_2 \end{array} + 3\,NaOH \xrightarrow{\text{비누화 반응}} 3\,RCOONa + \begin{array}{c} HO-CH_2 \\ HO-CH \\ HO-CH_2 \end{array}$$

(유지 : 에스테르)　　　　　　　　　　(비누)　(3가 알코올:글리세롤)

2) 거품형태의 폼 방사

3) 강화액 소화기인 K급 소화기 등

4) 정기적인 hood 청소, 후드 내 그리스 제거장치

5) 상업용 주방자동소화장치

6) wet chemical extinguishing systems

2-6

LED용 SMPS(Switching Mode Power Supply)와 관련하여 다음을 설명하시오.
1) 구조 및 동작원리
2) 소손패턴

풀이

1. SMPS(Switching Mode Power Supply)

① 전력용 MOSFET 등 반도체 소자를 스위치로 사용하여 직류 입력전압을 일단 구형파 형태의 전압으로 변환한 후, 필터를 통하여 제어된 직류 출력전압을 얻는 장치

② 반도체 소자의 스위칭 프로세서를 이용하여 전력의 흐름을 제어함으로 선형제어 방식의 전원 공급 장치에 비해 효율이 높고 내구성이 강하여, 소형, 경량화에 유리한 안정화 전원 장치

	선형제어 방식	스위칭모드 방식
효율	낮음	높음
입력전압	입력 범위를 넓히면 효율 저하	입력 범위가 넓음
noise	적음	많음
응답속도	빠름	보통

2. 구조 및 동작원리

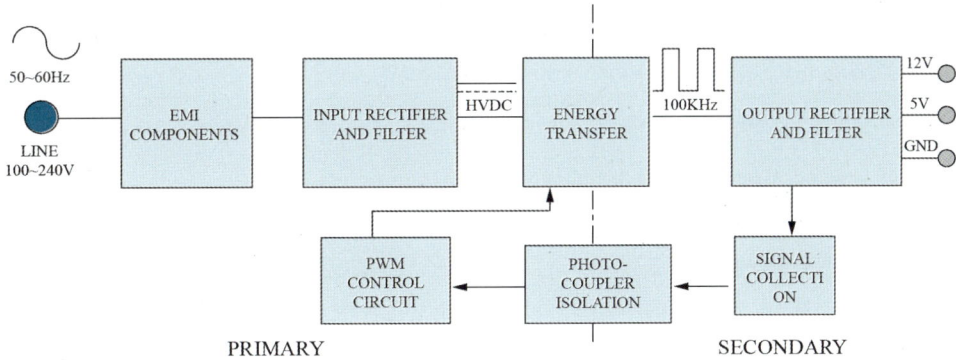

① AC 전원이 입력되면 전자기파 필터(EMI Component)에서 noise 제거
② 정류 및 평활회로(input rectifier and filter)에서 교류전원을 브릿지 다이오드(bridge diode)를 통해 직류로 변환

③ 에너지 전달(energy transfer)의 주요 부품은 코일이며, PWM Control Circuit은 Power MOS FET를 통해 코일에 전달되는 전원을 ON/OFF 하는 스위치 역할을 함
④ 이런 과정을 통해 전기에너지가 코일을 통해 전송되어 필요한 전압을 만듦
⑤ 전압은 연결된 부하의 변동에 따라서 변할 수 있어, 전압불균형을 해소하고자 signal collection과 photo coupler isolation의 피드백 신호를 통해 Power MOS FET이 스위칭 수준을 변경하여 전압을 일정하게 함

3. Feed back 제어회로

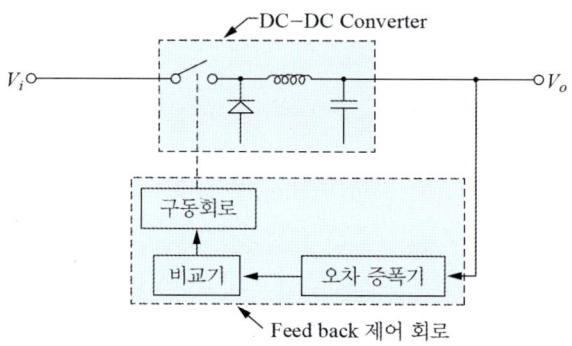

1) 비교기 : 증폭된 오차와 톱니파를 비교하여 구동펄스 발생

2) 구동회로 : DC- DC Converter의 주 스위치를 구동하는 회로

3) 오차 증폭기 : 출력전압의 오차를 증폭

4. 소손 패턴

1) 감소형(decreasing failure rate)

① 고장률 감소형은 설계 및 제작상의 결함 등으로 인하여 초기에 고장률이 높고 시간이 갈수록 고장률이 줄어드는 유형

② 고장률의 수명곡선에서 보면 초기고장형의 경우 설계 및 제조상의 결함 때문에 발생하며 결함이 없도록 설계 제조함으로써 초기고장률 자체를 낮추고 안정화 기간을 단축할 필요가 있다.

③ 전자제품 대부분이 이 경우에 속하며, 이와 같은 유형의 부품은 사전교환 등의 예방보전을 실시하여도 효과가 없으며, 사용에 앞서 디버깅(debugging) 또는 번인(burn in)을 통해 양호한 부품만을 선별하여 적용하는 것이 효과적이다.

2) 일정형(constant failure rate)
   ① 설계나 제조과정에서 결함이 제거되면 제품은 안정화되어 고장률이 일정하게 되는데 우발고장 또는 고장률 일정형이라 한다.
   ② 본질적으로 고장률 자체가 낮은 제품을 사용하고, 과부하, 사용자 실수 등에 의해 발생하기 때문에 안전계수, 교육 등을 통해 우발고장률을 감소시킬 필요가 있다.

3) 증가형(increasing failure rate)
   ① 제품을 어느 기간 이상 사용하면 열화 등의 원인으로 인해 고장률이 증가하는데 마모고장 또는 고장률 증가형이라 한다.
   ② 고장률이 증가하기 전까지 기간을 내구수명이라 하는데 마모현상이 발생할 때까지 가속수명시험을 통해 고장률 수명분포, 고장률 증가 원인 등을 확인할 필요가 있다.

4) 고장률과 욕조곡선

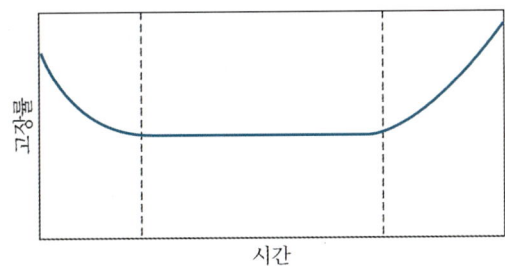

3-1
건축물의 지하층 구조 및 지하층에 설치하는 비상탈출구의 기준에 대하여 설명하시오.

[풀이]

1. 지하층 구조

1) 구조 및 설비

구조 및 설비	설치기준	설치대상
비상탈출구, 환기통	피난층 또는 지상으로 통하는 구조 (직통계단 2 이상 시 제외)	바닥면적 50 m² 이상 층
피난계단 또는 특별피난계단	방화구획 각 부분마다 1개소 이상	바닥면적 1,000 m² 이상 층
환기설비	-	바닥면적 1,000 m² 이상 층
급수전	급수전 1개소 이상	바닥면적 300 m² 이상 층

2) 지하층의 2개소 이상 직통계단 설치 대상

용도	설치대상
공연장·단란주점·당구장·노래연습장, 예식장·공연장, 생활권 수련시설·자연권수련시설, 여관·여인숙, 단란주점·주점영업, 다중이용업소	층의 거실의 바닥면적의 합계가 50 m² 이상

2. 비상탈출구의 기준

비상탈출구	구조기준
크기	너비 0.75 m, 높이 1.5 m 이상
문	피난방향 및 실내에서 항상 열 수 있는 구조, 내부 및 외부에 비상탈출구의 표지 설치
위치	출입구에서 3 m 이상
사다리	바닥으로부터 비상탈출구의 아랫부분까지의 높이가 1.2 m 이상이 되는 경우, 발판의 너비가 20 cm 이상 사다리 설치
피난통로	유효너비 : 0.75 m 이상, 내장재 : 불연재
장애물	장애물 제거
유도등, 비상조명등	유도등과 비상조명등 설치

3-2
화학공장의 정량적 위험도 평가(Quantitative Risk Assessment) 7단계에 대하여 설명하시오.

풀이

1. 개요
① 위험성 평가 절차는 잠재 위험(위험요소) 확인 → 사고 발생 확률 분석 → 사고 영향 분석 → 개인적 위험, 사회적 위험 계산 및 위험 표현 → 위험평가 및 대책수립으로 위험을 줄이고 안전성을 향상시키는 과정
② 위험을 정량화하므로 안전에 대한 목표를 명확히 설정하여, 위험감소대책을 세울 수 있고 위험을 줄이는 상대 순위를 매기거나 경영자의 의사결정을 세울 수 있게 함

2. 정량적 위험도 평가 주요 절차

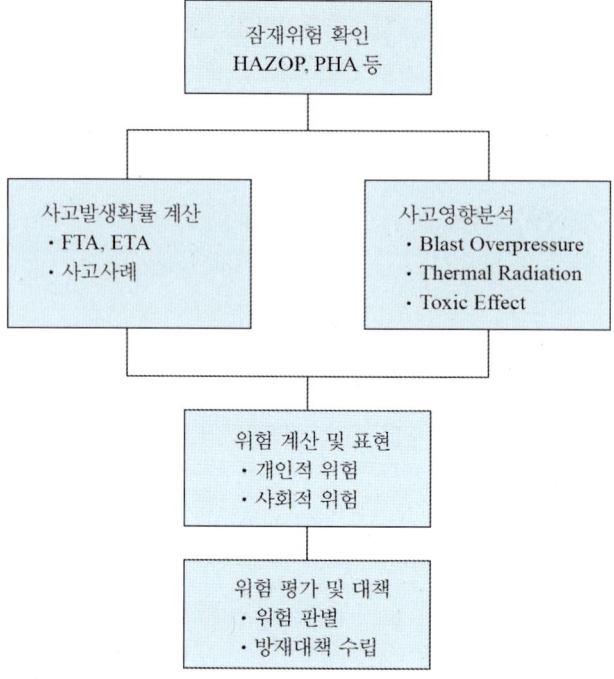

3. 위험도 평가 단계별 내용

1) 잠재위험(Hazard) 확인

① 위험성 평가의 기초과정으로써 위험을 찾아내는 것
② 사람, 재산 또는 환경에 손해를 입힐 가능성이 있는 위험요소, 잠재위험인 hazard를 찾아내는 것
③ 사고예상 질문분석법(what-if), 체크리스트(check-list), 위험과 운전분석(HAZOP) 등이 있음

2) 빈도(사고발생 확률) 분석

① 사고 발생 데이터를 기초로 사고 확률을 계산해 가는 것으로 사고 데이터베이스 구축과 활용이 중요
② 정량적 위험성 평가기법인 결함수분석법(FTA), 사건수분석법(ETA)을 주로 사용

3) 가혹도(사고영향) 분석

① 위험요소가 사고로 진전되었을 때 얼마만큼 손실을 줄 것인가를 예측하는 것으로 위험의 크기와 영향을 분석하는 것

② 사고영향 분석기법인 CA를 사용하며 수치적으로 정량화가 가능해 지속적인 관리 및 목표를 명확히 할 수 있는 장점이 있음

③ source modeling(기상, 액상, 2상 등), dispersion modeling(가벼운 가스, 무거운 가스, 플룸 등), fire modeling(화이어 볼, 풀 화재, 플래쉬 화재 등), explosion modeling(블레비, UVCE), effect modeling(독성, 복사열, 과압)의 예측기법이 있음

4) 위험 계산 및 표현

① 사고발생확률(빈도) × 사고영향분석(가혹도) = 위험(Risk)
② 사회적 위험과 개인적 위험을 표현
③ 위험도 매트릭스, F-N 커브, 위험 등고선 등으로 위험을 표현하여 위험 크기를 비교

5) 위험 평가

① 위험이 사회적 허용이 가능한 수준인지 판단
② 사회적 허용이 불가능할 경우 대책 수립

6) 대책 수립

① 개인적 사회적 위험의 판별을 통해 위험을 배제하거나 허용한계 이상의 위험을 낮추는 대책을 세우는 과정
② 비상조치를 통한 피해를 최소화하고, risk를 감소시키기 위한 방호설비 등 실질적인 대책 수립

7) 시스템 사용

① 대책 수립 결과 위험이 사회적 허용이 가능한 수준인 경우, 평가 종료 및 시스템 사용

3-3

가스계소화설비에서 설계농도 유지시간(Soaking Time)에 영향을 주는 요소 및 방호구역 밀폐시험에 대하여 설명하시오.

1. 설계농도 유지시간(soaking time)에 영향을 주는 요소

1) 설계농도 유지시간 필요성

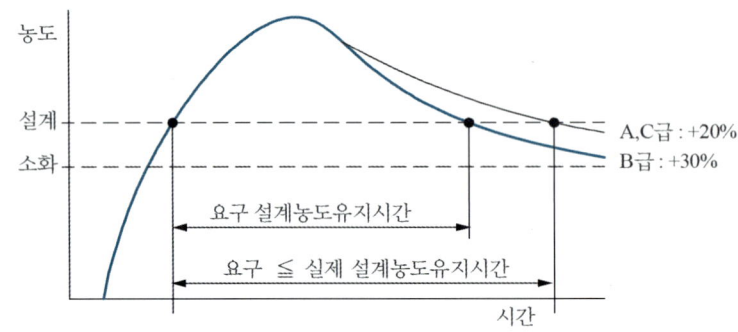

(1) A급 심부화재
① 표면화재 : 연쇄반응 억제에 의한 빠른 소화가 필요
② 심부화재 : 질식 및 냉각에 의한 소화가 필요 (높은 농도와 긴 지속시간이 필요)

(2) 가연성, 인화성액체 위험물
① 가연성 인화성액체 위험물은 인화점 이하의 냉각이 필요
② 표면의 온도가 높기 때문에 재점화, 재착화 방지

(3) 관계인 활동을 고려

2) 설계농도 유지시간에 영향을 주는 요소

(1) Descending interface mode
① 개념 : 필요한 설계농도 유지시간은 소화약제 설계농도가 방호구역 전체 높이에서 보호하고자 하는 장비까지 내려갈 때까지의 시간
② 영향요소 : 보호하고자 하는 장비의 높이, 방호구역 면적, 혼합물 농도, 개구부 크기

(2) Mixing mode
① 개념 : 필요한 설계농도 유지시간은 초기의 소화약제 농도에서 최소 설계농도까지 내려갈 때 시간
② 영향요소 : 방호공간 체적, 혼합물 농도, 개구부 크기

2. 방호구역 밀폐시험

1) 시험목적
① 방호공간의 보이지 않는 누설 틈새에 대한 누설풍량 확인
② 누설풍량에 따른 균일한 설계농도, 설계시간 유지를 위한 추가 약제량 산출
③ soaking time을 위한 추가 약제량 방사시간 산출
④ 방호공간의 과압 여부 확인

2) 기본원리

(1) descend interface mode
① 소화약제 방출 시 순간적 압력상승 및 실내공기와 혼합
② 하단부 : 혼합가스 중 비중이 큰 가스는 하단부 누설 부위 통해 누출
  상단부 : 외부공기가 유입되면서 혼합가스 농도는 상부에서부터 점차 낮아짐

(2) mixing mode
① 기류의 이동이 있어 descend interface mode처럼 하단부 가스누출과 상단부 공기유입이 아니라 소화약제 방출 후 누설틈새로 인해 혼합가스 농도는 점차 낮아짐
② 초기의 소화약제 농도에서 최소 설계농도까지 내려갈 때 시간 측정

(3) 설계농도 유지시간 측정
① Door fan test 통해 이와 같은 조건을 조성하여 누설량을 측정하고 Computer program을 통해 누출면적 산정하고 최종적으로 설계농도 유지시간을 계산
② 누설량 산출식

$$Q = 0.827 A \sqrt{\Delta P}$$

여기서, $K = 0.64$, 21 ℃ 공기 비중량(1.2 kg/m³)을 적용

③ 이 식을 시간변수로 표현하면

$$t = \frac{V}{0.827 A \sqrt{\Delta P}}$$

여기서, V : 실의 체적
   A : 누설틈새면적
   ΔP : 실내외 압력차

3) 시험절차

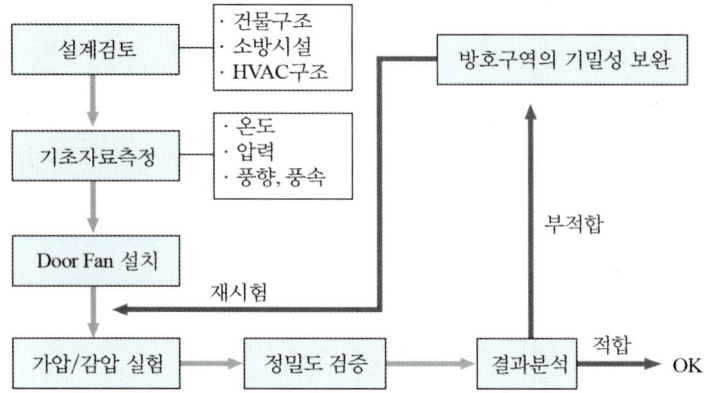

① 설계검토 : 건물구조(체적, 높이), HVAC구조(인터록, 공기순환), 소화시설(농도, 유지시간, 작동방식)
② 기초자료 측정 : 온도, 압력, 풍향, 풍속 등
③ door fan 설치 : door fan 장착, 대형 누출부위 sealing
④ 가압 및 감압시험 : 실내·외 정압차, 가압·감압 범위 설정, door fan 가동
⑤ 실험결과 분석 : 실험 data 입력, 누설량, 누설 등가면적, 소화농도 유지시간 산출
⑥ 보정실험 : 실험결과 정밀도 검증실험 → 누출 등가면적 30 % 범위 내 door fan 판넬 개방 후 실험 → 등가면적 ±10 % 적정
⑦ 조치 : 방호구역 내 기밀성 보완 후 재시험

4) 기대효과

① 소화설비 신뢰성 확보
② 설계의 적정성 평가
 • 누출량 측정 : 소화농도 유지시간 분석
 • 밀폐도가 높을 경우 : 압력 배출구 판단 및 면적 결정
③ 소화설비 효율성 제고 : 누설 부위 밀폐도 향상, 소화능력 효율성 제고
④ 방호공간 과압 유무 확인

3-4

복사 쉴드(Shield)와 관련하여 다음을 설명하시오.
1) 복사 쉴드(Shield)의 개념
2) 복사 쉴드(Shield) 수에 따른 열 유속 변화

[풀이]

1. 복사 쉴드의 개념

1) 두 개 물체(A_1, A_2) 사이의 순 복사열전달

① 두 개 물체의 표면적 : $A_1 \ll A_2$ 의 경우 (형태계수 = 1 가정)

$$\dot{Q}_{12} = A_1 \epsilon \sigma \left(T_1^4 - T_2^4 \right)$$

여기서, $\dot{Q}_{12}$: 두 물체 사이의 복사열전달
   ϵ : 방사율
   σ : 스테판-볼츠만 상수
   T : 절대온도

② 두 개 물체의 표면적이 크고 동일한 경우 : $A_1 = A_2$ 의 경우(형태계수 = 1 가정)

$$\dot{Q}_{12} = \frac{A\sigma \left(T_1^4 - T_2^4 \right)}{\dfrac{1}{\epsilon_1} + \dfrac{1}{\epsilon_2} - 1}$$

여기서, ϵ_1 : A_1의 방사율
   ϵ_2 : A_2의 방사율

2) 복사 쉴드(복사 차폐)

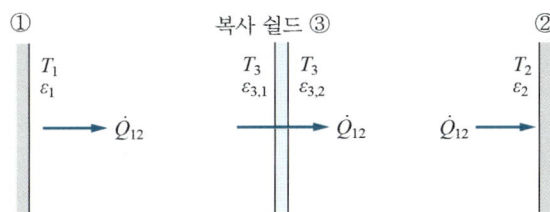

① 두 개 물체(복사면) 사이에 방사율이 낮은(반사율이 높은) 물질(복사 쉴드)을 놓으면 복사 열 교환량 감소

② 복사 쉴드 수를 증가시킬수록 두 개 물체의 복사열교환의 차폐율이 증가

2. 복사 쉴드 수에 따른 열유속 변화

1) 복사 쉴드 수에 따른 복사열전달

① 쉴드 수가 1개일 경우

$$\dot{Q}_{12, 1개 쉴드} = \frac{A\sigma(T_1^4 - T_2^4)}{\left(\dfrac{1}{\epsilon_1} + \dfrac{1}{\epsilon_2} - 1\right) + \left(\dfrac{1}{\epsilon_{31}} + \dfrac{1}{\epsilon_{32}} - 1\right)}$$

여기서, ϵ_{31} : 복사 쉴드에서 A_1으로의 방사율

ϵ_{32} : 복사쉴드에서 A_2으로의 방사율

② 쉴드 수가 N개일 경우

$$\dot{Q}_{12, N개 쉴드} = \frac{A\sigma(T_1^4 - T_2^4)}{\left(\dfrac{1}{\epsilon_1} + \dfrac{1}{\epsilon_2} - 1\right) + \left(\dfrac{1}{\epsilon_{31}} + \dfrac{1}{\epsilon_{32}} - 1\right) + \cdots + \left(\dfrac{1}{\epsilon_{N1}} + \dfrac{1}{\epsilon_{N2}} - 1\right)}$$

모든 표면의 방사율이 같다고 가정하면,

$$\dot{Q}_{12, N개 쉴드} = \frac{A\sigma(T_1^4 - T_2^4)}{(N+1)\left(\dfrac{1}{\epsilon} + \dfrac{1}{\epsilon} - 1\right)} = \left(\dfrac{1}{N+1}\right)\dot{Q}_{12}$$

③ 표면적이 모두 동일하면 열 유속은 다음과 같음

$$\dot{q}_{12, N개 쉴드} = \frac{\sigma(T_1^4 - T_2^4)}{(N+1)\left(\dfrac{1}{\epsilon} + \dfrac{1}{\epsilon} - 1\right)} = \left(\dfrac{1}{N+1}\right)\dot{q}_{12}$$

④ 따라서 복사 쉴드 수가 N개 있을 경우, 없는 경우보다 $\left(\dfrac{1}{N+1}\right)$만큼 열유속 감소

2) 복사 쉴드의 복사차폐 효과

① 쉴드 수 1개 : 열 유속 50 %로 감소(50 % 차폐)

② 쉴드 수 9개 : 열 유속 10 %로 감소(90 % 차폐)

③ 쉴드 수 19개 : 열 유속 5 %로 감소(95 % 차폐)

3-5

원심펌프 운전 시 발생할 수 있는 공동현상, 수격작용, 맥동현상, Air Binding에 대하여 각각의 문제점과 방지대책을 설명하시오.

[풀이]

1. 공동현상

1) 개념 및 발생원인

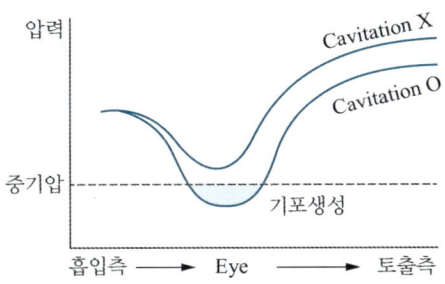

① 물의 압력이 포화증기압 이하로 내려가면 증발하여 기포가 발생

② NPSHav ≤ NPSHre
- NPSHav (유효흡입양정) : 대기압 ± 낙차 - 마찰손실 - 증기압
- NPSHre (필요흡입양정) : 펌프가 흡입을 위해 필요한 수두

$$N_s = \frac{N\sqrt{Q}}{H^{3/4}}, \quad NPSHre\,(=H) = \left(\frac{N\sqrt{Q}}{S}\right)^{\frac{4}{3}}$$

2) 문제점

① 살수밀도 저하 : 규정 방사압과 방수량 부족해 스프링클러의 살수밀도 저하
② 소음과 진동 : 발생된 기포 파괴 시, 소음 및 진동 동반
③ 양정곡선과 효율곡선의 저하
④ 깃에 대한 침식 : 기포 파괴 시, 임펠러 깃 침식 발생

3) 방지대책

(1) 펌프 내 포화증기압 이하의 부분이 발생치 않도록 조치
   NPSHav > NPSHre

(2) NPSHav 높이는 방법 (NPSHav : Ha ± Hs − Hf − Hv)
   ① 펌프 흡입양정 감소

② 흡입관의 손실수두 감소 : $\Delta H = \lambda \dfrac{L}{D} \times \dfrac{V^2}{2g}$

- 배관 길이를 짧게 함
- 관경을 크게 함
- 흡입속도 감소

③ 조도 C값이 큰 동관·스테인리스관 사용

(3) NPSHre 낮추는 방법

① 펌프의 회전수를 낮추어 흡입비속도를 적게 함

② 펌프 유량을 줄이고 양흡입 펌프를 사용

2. 수격작용

1) 개념 및 발생원인

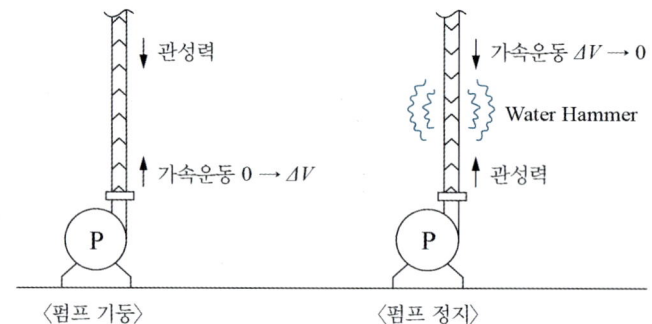

⟨펌프 기동⟩   ⟨펌프 정지⟩

(1) 뉴턴의 힘의 상호작용으로 본 수격

① $F = ma = m\dfrac{dV}{dt} = \dfrac{d}{dt}(mV)$

여기서, mV는 운동량으로 미소시간에 운동량 변화가 충격력을 발생

② 펌프의 기동, 정지 시, 밸브의 개방, 폐쇄 시 속도 및 운동량의 변화가 발생

(2) 베르누이 방정식으로 본 수격

① $\dfrac{V_1^2}{2g} + \dfrac{P_1}{\gamma} + Z_1 = \dfrac{V_2^2}{2g} + \dfrac{P_2}{\gamma} + Z_2$

② 속도차 → 압력차가 발생 → 충격력을 발생

2) 문제점

① 헤드에서의 살수밀도 저하

② 배관 파손

③ 고압 발생

④ 배관의 진동 충격음 발생

3) 방지대책

(1) 부압방지법

① 관 내 유속을 낮게 함 → 관성력 작게 함

② 펌프에 fly wheel 부착 → 급격한 속도변화 감소

③ 공기밸브 설치 → 펌프 토출라인에 공기조를 설치하여 이상 압력 상승방지

(2) 압력상승 방지법

① 릴리프밸브, 스모렌스키 체크밸브 설치

(3) 수격압력 흡수장치(water hammering) 설치

(4) 수격방지용 컨트롤밸브 설치

3. 맥동현상

1) 개념 및 발생원인

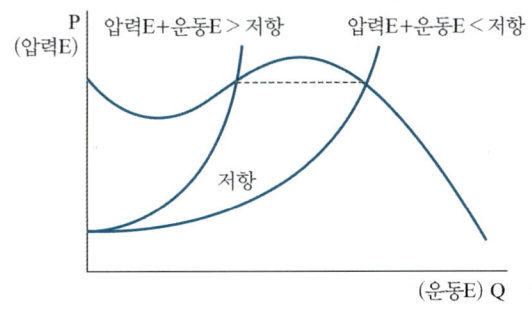

① 펌프의 H - Q 곡선이 산형곡선(우상향부가 존재)이고 산형부에서 운전 시 발생

② 우상향 성능곡선의 경우 압력에너지와 운동에너지는 비례관계가 되어 유량이 증가할 때 압력에너지를 얻어 압력에너지 + 운동에너지 > 저항의 관계

③ 에너지를 얻기 때문에 동일한 위치에너지에서 순간적으로 과부하 운전점까지 이동

④ 과부하 운전점에서는 압력에너지 + 운동에너지 < 저항이 되어 원래의 운전점으로 되돌아가게 됨

2) 문제점

① 헤드에서의 살수밀도 저하

② 송출밸브로 송출량을 조작하여 인위적으로 운전상태를 바꿀 때까지 지속

③ 흡입 및 토출 배관의 주기적인 진동과 소음을 수반

3) 방지대책

① 펌프의 H - Q곡선이 우하향 구배를 갖는 펌프를 선정(소화펌프는 발생하지 않음)
② 회전차나 안내깃의 형상치수를 바꾸어 그 특성을 우하향 펌프로 변화
③ 유량조절밸브를 펌프 토출측 직후에 설치
④ 배관 중에 수조 또는 기체 상태인 부분이 존재하지 않도록 배관

4. Air binding

1) 개념 및 발생원인

① 수원의 수위가 펌프보다 낮은 위치에 있는 원심펌프를 처음 운전할 때 펌프 속에 있는 공기에 의해 수두감소가 발생하여 수원의 물 흡입 불가능
② 공기 밀도가 작아 원심펌프가 작동하더라도 원심력 감소로 임펠러 중심에서 발생하는 부압이 물을 흡입하는데 충분하지 않음

2) 문제점

① 물을 흡입할 수 없으므로 소화설비에 급수 불가

3) 방지대책

① 펌프 기동 시, 물을 토출하기 전에 펌프 케이싱에 물올림 장치 등으로 물을 채워 공기 제거

3-6

물질의 발열량과 관련하여 다음을 설명하시오.
1) 발열량의 종류
2) 발열량 측정방법

[풀이]

1. 발열량의 종류

1) 개념

연료의 발열량이란 연료의 단위량이 완전연소할 때 발생하는 열량

2) 고위발열량(higher heating value)

① 연료의 수분 및 연소에 의해 생성된 수분의 응축열을 포함한 열량으로 열량계로 측정한 값
② 연료가 연소한 후 연소가스의 온도를 최초 온도까지 내릴 때 분리하는 열량
③ $H_h = H_L + H_S$

3) 저위 발열량(lower heating value)

① 고위 발열량에서 수증기의 응축잠열을 뺀 값
② 고체와 액체 연료의 경우 저위 발열량으로 기준하는데 고체나, 액체 연료의 경우 연료를 기화시켜 연소시키기 위하여 연료 중에 함유된 수분을 증발시켜야 하기 때문
③ 액체상태에서 기체상태로 상변화를 시키기 위해서는 수분의 증발열이 필요하게 되는데 수분의 증발열을 뺀 실제로 효용되는 연료의 발열량을 저위 발열량이라 함
④ $H_L = H_h - 600(9H + W)$

여기서, 600 : 물이 수증기로 전환하는데 필요한 잠열
(9H + W) : 발생한 수증기 양

2. 발열량 측정방법

1) 열량계에 의한 방법

(1) 봄베(Bomb) 열량계

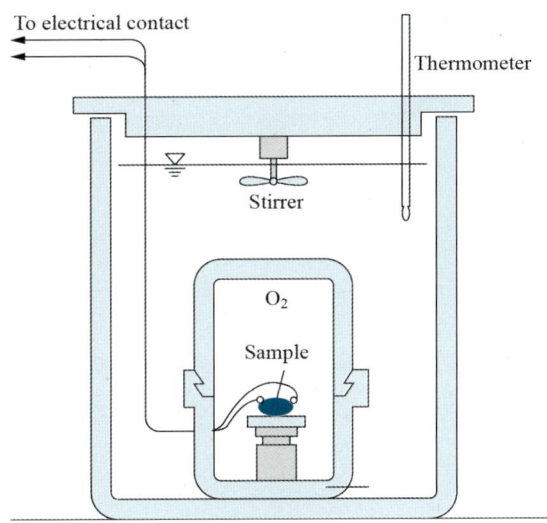

① 고체, 액체연료의 발열량 측정
② 약 1g의 시료를 용기에 넣고 전기선에 의해 순수한 산소 약 20~35기압 분위기 하에서 점화
③ 점화된 시료의 연소에 의하여 발생된 열이 봄베를 둘러싼 물로 가열
④ 물의 온도상승을 연속적으로 측정하여 이 온도 증가로부터 발열량을 계산
⑤ 이러한 과정을 거친 발열량은 고위 발열량임

(2) 윤켈스식 유수형 열량계
① 기체연료의 발열량 측정
② 약 1 L의 시료가스를 일정한 가스 압력 하에서 이것과 같은 온도의 공기와 함께 완전히 연소시켜 연소생성물을 최초의 가스 온도까지 냉각시켜, 생성된 수증기를 응축시켜, 발생한 열의 총량을 물로 흡수
③ 이때의 시료 가스량, 유수량 및 유수의 상승 온도로부터 열량을 구하고, 여기에 보정을 가하여 표준상태에 있어서의 건조가스 1 m^3의 발열량을 산출하여 kcal로 표시(고위발열량)
④ 저위발열량은, 고위발열량으로부터 응축수의 응축잠열을 감하여 산출

(3) 시그마 열량계
① 기체연료의 발열량 측정
② 2중의 동심원에 배제된 금속제의 팽창체(금속관)를 일정 조건의 가스로 가열하여 팽창시키면, 온도의 변화에 따라서 열팽창이 달라지는 원리를 이용하여 발열량 측정

2) 기타

(1) 원소분석에 의한 방법

(2) 공업분석에 의한 방법

교시 4

4-1
소방시설공사업법령에서 감리업자가 수행해야 할 업무와 공사감리 결과를 통보 시 감리결과보고서에 첨부서류 및 완공검사의 문제점에 대하여 설명하시오.

풀이

1. **감리업자가 수행해야 할 업무**

    1) 적법성
        ① 소방시설 등의 설치 계획표의 적법성 검토
        ② 피난시설 및 방화시설의 적법성 검토
        ③ 실내장식물의 불연화, 방염물품의 적법성 검토

    2) 적합성
        ① 설계도서의 적합성 검토
        ② 설계변경의 적합성 검토
        ③ 소방용 기계·기구 등의 위치 규격 및 사용자재 적합성 검토
        ④ 공사업자가 작성한 시공 상세도면 적합성 검토

    3) 지도 / 감독
        ① 소방시설 등의 시공이 설계도서와 화재안전에 적합한지에 대한 지도/감독

    4) 성능시험
        ① 완공된 소방시설 등의 성능시험(TAB)

2. **감리결과보고서의 첨부서류**

    1) 첨부서류
        ① 소방청장이 정하여 고시하는 소방시설 성능시험조사표 1부

② 착공신고 후 변경된 소방시설설계도면 1부
- 변경사항이 있는 경우에만 첨부
- 소방시설공사업법을 만족하는 설계업자가 설계한 도면을 말함
③ 소방공사 감리일지 1부
- 소방본부장 또는 소방서장에게 보고하는 경우에만 첨부
④ 특정소방대상물의 사용승인 신청서 등 사용승인 신청을 증빙할 수 있는 서류 1부

2) 보고대상 및 절차
① 감리업자가 소방공사 감리를 마쳤을 때는 소방공사감리 결과보고서(첨부서류 포함)를 공사가 완료된 날부터 7일 이내에 특정소방대상물의 관계인, 소방시설공사의 도급인 및 특정소방대상물의 공사를 감리한 건축사에게 알리고, 소방본부장 또는 소방서장에게 보고해야 함

3. 완공검사의 문제점

1) 소방감리원 인적 구성 문제
① 대부분의 상주감리현장에는 책임감리원 1명, 보조감리원 1명이 배치됨
② 감리원 2명이 소방공사 현장을 감리하면서 완공된 소방시설에 대한 성능시험을 수행해야 하므로 업무 부하로 인한 부실한 성능시험 초래 우려

2) 책임감리원의 전문성 문제
① 일반 수계소화설비(스프링클러, 옥내소화전 등)을 제외한 소화설비는 감리원으로서 접할 기회가 적음
② 특정 소방시설의 직접 경험한 감리원이 많지 않아 전문성이 없는 상태에서 완공검사를 해야 하는 경우가 발생

3) 준공검사 일정이 촉박할 경우
① 공사감리자가 배치된 경우 감리결과보고서로 완공검사를 갈음할 수 있음
② 건축물 사용승인 일정이 촉박해졌을 때, 건축주로부터 소방시설 완성 전에 감리결과보고서를 제출하여 완공검사 처리를 독촉받을 수 있음

4. 완공검사의 개선방향

1) 전문 성능시험업체의 제도화
① 소방감리원의 업무 부하와 전문성 부재로 인한 부실한 성능시험을 방지하기 위해 전문적으로 성능시험을 수행할 수 있는 업체 활용 필요

② 성능시험업체에 대한 법적인 제도화 추진 필요

2) 감리자 배치기간 연장

① 현행 감리자 배치기간은 소방시설 완공검사증명서 발급일까지로 규정
② 배치기간을 건물 사용승인일까지 연장하여 소방시설공사 완료 및 소방시설 훼손 방지

3) 주요 소방시설 완공검사 의무화

① 주요 소방시설에 대해서는 감리결과보고서로 완공검사를 갈음하지 않고, 소방서장이 실시하는 완공검사 의무화 추진

4-2

거실제연설비 제연댐퍼 제어방식을 일반적으로 4선식(전원 2, 동작 1, 확인 1)으로 설계 하는데 4선식의 문제점 및 해결 방안을 설명하시오.

풀이

1. 제연설비 계통도

1) 계통도

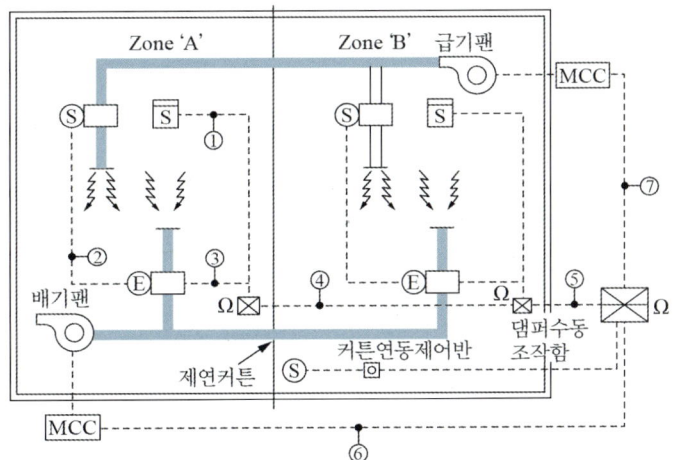

2) 배선 가닥수

기호	가닥수	배선 용도
①	4	지구선2, 공통선2
②	4	전원(+)1,전원(-)1, 기동1, 기동확인1
③	6	전원(+)1,전원(-)1, 배기기동1, 급기기동1, 배기확인1, 급기확인1
④	7	전원(+)1,전원(-)1, 배기기동1, 급기기동1, 배기확인1, 급기확인1, 지구선1
⑤	12	전원(+)1,전원(-)1, (배기기동1, 급기기동1, 배기확인1, 급기확인1, 지구선1)×2
⑥	5	기동1, 정지1, 공통1, 기동확인1, 전원표시1

3) 배선방식 및 문제점

① 전원선은 직렬로 연결, 전원(-)를 공통선으로 사용
② 전원선 단선 시 기동 및 기동확인 불가

2. 직·병렬의 신뢰도

1) 직렬시스템의 신뢰도

① 시스템의 신뢰도 $R_s(t)$는 구성부품의 신뢰도 $R_i(t)$의 곱

② $R_s(t) = R_1(t) \cdot R_2(t) \cdots R_n(t) = \prod_{i=1}^{n} R_i(t)$

2) 병렬시스템의 신뢰도

① 비신뢰도 $F_p(t)$는 각 부품의 비신뢰도 $F_i(t)$의 곱으로 표시 $F_p(t) = \prod_{i=1}^{n} F_i(t)$

② $R_p(t) = 1 - F_p(t) = 1 - \prod_{i=1}^{n} F_i(t) = 1 - \prod_{i=1}^{n}(1 - R_i(t))$ S

3) 직·병렬의 신뢰도

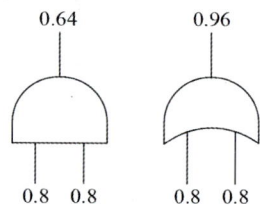

① 직렬시스템의 신뢰도는 부품이나 장비의 신뢰도보다 낮음
② 병렬시스템의 신뢰도는 부품이나 장비의 신뢰도보다 높음

③ 따라서 병렬시스템이나 loop 시스템의 경우 신뢰도가 높아짐

3. 신뢰도 관점의 해결방안

1) 전원선의 병렬화

   ① 댐퍼의 동작 전원을 1 : 多 방식보다 1 : 1의 전원공급 방식
   ② 비용은 증가하고 회선은 복잡하지만 신뢰도 상승

2) 전원선의 loop화

구분	동작	단선	지락
일반	동작	×	○
loop	동작	○	○

4-3
터널화재에서 백레이어링(Back Layering)현상과 영향인자 및 대책을 설명하시오.

풀이

1. 터널제연 방식

1) 종류

   ① 종류식 : 터널 내 공기의 흐름을 수평방향으로 강제로 흐르게 하는 방식으로 제트팬(jet fan)이 대표적임
   ② 횡류식 : 수직방향으로 외부공기와의 혼합·희석을 강제하는 방식으로 수직갱이 대표적임
   ③ 반횡류식 : 터널 내 상시 급기로 화재 시 송풍기 역회전에 의한 시간지연이 발생함

2. 제연방식의 특징

구분	횡류식	반횡류식(급기)	종류식
평상시			
화재 시			
제연 특성	• 상시 운전조건에서 제연가능 • 화재 시 우수한 제연효과	• 상시 급기에 의한 제연효과 미흡 • 송풍기 역회전에 의한 지연으로 사고 우려	• 한 방향으로 제연방향 설정 • 제연방향쪽 대규모 인명피해 우려

2. 백레이어링(back layering)

1) 개념

① 터널에서 화재가 발생하면 화재에 의하여 생성된 연기가 부력에 의하여 상승하고 터널의 천장을 만나면 터널의 길이 방향으로 전파

② 종류식 제연의 경우, 피난 방향으로 연기가 전파되지 못하도록 피난방향에서 화재 방향으로 기류를 불어 주게 되는데 이 기류를 이기고 피난방향으로 연기가 전파되는 현상을 백레이어링이라고 함

③ 임계속도 : 백레이어링이 발생하지 않는 종류식 제연풍속

$$V = K_1 K_2 \left(\frac{gH\dot{Q}}{A\rho cT} \right)^{1/3}$$

여기서, K_1 : 임계 프루드수
K_2 : 경사도 보정계수
H : 터널 높이
A : 터널 단면적

$\dot{Q}$: 열방출률
ρ : 공기밀도
c : 가스 비열
T : 가스 온도

2) 영향인자

① 화재하중 : 화재하중 및 열방출률 증가로 임계속도가 증가하므로 백레이어링 발생 가능성 증가
② 터널 높이/터널 면적 : 터널 높이/터널 면적이 증가할수록 임계속도가 증가하므로 백레이어링 발생가능성 증가
③ 연소가스 온도 : 연소가스 온도가 증가할수록 임계속도는 감소하므로 백레이어링 발생 가능성 감소
④ 터널 경사 : 경사도가 클수록 임계속도는 증가하므로 백레이어링 발생 가능성 증가

3) 대책

① 제트팬을 임계속도를 유지하도록 제어
② 임계속도는 터널의 규격이나 화재 규모 등에 의해 다르기 때문에 simulation에 의해 설계되어야 함
③ 백레이어링이 발생하지 않는 횡류식 또는 반횡류식 제연방식 적용

4-4

연기이동에 따른 영향과 관련하여 다음의 사항에 대하여 개념을 쓰고, 계산식으로 나타내어 설명하시오.
1) 연기의 성층화
2) 암흑도
3) 유효증상(FED; Fractional Effective Dose)

[풀이]

1. 연기의 성층화

1) 개념

① 화재 시 발생한 열, 연기가 부력에 의해 상승하다가 주위 공기에 의해 희석, 냉각되어

천장까지 상승하지 못하고 중간에서 정체되는 현상
② 대공간 화재 또는 훈소성 화재 시 발생

2) 발생원인

① 화재실 층고가 화재규모에 비해 너무 높을 때

② 화재 규모가 너무 작을 때

③ 수식

$$T = 25 \times \frac{\dot{Q}^{2/3}}{z^{5/3}} + 20 \ [^\circ C]$$

여기서, T : 연기온도

$\dot{Q}$: 열방출률

z : 높이

- 연기온도는 높이 증가에 따라 점차 감소
- 연기온도가 주위온도와 동일할 경우 밀도차가 없어 부력 상실, 성층화 발생

3) 문제점

① 천장에 부착된 감지기 동작 지연

② 스프링클러헤드 감열 지연에 따른 초기소화 실패

4) 대책 (NFPA 92 기준)

① 연기층 감지를 위해서 상방향으로 광전식 분리형 감지기 설치

② 연기층 감지를 위해 다른 높이로 다수의 광전식 분리형 감지기를 수평으로 설치

③ 플룸 감지를 위한 광전식 분리형 감지기를 수평으로 설치

2. 암흑도

1) 개념

① 투과율 : 입사한 빛이 물질을 투과하는 비율

$$I = I_0 \, e^{-C_s L}, \quad \frac{I}{I_0} = e^{-C_s L}, \quad T = e^{-C_s L}$$

여기서, $T = \left(\dfrac{I}{I_0}\right)$: 투과율

C_s : 감광계수(연기밀도)

L : 투과거리

② 암흑도(감광률) : 입사한 빛이 투과하지 못하고 물질에 흡수되는 비율

$$O = (1-T) = 1 - e^{-C_s L}$$

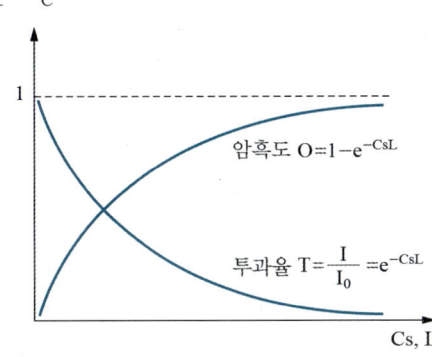

2) 암흑도 영향요소

① 연기밀도가 높을수록, 거리가 길수록 암흑도는 증가(투과율은 감소)

② 연기밀도가 낮을수록, 거리가 짧을수록 암흑도는 감소(투과율은 증가)

3. 유효증상(fractional effective dose)

1) 개념

① 유효복용분량으로 단기간 C_t 복용량을 해당 독성효과가 있는 C_t 복용량으로 나눈 값

$$FED = \frac{일정농도(C)를\ 시간(t)\ 동안\ 흡입한\ 양}{독성감응을\ 나타내거나\ 치사하는데\ 유효한\ 분량(C_t)}$$

② 연소 시 발생하는 가스의 농도를 측정하고 각 가스의 치사농도로 나눈 비율들을 더하여 구하는 것으로 동물실험을 하지 않고서도 연소가스의 유해성을 평가 가능

2) 적용

① 위험을 정량화하여 독성평가 및 피난안전성 평가에 활용

② LC_{50} 값을 예측할 수 있으며, 국내의 연소가스 유해성 시험의 마우스 행동정지시간을 대체할 수 있음

4-5

스프링클러설비, 물분무설비, 미분무설비의 특징을 설명하고, 주된 소화효과 및 적응성을 비교하여 설명하시오.

[풀이]

1. 수계 설비

1) 스프링클러설비
① 스프링클러는 감지와 소화를 동시에 수행하는 설비
② 감지 : 발화에서 flashover 전단계까지 열전달에 따른 온도변화를 정확히 감지
③ 소화 : fire plume을 지나 burning material을 적시는 냉각작용
④ A급 화재 적응성

2) 물분무소화설비
① 물분무설비는 물을 미리 정해놓은 형식, 입도, 속도와 밀도로 특별히 설계된 노즐에서 방사하는 것
② SP의 물입자보다 크기가 작은 물입자에 운동량을 주어서 화원에 침투시켜 소화
③ 대상물에 입체적으로 분사하여 그 표면을 보호
④ A, B, C급 화재 적응성

3) 미분무소화설비
① 가압된 물이 헤드 통과 후 미세한 입자로 분무됨으로써 소화성능을 갖는 설비
② 방출되는 물입자 중 99 %의 누적체적분포가 400 μm 이하로 분무
③ A, B, C급 화재에 적응성

2. 소화설비별 특성

구분		스프링클러설비	물분무설비	미분무설비
소화 특성		① 화재감지특성 • 반응시간지수(RTI)와 전도열전달계수(C) ② 방사특성 • 화재진압, 화재제어 • 조기진압조건 : 빠른 감도특성, ADD > RDD 필요	방사특성 • 용도별 물방울 입자와 살수밀도 • 방사모멘텀으로 냉각효과/산소희석/복사열 차단효과	방사특성 • 용도별 물방울 입자와 살수 밀도 • 방사 모멘텀으로 냉각효과/산소희석/복사열 차단효과
주된 소화효과		표면냉각	기상냉각 + 질식	질식효과 + 기상냉각
소화 시스템		국소방출방식	국소/전역방출방식	국소/전역방출방식

3. 소화설비별 소화효과

스프링클러설비	물분무설비	미분무설비
1) 표면냉각효과 ① 물의 현열을 이용 냉각하고 작은 물방울은 화염/주변 가연물/천장구조체를 물의 증발잠열을 이용 냉각, 그 결과 열분해율/연소속도/열방출률을 급격히 감소시키거나 완만하게 감소시켜 소화 ② 고강도 화재의 경우 화염 전파속도가 매우 크기 때문에 화세진압을 통해 소화가 이뤄져야 한다 2) 질식/희석/복사열차단효과	1) 기상냉각 + 질식효과 ① 미립화된 소화수가 기화잠열을 이용 ceilling jet flow냉각 ② 미립화된 소화수에 의한 질식소화 2) 희석효과(산소치환) ① 작은 물방울들은 큰 비표면적에 의해 fire plume으로부터 용이하게 증발하여 수증기가 되고 급격한 체적 팽창으로 산소농도를 희석하여 화재규모를 축소 3) 복사열차단 $\Phi = 1 - e^{-c_s l}$ 이용 복사열차단	1) 질식효과 + 기상냉각 ① 입경 $400\,\mu m$ 이하의 미립화된 소화수에 의한 질식소화 ② 따라서 가스계시스템과 같이 개구부가 매우 중요하다. 2) 희석효과(산소치환) ① 작은 물방울들은 큰 비표면적에 의해 fire plume으로부터 용이하게 증발하여 수증기가 되고 급격한 체적 팽창으로 산소농도를 희석하여 화세규모를 축소 3) 복사열차단 $\Phi = 1 - e^{-c_s l}$ 이용 복사열차단

4. 소화설비별 적응성

구분	스프링클러설비	물분무설비	미분무설비
적응성	A급 화재	① 가연성액체 화재 ② 옥외변압기 화재 ③ 구형 LPG탱크 화재 ④ 위험물 탱크 복사열차단 ⑤ A, B, C급 화재	① 선박기계실, 선실, 터빈실 화재 ② 전기용품 화재 ③ 비행기용 등 운송수단 화재 ④ A, B, C급 화재

4-6

훈소(Smoldering Combustion)와 표면연소(Surface Combustion)을 비교하고, 훈소의 화염전환과 축열조건에 대하여 설명하시오.

풀이

1. 작열연소의 방향별 진행속도

① 작열연소의 화학반응은 가연물의 표면에서 반응하여 축열이 용이한 심부로 진행
② 표면에서의 확산은 예열이외에 대기에 의해 열손실이 있기 때문에 표면의 확산보다 열축

적이 용이한 심부로의 진행속도가 빠름
③ 작열연소의 연소열은 매우 작아 가연물을 수직, 수평, 거꾸로 놓아도 속도의 차이가 없으며 발화지점에서 입체적인 동심원을 이루며 진행
④ 훈소가 용이한 가연물은 다공성, 산소의 공급율, 화합물의 산소 조성비 등에 의해 결정되며 확산속도는 0.001~0.01 cm/s 또는 1~5 mm/min

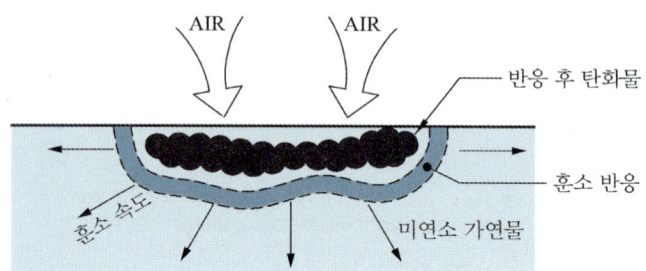

2. 표면연소와 훈소의 차이

구분	작열연소(glowing combustion)	
	표면연소(surface combustion)	훈소(smoldering combustion)
연소의 형태	작열연소(불꽃 ×)	작열연소(불꽃 ×)
화학반응	표면반응	표면반응
불꽃연소 가능성	발생하지 않음	조건에 따라 발생
소훼[燒燬]형태	심부화재(연소)	심부화재(연소)
가연성 증기 발생	×	○
발생원인	가연성증기가 발생하지 않을 경우	온도가 낮거나 산소 부족
연기	발생하지 않음	많이 발생
가연물	코크스, 목탄 등 가연성 증기 발생하지 않는 가연물	나무, 종이 등 셀룰로오스가 포함된 물질

3. 훈소의 화염전환과 축열조건

1) 화염전환

① 훈소는 산소농도와 온도조건에 따라 화염연소로 전환 가능
② 축열조건은 열발생속도가 열방산속도보다 클 경우 열이 축적되며 화염연소로 전환

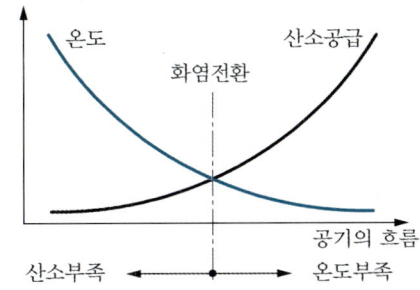

2) 축열 영향인자

① 물질의 열전도율 : 낮을수록 유리
② 습도 및 가연물의 함수율 : 높을수록 시간과 열량이 소비되므로 전환 저해요소
③ 공기의 흐름 : 공기의 흐름이 과도할 경우 열이 냉각되기 때문에 불리
④ 보온성 : 보온효과는 화장지나 의류 같은 다공질 또는 여러 층을 가지는 물질이 유리

제129회 소방기술사

1교시

1. 옥내소화전설비 노즐 선단에서 피토게이지 (pitot gage)를 이용하여 측정한 압력을 p라 할 때, 유량계산식을 유도하시오.

2. 화재성장속도에서 다음 사항을 설명하시오.
   1) 1972년 Heskestad가 제안한 열발생률(Heat Release Rate, HRR)식
   2) 화재성장속도별 4단계 구분과 대표적인 품목

3. 화재하중(Fire Load), 화재가혹도(Fire Severity)의 정의와 차이점에 대하여 설명하시오

4. 국가화재안전기준이 「화재안전기술기준」과 「화재안전성능기준」으로 이원화되었다. 그 취지에 대하여 설명하시오.

5. 기계식 주차타워의 화재안전성 강화를 위한 소방시설 등에 대하여 설명하시오.

6. 공기의 체적유량을 측정하기 위한 노즐이다. 공기의 체적유량을 구하는 공식을 유도하고 아래의 조건에 따른 체적유량을 구하시오.

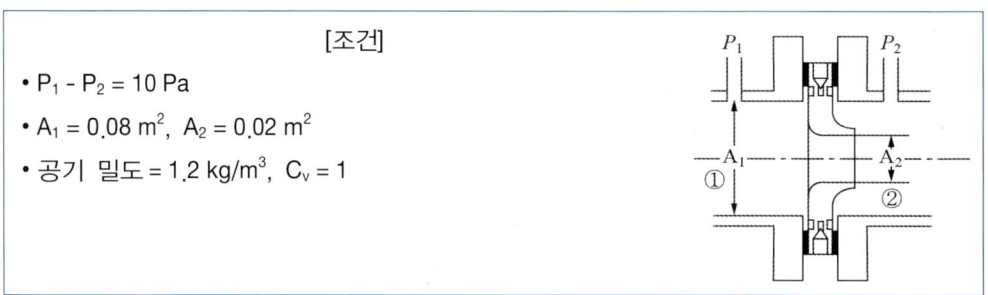

[조건]
- $P_1 - P_2 = 10$ Pa
- $A_1 = 0.08$ m^2, $A_2 = 0.02$ m^2
- 공기 밀도 = 1.2 kg/m^3, $C_v = 1$

7. 유류 저유소에 화재가 발생하였다. 다음 조건에 따른 액면강하속도 및 연소지속시간을 구하시오.

[조건]
- 저장유류 : 등유, 등유의 단위면적당 질량감소속도 : 0.039 kg/s·m^2
- 등유 밀도 : 820 kg/m^3, 저장량 : 15 m^3, 풀(pool)직경 : 5.5 m

8. 다음 조건에 따른 스프링클러 헤드의 RTI 값을 구하고, 해당 헤드가 공동주택의 거실에 설치 가능 여부를 판단하시오.

   [조건]
   - 평균 작동온도 72 ℃, 주위온도 20 ℃, 열기류온도 141 ℃
   - 열기류 속도 1.85 m/s, 헤드 작동시간 40초

9. 소방용품의 형식승인과 성능인증의 개념과 형식승인 절차에 대하여 설명하시오.

10. 「배연설비의 검사표준 (KS F 2815)」에서 요구하는 방화댐퍼의 기준과 「건축물의 피난·방화구조 등의 기준에 관한 규칙」에서 요구하는 방화댐퍼의 기준에 대하여 각각 설명하시오.

11. 요양병원에 적응성을 갖는 층별 피난기구의 종류를 쓰고 구조대를 선정할 경우 주의사항을 설명하시오.

12. 랭킨-휴고니어(Rankin-Hugoniot)곡선에 대하여 설명하시오.

13. 다음 사항을 설명하시오.
    1) 소방관진입창에 설치되는 유리의 종류
    2) 아파트 구조변경시 설치되는 방화유리창의 구조

2 교시

※ 다음 문제 중 4문제를 선택하여 설명하시오. (각 25점)

1. 구획화재의 화재성장 중 최성기 화재(Fully-Developed Fire)에서 나타나는 다음 사항에 대하여 설명하시오.
   1) 연소속도, 화재온도, 화재계속시간
   2) 개구부의 화염분출 형상, 상층부 연소확대 방지대책

2. 승강식피난기의 특징, 설치기준과 「승강식피난기의 성능인증 및 제품검사의 기술기준」에서 정하는 승·하강 속도시험기준을 설명하시오.

3. 일반건축물 화재 시 발생하는 Roll Over현상과 LNG 저장탱크에서 발생하는 Roll Over현상에 대하여 각각 설명하시오.

4. 공사현장에서의 용접·용단 작업 시 다음 사항에 대하여 설명하시오.
   1) 비산불티의 특성 및 비산거리 영향요인

2) 용접·용단 작업 시 화재 및 폭발의 주요발생원인과 대책

5. 에너지저장장치(ESS, Energy Storage System)를 의무적으로 설치해야 하는 대상, ESS 설비의 구성,「전기저장시설의 화재안전성능기준」에서 규정하고 있는 배터리용 소화장치에 대하여 설명하시오.

6. 다음 사항에 대하여 설명하시오.
   1) 푸리에(Fourier)의 열전도법칙, 뉴턴(Newton)의 냉각법칙
   2) 기체분자운동론의 가정 5가지, 그레이엄(Graham)의 확산법칙

3 교시

※ 문제 중 4문제를 선택하여 설명하시오. (각 25점)

1. 도로터널에 관한 다음 사항을 설명하시오.
   1) 방재능급별 기준 및 방재시설의 종류
   2) 터널화재에서의 백레이어링(Back Layering) 현상과 예방대책

2. 원형관에서 유체의 유동으로 발생하는 손실(loss in pipe flow)에 관한 다음 사항을 설명하시오.
   1) 달시-바이스바하(Darcy-Weisbach) 식
   2) 하젠-윌리엄스(Hazen-Williams) 실험식
   3) 돌연 확대·축소관에서의 손실수두식

3. 위험물안전관리법」에서 규정하는 인화성액체에 관한 다음 사항을 설명하시오.
   1) 인화점 시험방법 및 인화점 측정시험 방법 3가지
   2) 제4류 위험물의 위험등급 분류 및 다른 유별 위험물과의 혼재가능 여부

4. 층고가 낮은 지하주차장에 장방형 금속제 제연덕트를 설치할 경우 단면형상과 시공방법에 대하여 설명하시오.

5. 초고층건축물에서 고가수조방식의 가압송수장치를 적용할 경우, 저층부의 과압 발생문제를 해결할 수 있는 방안을 제시하시오.

6. 스프링클러설비의 화재안전성능기준에서 공동주택의 스프링클러헤드 수평거리 3.2 m 이하를「스프링클러헤드의 형식승인 및 제품검사의 기술기준」의 유효반경으로 적용하도록 규정하고 있다. 수평거리 3.2 m를 적용한 경우와 2.6 m를 적용한 경우의 살수밀도를 계산하고, NFPA에서 규정하는 등급을 고려하여 적정성 여부를 설명하시오.

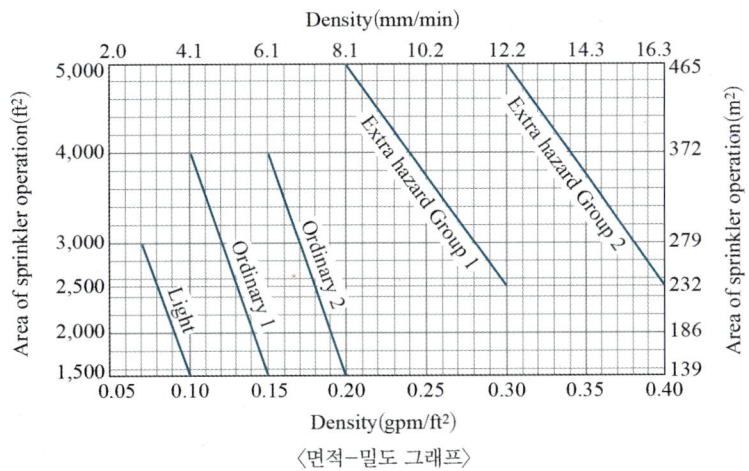

〈면적-밀도 그래프〉

4교시

※ 다음 문제 중 4문제를 선택하여 설명하시오. (각 25점)

1. 전기자동차 화재와 관련하여 다음 사항을 설명하시오.
   1) 리튬이온 배터리의 열폭주 현상 및 발생요인
   2) 지하 주차구역(충전장소)의 화재대응대책

2. 주거용 주방자동소화장치에 대한 다음 사항을 설명하시오.
   1) 주거용 주방자동소화장치의 종류, 주요구성요소, 작동메카니즘
   2) 「주거용자동소화장치의 형식승인 및 제품검사의 기술기준」에서 규정하는 소화성능 시험기준

3. 건축관련법에서 규정하는 다음 사항을 설명하시오.
   1) 건축물의 경사지붕 아래에 설치하는 '대피공간'의 설치대상 및 설치기준
   2) 공동주택 중 아파트 '대피공간'의 설치대상, 설치기준 및 면제기준

4. 수조가 펌프보다 낮게 설치된 경우, 펌프 흡입측 배관의 구성 및 설치 시 유의사항에 대하여 설명하시오.

5. NFPA 11(포소화설비)에서 포소화설비가 적절하게 설치되었는가를 판단하기 위해 필요한 인수시험(세정포함), 압력시험, 작동시험, 방출시험 절차에 대하여 설명하시오.

6. 소방시설 비상전원에 대하여 다음 사항을 설명하시오.
   1) 비상전원의 정의

2) 비상전원설비가 갖추어야 할 기준
3) 다음 소방시설에 관한 사항
  가. 옥내소화전설비의 비상전원 설치대상 및 종류
  나. 유도등, 제연설비 및 고층건축물 스프링클러설비의 비상전원 종류 및 용량

교시 1

1-1
옥내소화전설비 노즐 선단에서 피토게이지 (pitot gage)를 이용하여 측정한 압력을 p 라 할 때, 유량계산식을 유도하시오.

풀이

1. Q = AV 유도

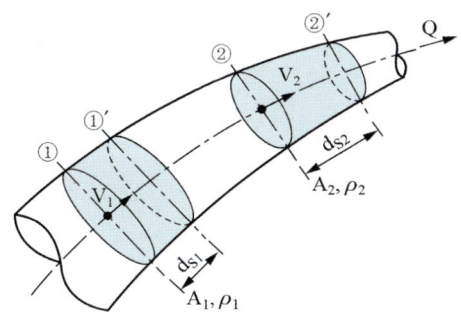

① 단면 1,2에 질량보존의 법칙을 적용하면 $\rho_1 A_1 ds_1 = \rho_2 A_2 ds_2$
② 양변을 시간 dt로 나누면

$$\rho_1 A_1 \frac{ds_1}{dt} = \rho_2 A_2 \frac{ds_2}{dt}$$

여기서, $\frac{ds_1}{dt} = V_1$, $\frac{ds_2}{dt} = V_2$ 이므로, $\rho_1 A_1 V_1 = \rho_2 A_2 V_2$

③ 비압축성 유체이면 $\rho = \rho_1 = \rho_2$
④ $Q = A_1 V_1 = C$

2. 유량계산식 유도

   1) 연속방정식

   $$Q = AV$$

여기서, $A\,(m^2) = \dfrac{\pi d^2}{4}$

$V = \sqrt{2gh} = \sqrt{2 \times 9.8 \times 10p} = 14\sqrt{p}$ (토리첼리 정리)

$Q = \dfrac{\pi d^2}{4} \times 14\sqrt{p}$

2) 단위변환

① $Q\,(m^3/s)$를 $Q'\,(lpm)$로 단위변환 → $\dfrac{Q}{1} = \dfrac{Q'}{X}$ 여기서 X를 구하면

$$\dfrac{m^3}{s} \left| \dfrac{1{,}000\,L}{1\,m^3} \right| \dfrac{60\,s}{1\,min}$$

$X = 1{,}000 \times 60$

② $d\,(m)$를 $d'\,(mm)$로 단위변환 → $\dfrac{d}{1} = \dfrac{d'}{X}$ 여기서 X를 구하면

$$m \left| \dfrac{1{,}000\,mm}{1\,m} \right.$$

$X = 1{,}000$

③ $\dfrac{Q'}{1{,}000 \times 60} = \dfrac{\pi}{4} \times \dfrac{d^2}{1{,}000^2} \times 14\sqrt{p} = 0.6597\,d^2\sqrt{p}$

④ 옥내소화전 방출계수 c 적용

$$Q' = 0.6597 \times c \times d^2 \sqrt{p}$$

여기서, $c = 0.99$

$p\,(kg_f/cm^2) \fallingdotseq 10p\,(MPa)$라 하면

$\therefore\ Q' = 0.653\,d^2\sqrt{10p}$

1-2

화재성장속도에서 다음 사항을 설명하시오.
1) 1972년 Heskestad가 제안한 열발생률(Heat Release Rate, HRR)식
2) 화재성장속도별 4단계 구분과 대표적인 품목

1. 열 발생률

1) 개념

열방출속도($\dot{Q}$: heat release rate)로 화재성장속도를 의미

2) 식

$$\dot{Q} = \alpha t^2$$

여기서, $\dot{Q}$: 열방출속도[kW]

α : 화재성장속도($1,055/t^2$)

t : 화재발생 후 1,055 kW에 도달하는 데 걸리는 시간

① α는 화재성장의 기울기를 말하며 연소속도인 재료의 분해·증발률에 따라 달라진다. 분해·증발률이 빠르면 기울기는 급경사를 이루고, 분해·증발률이 느리면 기울기는 완만해짐을 알 수 있다.

② t^2화재는 단위면적당 열방출열량이 화재반경을 가지고 원으로 퍼져가는 것으로 연소 표면적인 연소공간이 화재반경의 제곱으로 증가함을 보여준다.

2. 화재성장속도별 구분과 품목

① 열방출률이 1,055 kW에 도달하는 시간을 기준으로 ultrafast (75 s), fast (150 s), medium (300 s), slow (600 s)로 나뉜다.

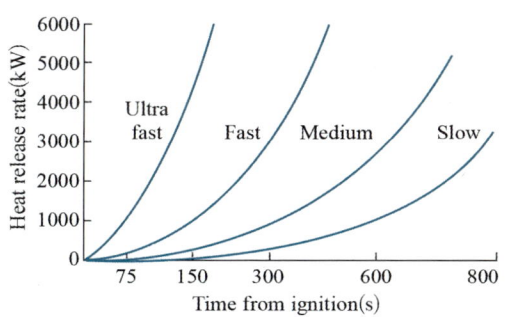

② ultrafast는 석유류 화재, 얇은 합판 옷장, 천을 씌운 가구 등의 화재의 경우 나타나며 석유류 방화의 경우도 해당된다.

③ fast는 5 ft, 나무 팰릿, 플라스틱 폼, 얇은 두께의 목재류 등 화재의 경우 나타난다.

④ medium은 폴리에스테르 포함한 매트리스, 두꺼운 목재류 등의 화재에 해당되며

⑤ slow는 종이제품, 솜이 든 단단한 꾸러미, 단단한 목재 캐비닛 등의 훈소성 화재의 경우가 해당된다.

1-3
화재하중(Fire Load), 화재가혹도(Fire Severity)의 정의와 차이점에 대하여 설명하시오.

풀이

1. 화재하중(fire load)
① 가연물을 목재의 발열량으로 환산하여 사용하는 개념
② 구획 내 바닥면적에 대한 등가 가연물량의 값은 화재성상을 파악하는 기본요소
③ 화재하중 산정

$$\text{화재하중 } q = \frac{\sum G_i H_i}{HA} = \frac{\sum Q}{4500A}$$

여기서, q : 화재하중[kg/m²]
G_i : 가연물의 양[kg]
H_i : 가연물 단위중량당 발열량[kcal/kg]
H : 목재의 단위중량당 발열량[4,500 kcal/kg]
A : 화재실의 바닥면적[m²]
$\sum Q$: 화재실 내 가연물의 전발열량[kcal]

2. 화재가혹도(fire severity)
① 화재가혹도란 최고온도 × 지속시간을 말한다.
② 최고온도는 연소열, 비표면적, 공기 공급, 벽체의 단열성에 의해 결정된 반면, 지속시간은 화재하중과 관련이 있다.
③ 최성기의 화재지속시간[min] = 실내 전 가연물의 양[kg] ÷ 연소속도[kg/min]를 의미한다. 따라서 화재하중을 줄이면 지속시간이 줄어들고 화재가혹도 크기가 작아진다.

3. 차이점

	화재하중	화재가혹도
정의	단위면적당 목재로 환산한 중량	화재 시 피해를 입히는 정도
식	$q = \dfrac{\sum G_i H_i}{HA} = \dfrac{\sum Q}{4500A}$	최고온도 × 지속시간
차이점	화재실의 단위면적당 가연물의 발열량	화재의 크기

1-4

국가화재안전기준이 「화재안전기술기준」과 「화재안전성능기준」으로 이원화되었다. 그 취지에 대하여 설명하시오.

[풀이]

1. 기존 화재안전기준의 문제점

1) 신속성 결여
   ① 기술적 사항이 고시로 운영되는 경직성으로 제·개정 시 절차가 복잡
   ② 규제심사 등의 장기간 소요로 인해 신기술·제품의 신속한 반영 곤란

2) 전문성 한계
   ① 전문적 기술기준이 담당 소방공무원의 개인역량에 의존
   ② 소방공무원의 인사이동으로 기술변화에 적시 대응할 수 있는 전문성 유지 한계

2. 화재안전기준의 정의(소방시설 설치 및 관리를 위한 기준)

① 성능기준 : 화재안전 확보를 위하여 재료, 공간 및 설비 등에 요구되는 안전성능으로서 소방청장이 고시로 정하는 기준
② 기술기준 : 성능기준을 충족하는 상세한 규격, 특정한 수치 및 시험방법 등에 관한 기준으로서 행정안전부령으로 정하는 절차에 따라 소방청장의 승인을 받은 기준

3. 화재안전성능기준과 화재안전기술기준의 차이

	화재안전성능기준	화재안전기술기준
약칭	NFPC (National Fire Performance Codes)	NFTC (National Fire Technical Codes)
운영방법	고시(개정)	공고(제정)
내용	소방시설이 갖추어야 할 재료·공간·설비 등에 요구되는 중요 안전성능으로 기술변화에도 반드시 유지될 필요가 있는 기준	성능을 구현하기 위한 특정수치 및 사양, 설치·시험방법 등 기술환경 변화에 따라 적시에 개정하여야 할 기준

1-5
기계식 주차타워의 화재안전성 강화를 위한 소방시설 등에 대하여 설명하시오.

[풀이]

1. 기계식 주차타워의 특징
① 수직관통부에 의한 연돌효과로 화재확대 우려 큼
② 차량 내부 다량의 연료 존재
③ 전기차의 경우 리튬이온배터리의 열폭주 현상 발생
④ 주차타워 건물 외벽의 가연성 자재 사용
⑤ 소방대 거점확보 및 소방대 체력 우려
⑥ 소화용수 확보의 어려움

2. 화재안전성 강화를 위한 소방시설 등

1) 소방시설
① 불꽃감지기로 화재 감지
② 물분무소화설비 사용
③ 호스릴포소화설비, 포소화전설비, 포워터스프링클러설비, 포헤드설비 사용
④ 연소확대방지용 옥외스프링클러설비
⑤ 최상부 배연설비 설치

2) 방화시설
① 주차타워 외벽 1면에 화재진압용 개구부 설치
② 일정구역 방화구획
③ 마감재의 불연화
④ CCTV 활용

1-6

공기의 체적유량을 측정하기 위한 노즐이다. 공기의 체적유량을 구하는 공식을 유도하고 아래의 조건에 따른 체적유량을 구하시오.

[조건]
- $P_1 - P_2 = 10\ Pa$
- $A_1 = 0.08\ m^2$, $A_2 = 0.02\ m^2$
- 공기 밀도 = $1.2\ kg/m^3$, $C_v = 1$

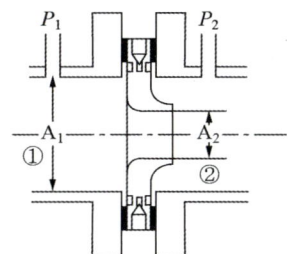

> 풀이

1. 체적유량 공식 유도

1) 베르누이 방정식

$$\frac{V_1^2}{2g} + \frac{P_1}{\gamma_2} + Z_1 = \frac{V_2^2}{2g} + \frac{P_2}{\gamma_2} + Z_2$$

$Z_1 = Z_2$ 이면

$$V_2^2 - V_1^2 = 2g\frac{P_1 - P_2}{\gamma_2} \quad \cdots \text{①}$$

2) 연속방정식

$$A_1 V_1 = A_2 V_2, \quad V_1 = \left(\frac{A_2}{A_1}\right) V_2 \quad \cdots \text{②}$$

①식에 ②식 대입

$$\left[1 - \left(\frac{A_2}{A_1}\right)^2\right] V_2^2 = 2g \frac{P_1 - P_2}{\gamma_2}$$

$$V_2^2 = \frac{1}{1 - \left(\frac{A_2}{A_1}\right)^2} \, 2g \frac{P_1 - P_2}{\rho g}$$

양변에 제곱근 하면

$$V_2 = \frac{1}{\sqrt{1-\left(\frac{A_2}{A_1}\right)^2}} \sqrt{2\frac{P_1-P_2}{\rho}}$$

3) 체적유량

$$Q = C_v \frac{A_2}{\sqrt{1-\left(\frac{A_2}{A_1}\right)^2}} \sqrt{2\frac{P_1-P_2}{\rho}}$$

2. 체적유량

$$Q = 1 \times \frac{0.02}{\sqrt{1-\left(\frac{0.02}{0.08}\right)^2}} \times \sqrt{2\frac{10}{1.2}} = 0.0843 \text{ m}^3/\text{s}$$

1-7

유류 저유소에 화재가 발생하였다. 다음 조건에 따른 액면강하속도 및 연소지속시간을 구하시오.

[조건]
- 저장유류 : 등유, 등유의 단위면적당 질량감소속도 : 0.039 kg/s·m²
- 등유 밀도 : 820 kg/m³, 저장량 : 15 m³, 풀(pool)직경 : 5.5 m

풀이

1. 액면강하속도

   1) 식

   $$\dot{m}'' = \dot{y} \times \rho$$

   여기서, $\dot{m}''$: 질량감소속도 [kg/s·m²]
   $\dot{y}$: 액면강하속도 [m/s]
   ρ : 밀도 [kg/m³]

2) 계산

$$\dot{y} = \frac{\dot{m}''}{\rho} = \frac{0.039}{820} = 4.756 \times 10^{-5} \text{ m/s}$$

2. 연소지속시간

1) 식

$$t = \frac{h}{\dot{y}}$$

여기서, t : 연소지속시간 [s]
　　　　h : 액체가연물 깊이 [m], (h = V/A)
　　　　$\dot{y}$: 액면강하속도 [m/s]

2) 계산

$$t = \frac{h}{\dot{y}} = \frac{15/\left(\frac{\pi}{4} \times 5.5^2\right)}{4.756 \times 10^{-5}} = 13,274.99 \text{ s}$$

1-8

다음 조건에 따른 스프링클러 헤드의 RT1 값을 구하고, 해당 헤드가 공동주택의 거실에 설치 가능 여부를 판단하시오.

[조건]
• 평균 작동온도 72 ℃, 주위온도 20 ℃, 열기류온도 141 ℃
• 열기류 속도 1.85 m/s, 헤드 작동시간 40초

[풀이]

1. 반응시간지수(RTI, response time index)

① 스프링클러 작동에 필요한 열을 주위로부터 얼마나 빠른 시간에 흡수할 수 있는지를 나타내는 특성치로 가열공기의 온도와 속도에 의해 결정된다.

② 수식
$$RTI = \tau\sqrt{U}\,[\sqrt{m \cdot s}\,]$$
③ ISO 기준에 따른 스프링클러의 감도 범위

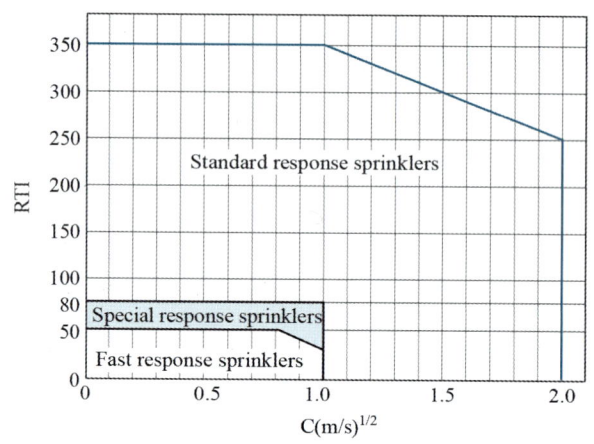

- 조기반응형 스프링클러(fast response sprinkler)
  RTI : 50 $\sqrt{m \cdot s}$ 미만 열전도계수 : 1 $\sqrt{m/s}$ 이하
- 특별반응형 스프링클러(special response sprinkler)
  RTI : 50~80 $\sqrt{m \cdot s}$ 열전도계수 : 1 $\sqrt{m/s}$ 이하
- 표준반응형 스프링클러(standard response sprinkler)
  RTI : 80~350 $\sqrt{m \cdot s}$ 열전도계수 : 2 $\sqrt{m/s}$ 이하

2. 공동주택 설치가능 여부

1) 계산
$$RTI = \frac{t_{op}\sqrt{U}}{\ln\left(\dfrac{T_g - T_\infty}{T_g - T_{op}}\right)} = \frac{40 \times \sqrt{1.85}}{\ln\left(\dfrac{141-20}{141-72}\right)} = 96.86\ \sqrt{m/s}$$

2) 조기반응형 스프링클러헤드 설치장소
   ① 공동주택·노유자시설의 거실
   ② 오피스텔·숙박시설의 침실, 병원의 입원실

3) RTI가 96.86 $\sqrt{m/s}$ 으로 표준형헤드에 해당하므로 설치 불가

1-9
소방용품의 형식승인과 성능인증의 개념과 형식승인 절차에 대하여 설명하시오.

풀이

1. 개념

	형식승인	성능인증
개념	• 대통령령이 정한 소방용품	• 형식승인 외의 소방용품(39)
법률	• 소방시설 설치 및 관리에 관한 법률에 의한 강제검사 대상	• 소방시설 설치 및 관리에 관한 법률에 의한 임의검사 대상
시험기준	• 소방청 고시 • 형식승인 및 제품검사의 기술기준	• 소방청 고시 • 성능인증 및 제품검사의 기술기준
판매	• 형식승인 → 제품검사 → 판매	• 성능인증 → 제품검사 → 판매
검사기관	• 소방청 위탁 • 소방산업기술원, 기타 전문기관	• 소방청 위탁 • 소방산업기술원, 기타 전문기관

2. 형식승인 절차

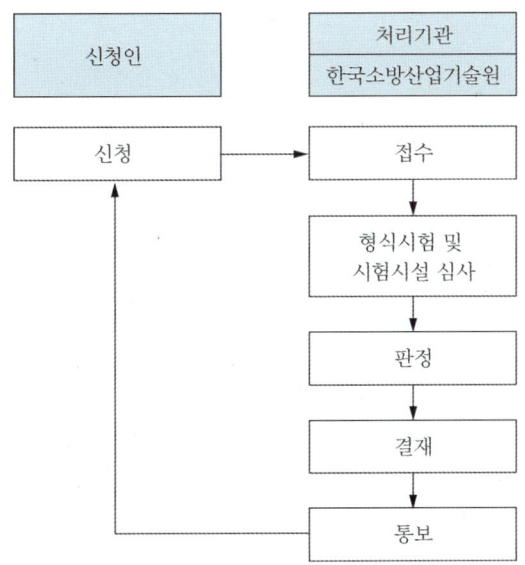

1-10

「배연설비의 검사표준 (KS F 2815)」에서 요구하는 방화댐퍼의 기준과 「건축물의 피난·방화구조 등의 기준에 관한 규칙」에서 요구하는 방화댐퍼의 기준에 대하여 각각 설명하시오.

[풀이]

1. KS F 2815 배연설비 검사표준

구분	기준
재질	1.5 mm 이상의 철판
미끄럼부	열팽창, 녹, 먼지 등에 의해 작동에 저해 받지 않는 구조
틈새	방재상 유해한 진동이나 간격이 생기지 않는 구조
누출량	20 ℃에서 2 kg_f/m^2의 압력으로 5 m^3/min 이하
부착 방법	구조체에 견고하게 부착, 화재 시 덕트가 탈락, 낙하시 손상되지 않을 것
구조	배연기의 압력에 의해 방재상 해로운 진동 및 간격이 생기지 않는 구조
검사구, 점검구	적정한 위치

2. 건축물의 피난·방화구조 등의 기준에 관한 규칙

1) 기준

구분	기준
작동	연기, 불꽃을 감지하여 자동으로 닫히는 구조(주방 등 : 온도)
성능	국토교통부 장관이 고시하는 비차열 성능 및 방연성능
반도체공장 건축물	방화구획을 관통하는 풍도의 주위에 SP를 설치시 제외

2) 건축자재등 품질인정 및 관리기준

구분	기준
미끄럼부	열팽창, 녹, 먼지 등에 의해 작동이 저해 받지 않는 구조
검사구·점검구	주기적인 작동상태, 점검, 청소 및 수리 등 유지·관리를 위하여 방화댐퍼에 인접하여 설치
부착 방법	구조체에 견고하게 부착시키는 공법으로 화재 시 덕트가 탈락, 낙하해도 손상되지 않을 것
구조	배연기의 압력에 의해 방재상 해로운 진동 및 간격이 생기지 않는 구조

1-11
요양병원에 적응성을 갖는 층별 피난기구의 종류를 쓰고 구조대를 선정할 경우 주의사항을 설명하시오.

풀이

1. 요양병원에 적응성을 갖는 층별 피난기구의 종류

1) 특정소방대상물의 의료시설

① 병원 : 종합병원, 병원, 치과병원, 한방병원, 요양병원
② 격리병원 : 전염병원, 마약진료소, 그 밖에 이와 비슷한 것
③ 정신의료기관
④ 「장애인복지법」에 따른 장애인 의료재활시설

2) 요양병원의 피난기구

구분	3층	4층 이상 10층 이하
의료시설	미끄럼대 구조대 피난교 피난용트랩 다수인피난장비 승강식피난기	구조대 피난교 피난용트랩 다수인피난장비 승강식피난기

2. 구조대를 선정할 경우 주의사항

① 구조대의 길이는 피난 상 지장이 없고 안정한 강하속도를 유지할 수 있는 길이로 할 것
② 공간이 확보된 경우는 수직강하식 구조대보다 경사강하식 구조대의 선정
③ 구조대의 경우 노약자에게 피난수단으로써 적정치 않으므로 승강식피난기 등으로 피난기구 설치

1-12
랭킨-휴고니어(Rankin-Hugoniot)곡선에 대하여 설명하시오.

[풀이]

1. 폭연(deflagration)과 폭굉(detonation)
① 가스 폭발은 물적 조건과 에너지 조건이 만족되면 화염이 발생하여 미연가스 종류와 조건에 따라 일정한 속도로 전파
② 폭연 : 화염전파속도가 음속 이하
③ 폭굉 : 화염전파속도가 음속 이상

2. 랭킨-유고니어(Rankin-Hugoniot)곡선
① A점 : 파면전의 상태(=초기상태) $P_1 = P_2$, $\rho_1 = \rho_2$인 지점
② B점 : C-J(Chapman-Jouget)점, A점과 R-H곡선의 접점, $P_1 \ll P_2$, $\rho_1 \ll \rho_2$인 지점
③ C점 : 폭연과 준폭굉의 경계점, $\rho_1 = \rho_2$, $P_1 < P_2$인 지점
④ D점 : 이상상태 연소점, $P_1 = P_2$, $\rho_1 > \rho_2$인 지점

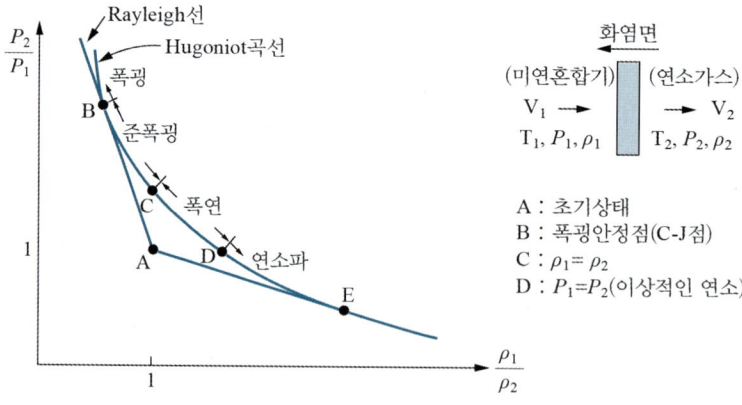

1-13

다음 사항을 설명하시오.
1) 소방관진입창에 설치되는 유리의 종류
2) 아파트 구조변경시 설치되는 방화유리창의 구조

[풀이]

1. 소방관진입창

1) 설치대상

① 2층 이상 11층 이하인 층에 각각 1개소 이상 설치

② 소방관진입창 중심에서 벽면 끝까지 수평거리가 40 m 이상인 경우, 40 m 이내마다 추가 설치

2) 유리의 종류

① 플로트판유리로서 그 두께가 6 mm 이하인 것

② 강화유리 또는 배강도유리로서 그 두께가 5 mm 이하인 것

③ 플로트판유리 또는 강화유리·배강도유리에 해당하는 유리로 구성된 이중 유리로서 그 두께가 24 mm 이하인 것

2. 아파트 방화유리창

1) 설치대상

아파트 2층 이상의 층에서 스프링클러의 살수범위에 포함되지 않는 발코니를 구조변경하는 경우

2) 방화유리창

① 발코니 끝부분에 바닥판 두께를 포함하여 높이가 90 cm 이상의 방화판 또는 방화유리창을 설치

② 창호와 일체 또는 분리하여 설치(난간은 별도 설치)

③ 방화판은 불연재료를 사용(유리를 사용하는 경우 방화유리 사용)

④ 방화판은 화재 시 아래층에서 발생한 화염을 차단할 수 있도록 발코니 바닥과의 사이에 틈새가 없이 고정

⑤ 방화유리창에서 방화유리는 KS F 2845(유리구획부분의 내화시험방법)에서 규정하고 있는 시험방법에 따라 시험한 결과 비차열 30분 이상

2교시

2-1
구획화재의 화재성장 중 최성기 화재(Fully-Developed Fire)에서 나타나는 다음 사항에 대하여 설명하시오.
1) 연소속도, 화재온도, 화재계속시간
2) 개구부의 화염분출 형상, 상층부 연소확대 방지대책

[풀이]

1. 환기요소

① 환기요소란 화재실에 유출입되는 공기 유출입량을 말한다.
② $Q = AV = A\sqrt{H}$ 가 되고 중성대를 화재실 중앙으로 보면 공기유입량 $Q = 0.5A\sqrt{H}$ 가 된다.
③ 환기요소는 연료지배형 및 환기지배형 화재에 중요한 요소이나 개구부의 위치, 개구부 개수 등을 고려하지 않는 한계를 가지고 있다.

2. 연소속도

1) 식

$$V = 0.5\,A\sqrt{H}\,[\text{kg/s}]$$

여기서, $A\sqrt{H}$: 환기요소

① 연소속도는 개구부 면적에 비례
② 같은 면적의 개구부에서도 종장창일수록 환기요소가 커지므로 연소속도가 빠르다.

2) 최성기의 열방출률

$$\begin{aligned}
\dot{Q} &= V \cdot \Delta Hc \\
&= 0.5\,A\sqrt{H}\,[\text{kg/s}] \cdot 3{,}000\,[\text{kJ/kg}_{\text{air}}] \\
&= 1500\,A\sqrt{H}\,[\text{kJ/s} = \text{kW}]
\end{aligned}$$

3. 화재온도

1) 온도인자

$$F_0 = \frac{A\sqrt{H}}{A_T} \quad (A_T : \text{실내전표면적})$$

2) Babrauskas의 계산식

① 식

$$T_g = T_\infty + (T^* - T_\infty)\,\theta_1\,\theta_2\,\theta_3\,\theta_4\,\theta_5$$

여기서, T_g : 상층부 가스온도

T_∞ : 초기온도

T^* : 실험적 상수 1,725 K

θ_1 : 화학양론적 연소속도

θ_2 : 벽에서의 정상상태 손실

θ_3 : 벽에서의 전이 손실

θ_4 : 개구부 높이의 효과

θ_5 : 연소효율

② 구획화재의 가스온도는 $\theta_1 \sim \theta_5$의 영향요소로 인해 1,725 K 이상 상승하지 못함을 의미

4. 화재계속시간

1) 지속시간 인자

$$F = \frac{A_F}{A\sqrt{H}}$$

2) 식

$$t[s] = \frac{W[kg]}{V[kg/s]} = \frac{w \cdot A_f}{0.5\,A\sqrt{H}}$$

여기서, W : 가연물량

V : 연소속도

w : 화재하중

A_f : 바닥면적

5. 개구부의 화염분출 형상

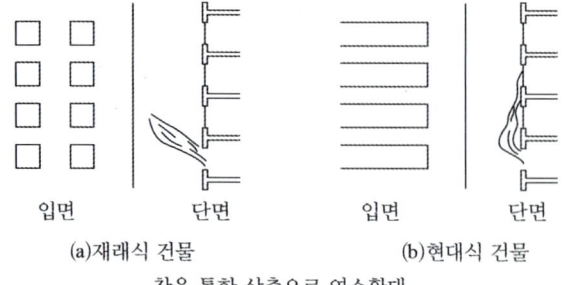

창을 통한 상층으로 연소확대

1) 중성대

① 화재가 발생하면 부력에 의해 실내외 압력차가 발생

$$\Delta P = 3460H \left(\frac{1}{T_1} - \frac{1}{T_2} \right)$$

② 중성대를 기점으로 상부는 유출되는 압력이, 하부는 유입되는 압력이 작용

2) Fick의 법칙

① 창으로부터 분출되는 화염은 부력에 의해 상승하지만 Fick의 법칙에 의한 인접 주변으로부터 공기인입이 발생

② 빨려드는 기류와 벽과 화염 사이의 진공으로 인해 화염은 벽에 밀착하여 위쪽으로 전파

3) 분출화염의 Coanda effect

① 화염의 분출력 < 벽면의 부착력일 때 유체가 만곡을 그리며 흐르는 현상

② 분출화염이나 연기는 Coanda effect에 의해 곡선을 그리며 상층으로 연소 확대

4) 횡장창과 종장창

① 횡장창은 종장창보다 분출력 < 벽면의 부착력

② 따라서 종장창보다 횡장창이 상층연속확대 위험성이 큼

6. 상층부 연소확대 방지대책

1) 예방

- 가연물 및 창의 크기 최소화

2) 소방

① 수막설비 설치, 드렌처 설비

② 연소확대방지용 옥외스프링클러

3) 방화

① 스팬드럴 높이 증대

화재층의 창 상단으로부터 상층 창 하단까지 수직방향 높이 증대하여 벽에 밀착한 분출화염을 견디는 방법으로 분출화염의 길이에 따라 스팬드럴 높이가 결정된다.

② 캔틸레버 설치

외벽면보다 상층부 바닥면을 돌출하게 설치하여 화염의 커브를 완만히 하여 상층으로 연소방지를 도모한다.

③ 샤시 공정방법 개선 : 낮은 용융점의 알루미늄새시 경우 자중에 의해 유리 이탈

④ 망입유리 사용

⑤ 방화셔터 설치

2-2

승강식피난기의 특징, 설치기준과 「승강식피난기의 성능인증 및 제품검사의 기술기준」에서 정하는 승·하강 속도시험기준을 설명하시오.

1. 승강식피난기

1) 특징

① 무동력으로 별도의 전원공급 불필요하여 피난기구의 신뢰도가 높음
② 노약자나 장애인의 피난기구로 적합
③ 실내에 설치할 경우, 방화구획의 어려움
④ 완강기나 구조대 등 보다 사용이 용이

2) 설치기준

설치기준	내용
설치경로	• 설치층 ↔ 피난층까지 연계될 수 있는 구조 • 예외 : 건축물 구조 및 설치 여건상 불가피한 경우
대피실 면적	• 2 m² (2세대 이상 3 m²) 이상
비상조명등	• 대피실 내 설치

설치기준	내용
위치표시	• 대피실 내 층의 위치표시 • 피난기구 사용설명서 및 주의사항 표지판 부착
경보	• 대피실 출입문이 개방되거나, 피난기구 작동 시 해당층 및 직하층 거실에 설치된 표시등 및 경보장치가 작동 • 감시 제어반에서 피난기구의 작동을 확인
착지점	• 착지점과 하강구는 상호 수평거리 15 cm 이상 간격
내측(하강구)	• 기구의 연결 금속구 등이 없어야 하며 전개된 피난기구는 하강구 수평투영면적 공간 내의 범위를 침범하지 않는 구조 • 제외 : 직경 60 cm 크기의 범위를 벗어난 경우, 직하층의 바닥 면에서 높이 50 cm 이하의 범위
사용 시	• 기울거나 흔들리지 않도록 설치
출입문	• 60분+ 방화문 또는 60분 방화문으로 설치 • 피난방향에서 식별가능한 "대피실" 표지판 부착 • 예외 : 외기와 개방된 장소
성능	• 승강식피난기는 한국소방산업기술원 또는 성능시험기관으로 지정받은 기관에서 성능을 검증받은 것
개구부	• 개구부(하강구) : 직경 60 cm 이상 • 예외 : 외기와 개방된 장소

2. 승·하강 속도시험기준

1) 피난기의 승강판 하강속도

   ① 일반하강속도는 최대 설치높이에서 최소사용하중·200 N·750 N·1 500 N 및 최대사용하중을 가하는 때에 하강속도는 11 cm/s 이상 130 cm/s 미만
   ② 평균하강속도는 최대 설치높이에서 750 N의 하중을 20회 연속하여 가하는 때의 하강속도는 20회의 평균하강속도의 80 % 이상 120 % 이하
   ③ 반복하강속도는 최대 설치높이에서 최대사용하중을 5,000회 연속하여 가하는 때에 기능에 이상이 생기지 아니하여야 하며, 일반하강속도에 적합

2) 피난기의 승강판 상승속도 : 40 cm/s 이상

2-3
일반건축물 화재 시 발생하는 Roll Over현상과 LNG 저장탱크에서 발생하는 Roll Over현상에 대하여 각각 설명하시오.

[풀이]

1. 일반건축물 화재 시 발생하는 Roll Over

1) 개념
   ① 화염이 연소되지 않은 가연성가스를 통해 전파되는 현상
   ② 화재가 완전히 성장하지 않은 단계에서 발생한 가연성 증기가 화재구획에서 빠져나갈 때 발생

2) 메커니즘
   ① 구획실 화재 발생
   ② 미연소 열분해 생성물이 약한 부력으로 상승
   ③ 천장 공기층 하부에 미연소 열분해 생성물이 상부층 형성
   ④ 상부층의 미연소 열분해 생성물이 연소범위 도달
   ⑤ 발화
   ⑥ 온도 상승으로 밀도차에 의해 천장 공기층과 자리 이동

3) 대책
   ① 스프링클러설비로 화재 제어
   ② 제연설비를 통한 가연성가스 제어
   ③ 천장 및 벽의 불연화

2. LNG 저장탱크에서 발생하는 Roll Over

1) 개념
   ① LNG(liquefied natural gas)의 생산과정을 보면 가스전 → 전처리 → 액화공정 → 이송 → 저장 → 소비자로 연결되는 과정을 갖는다.
   ② LNG는 다성분의 탄화수소로써 전처리 과정을 거치지만 가스전이 다른 경우 성분에서 차이가 날 수 있다. 이 다른 LNG를 동일 저장탱크에 저장하는 경우 층상화 가능성

이 있고, 장시간 저장 시 증발에 의한 조성변화로 급격히 혼합하는 roll over가 일어날 수 있다.

③ LNG 저장탱크가 장기간 저장되어 있거나 LNG선에서 하역되는 LNG 조성이 탱크의 LNG 조성과 밀도 차가 ±2 % 범위일 때 층상화가 발생

2) 메커니즘

① 기존의 LNG에 비중 차가 있는 LNG를 하역할 경우나 기화에 의한 기화열에 의해 냉각이 발생할 경우, LNG는 비중이 증가하여 하부로 이동하여 층상화가 발생할 수 있다.

② 층상화가 발생하면 하부의 높은 밀도의 LNG는 상부의 LNG에 의해 밀폐되고 하부의 LNG는 측벽 및 하부 입열에 따라 액온이 상승하여 밀도가 낮아진다.

③ 하부의 LNG 층이 상부의 LNG 층보다 밀도가 낮아질 경우 상하층이 반전하며 동시에 급한 혼합이 일어난다.

④ 하층의 LNG는 비점 이상의 에너지를 가져 증발가스(BOG)가 급속히 발생하여 탱크의 파괴를 가져오는데 이런 현상을 roll over라 한다.

3) 대책

① LNG 조성의 범위 제한
  - LNG의 밀도가 ±2 % 범위일 경우 동일 tank로 LNG를 하역(저장)을 고려

② jet mixing 노즐 설계
  - jet 노즐로 기존 LNG와 신규 LNG를 잘 혼합할 수 있도록 jet mixing 노즐 사용

③ 탱크 내부 LNG의 mixing 순환
  - 장기간의 stand-by 기간에 층상화가 가능하기 때문에 pump로 LNG를 순환시켜 LNG를 균질화하도록 유도

④ 탱크의 상·하층 입구 분리
  - 탱크의 상·하층부에 각각 입구를 만들어 중질 LNG는 상부로, 경질 LNG는 하부 인입구로 유입시킨다.

⑤ flare vent 및 safety relief valve 설치

⑥ 기타 LNG 저장탱크 온도감시 센서 설치

2-4

공사현장에서의 용접·용단 작업 시 다음 사항에 대하여 설명하시오.
1) 비산불티의 특성 및 비산거리 영향요인
2) 용접·용단 작업 시 화재 및 폭발의 주요발생원인과 대책

[풀이]

1. 비산불티의 특성 및 비산거리 영향요인

1) 비산불티의 특성

① 용접·용단 시 수천 개의 불티 발생하고 비산
② 비산불티는 풍향, 풍속에 따라 비산거리가 달라짐
③ 비산불티는 1,600℃ 이상의 고온체
④ 발화원이 될 수 있는 비산불티의 크기는 직경 0.3 mm~3 mm 정도
⑤ 가스 용접 시 산소의 압력, 절단속도·방향에 따라 비산불티의 양과 크기가 달라질 수 있음
⑥ 주변이 가연성가스나 액체의 경우 불꽃연소, 가연성 고체의 경우 훈소발생 가능성 있음

2) 비산거리 영향요인

① 풍향 : 역풍보다 순풍일 경우 비산거리 증가
② 풍속이 빠를수록 비산거리 증가
③ 용접·용단 철판의 두께, 산소의 압력, 절단속도 및 절단방향에 따라 비산불티와 슬래그의 양 및 크기가 달라짐
④ 용접·용단 작업 시 작업 면의 높이, 작업의 종류에 따라 비산거리가 달라짐

2. 용접·용단 작업 시 화재 및 폭발의 주요발생원인과 대책

구분	원인	대책
화재	불꽃비산	• 불꽃받이나 방염시트 사용 • 불꽃비산구역 내 가연물제거 및 정리·정돈 • 소화기 비치
	용접부분 뒷면의 가연물	• 용접부 뒷면 점검 • 작업종료 후 점검
폭발	토치나 호스에서 가스누설	• 가스누설이 없는 토치나 호스 사용 • 좁은 구역에서 작업시 토치는 공기유통이 있는 장소에 보관 • 호스접속시 휴먼에러 방지를 위해 명찰 부착

구분	원인	대책
화상	탱크를 용접시 잔류 가스 폭발	• 내부에 가스나 증기가 없는 것을 확인
	역화	• 정비된 토치나 호스 사용하고 역화방지기 설치
	토치나 호스에서 산소 누설	• 산소 누설이 없는 호스 사용
	산소를 공기 대신 환기 등으로 사용	• 산소의 위험성 교육과 소화기 비치

2-5

에너지저장장치(ESS, Energy Storage System)를 의무적으로 설치해야 하는 대상, ESS 설비의 구성, 「전기저장시설의 화재안전성능기준」에서 규정하고 있는 배터리용 소화장치에 대하여 설명하시오.

[풀이]

1. ESS 의무설치대상

① 공공기관은 계약전력 2,000 kW 이상의 건축물에 계약전력 5 % 이상 규모의 ESS 설치
   • 2023.8.1부터 1,000 kW에서 2,000 kW로 상승

② 제외 대상
   • 임대·임차 건축물
   • 발전시설, 전기공급시설, 가스공급시설, 석유비축시설, 상하 수도시설 및 빗물 펌프장
   • 버스·철도·지하철 시설 및 공항
   • 병원, 초·중·고등학교, 노인복지시설
   • 최대 피크 전력이 계약전력의 30/100 미만인 시설
   • 신재생 에너지설비의 용량이 계약전력의 5 % 이상 설치된 시설
   • 그 밖에 전력 피크 대응 건물, 에너지저장장치(ESS) 설치에 따른 피크 전력 저감 및 전기요금 절감 효과가 미미한 시설 등으로서 산업통상자원부 장관이 인정하는 시설

2. ESS 구성

1) 개념도(배터리 방식)

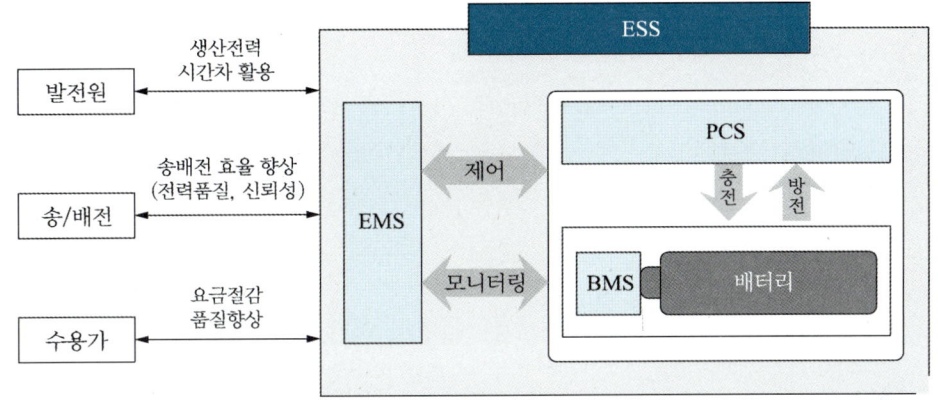

2) PCS (power conditioning system)

추가로 생산된 전력의 주파수와 전압을 계통 및 부하 특성에 맞춰 변환하고 관리하기 위한 전력변환장치

3) 배터리 장치

① 리튬이온전지를 일반적으로 사용, 배터리 셀 → 모듈 → 트레이 → 랙 → 시스템을 구성

② PCS를 통해 전력을 공급받아 특정한 형태로 변환해 저장해 두었다가 필요할 경우 방전하는 역할을 수행

4) BMS (battery management system)

① 배터리 셀마다 특성이 다르기 때문에 제어 관리하는 시스템

② 배터리의 충전상태 등을 외부 인터페이스를 통해 알려주고, 과충전 과방전 방지 등 셀 용량 보호, 수명 예측 등 배터리의 효율적 사용을 위한 제어 관리 기능

5) EMS (energy management system) 또는 PMS (power management system)

① 배터리 상태 및 PCS 상태에 대한 모니터링과 PCS를 제어하는 역할

② 에너지를 효율적으로 관리하기 위해 다수의 PMS 또는 원격지에서 설비를 제어하거나 상위제어기(SCADA)를 통해 다른 시스템과 상호 동작할 수 있는 통합 에너지관리시스템

3. 배터리용 소화장치

1) 개념
   ① ESS 설비에는 스프링클러설비 설치
   ② 배터리용 소화장치 설치
      - 중앙소방기술심의위원회의 심의를 거쳐 소방청장이 인정하는 시험방법으로 시험기관에서 전기저장장치에 대한 소화성능을 인정받은 경우
   ③ 시험기관
      - 한국소방산업기술원
      - 한국화재보험협회 부설 방재시험연구원
      - 화재안전 성능을 시험할 수 있는 비영리 국가 공인시험기관

2) 대상
   ① 옥외형 전기저장장치 설비가 컨테이너 내부에 설치된 경우
   ② 옥외형 전기저장장치 설비가 다른 건축물, 주차장, 공용도로, 적재된 가연물, 위험물 등으로부터 30 m 이상 떨어진 지역에 설치된 경우

2-6

다음 사항에 대하여 설명하시오.
1) 푸리에(Fourier)의 열전도법칙, 뉴턴(Newton)의 냉각법칙
2) 기체분자운동론의 가정 5가지, 그레이엄(Graham)의 확산법칙

[풀이]

1. 푸리에(Fourier)의 열전도법칙

1) 개념

   ① $\dot{q}'' = \dfrac{k}{l}(T_2 - T_1)$

   여기서, k : 전도열전달계수

   ② 고체에서의 열전달의 한 형태로 온도차와 열전도율(k)에 따라 다른 속도로 전달된다.
   ③ 물질의 열전도율(k)이 높으면 물질을 통한 열전달률이 높다. 즉, 밀도가 높은 금속이

플라스틱이나 유리보다 열전달률이 높다.
④ 고체의 한 부분에서 온도차가 발생할 경우 온도차가 없을 때까지 온도가 상승하기 때문에 전도율 k는 열전달의 중요한 속성이 된다.

2) 소방에서의 응용

① 발화시간

두꺼운 재료의 발화시간($l \geq 2\,mm$)

$$t_{ig} = C\,(k\rho c)\left(\frac{T_{ig} - T_\infty}{\dot{q}''}\right)^2$$

② 고체의 발화 및 화염확산

2. 뉴턴(Newton)의 냉각법칙

1) 개념

① 가열된 액체나 기체가 열원으로부터 주변의 온도가 낮은 쪽으로 움직이면서 열에너지가 전달되며 대부분 온도차가 있는 곳에서 발생
② 화재의 초기에 고온가스는 노출된 표면온도를 높이는 데 중요한 역할을 하는데 뜨거운 연소생성물이 차가운 표면을 따라 흘러 열이 전달되기 때문이다.
③ 물질을 통해 전달되는 열량

$$\dot{q}'' = h(T_2 - T_1)$$

여기서, h : 대류열전달계수

2) 소방에서의 응용

① 화재플룸(fire plume)
② 화재확산

3. 기체분자운동론

① 기체 분자가 차지하는 부피(크기)는 무시 : 분자들 사이의 거리에 비해 매우 작음
② 기체 분자들은 무질서한 운동
③ 기체 분자 상호 간 인력과 반발력 : 무시
④ 분자들이 충돌할 때, 완전 탄성충돌
⑤ 분자의 평균 운동에너지는 절대 온도에 비례

4. 그레이엄(Graham)의 확산법칙

1) 개념

① 같은 온도와 압력일 때 두 기체 및 액체의 확산 속도의 비는 그 분자량에 반비례한다.

② $\dfrac{v_1}{v_2} = \sqrt{\dfrac{M_2}{M_1}}$

여기서, v_1 : 기체 1의 확산속도
v_2 : 기체 2의 확산속도
M_1 : 기체 1의 분자량
M_2 : 기체 2의 분자량

2) 소방에서의 응용

① 독성가스 및 가연성 가스의 위험성 평가

교시 3

3-1

도로터널에 관한 다음 사항을 설명하시오.
1) 방재등급별 기준 및 방재시설의 종류
2) 터널화재에서의 백레이어링(Back Layering) 현상과 예방대책

풀이

1. 방재등급별 기준 및 방재시설의 종류

1) 방재등급별 기준

① 방재시설 설치를 위한 터널 등급은 터널연장(L)을 기준으로 하는 연장등급과 교통량 등 터널의 제반 위험인자를 고려한 위험도 지수(X)를 기준으로 하는 방재등급으로 구분
② 터널의 방재등급은 개통 후, 매 5년 단위로 실측교통량 및 주변 도로 여건 등을 조사하여 재평가하며, 이에 따라 방재시설의 조정을 검토

등급	터널연장 기준		위험도지수 (X)기준
	일반도로터널 및 소형차전용터널	방음터널〈신설〉	
1	3,000 m 이상	3,000 m 이상	X > 29
2	1,000 m 이상, 3,000 m 미만	1,000 m 이상, 3,000 m 미만	19 < X ≤ 29
3	500 m 이상, 1,000 m 미만	250m이상, 1,000 m 미만	14 < X ≤ 19
4	연장 500 m 미만	연장 250 m 미만	X ≤ 14

2) 방재시설의 종류

(1) 소화설비
　① 소화기구
　② 옥내소화전설비
　③ 물분무소화설비

④ 원격제어살수설비

(2) 경보설비
① 비상경보설비
② 자동화재탐지설비
③ 비상방송설비
④ 긴급전화
⑤ CCTV
⑥ 자동사고감지설비
⑦ 재방송 설비
⑧ 정보표지판
⑨ 터널진입차단설비

(3) 피난대피설비
① 비상조명등
② 유도등
③ 피난·대피시설 : 피난연결통로, 피난대피터널, 격벽분리형 피난대피통로, 비상주차대, 배면대피통로

(4) 소화활동설비
① 제연설비
② 무선통신 보조설비
③ 연결송수관설비
④ 비상콘센트 설비
⑤ 제연보조설비

(5) 비상전원설비
① 무정전 전원설비
② 비상발전설비

(6) 소형차 전용터널의 소화·구조활동 시설
① 간이소방서
② 비상차로

2. 터널화재에서의 백레이어링(back layering) 현상과 예방대책

1) 백레이어링(back layering) 현상
① 터널에서 화재가 발생하면 화재에 의하여 생성된 연기가 부력에 의하여 상승하고 터

널의 천장을 만나면 터널의 길이 방향으로 전파
② 피난 방향으로 연기가 전파되지 못하도록 피난방향에서 화재 방향으로 기류를 불어주게 되는데 이 기류를 이기고 피난방향으로 연기가 전파되는 현상이 백레이어링
③ 백레이어링이 형성되면 피난하던 사람들이 연기의 독성가스에 의하여 질식하게 되므로 인명피해가 발생

2) 예방대책

(1) 임계속도(critical velocity)
① 백레이어링이 발생하지 않도록 불어주는 최소한의 유속
② 동일한 화재하중에 대하여 터널의 높이와 면적이 클수록 임계속도가 작아도 되며, 동일한 터널의 단면구조에 대하여 화재하중이 클수록 큰 임계속도가 요구된다.
③ 임계속도는 화재하중에 따라 다르며 단면의 크기가 증가할수록 임계유속 값은 작아짐을 알 수 있다. 단면이 증가하면 풍량이 많아지므로 연기의 온도는 단면 증가에 따라서 내려가기 때문이다.
③ 임계속도는 터널의 규격이나 화재 규모 등에 의해 다르기 때문에 simulation에 의해 설계되어야 한다.

(2) 기타
① 터널 화재로부터 피난로를 확보하고 소방대와 구조대의 진입을 용이하게 하기 위하여 화재하중에 따른 적절한 제연유속이 필요하며, 연기의 온도에 따른 환기용 팬의 온도등급이 결정되어야 한다.
② 물분무소화설비 설치

3-2

원형관에서 유체의 유동으로 발생하는 손실(loss in pipe flow)에 관한 다음 사항을 설명하시오.
1) 달시-바이스바하(Darcy-Weisbach) 식
2) 하젠-윌리엄스(Hazen-Williams) 실험식
3) 돌연 확대·축소관에서의 손실수두식

> 풀이

1. 달시-바이스바하(Darcy-Weisbach) 식

- $h_\ell = \lambda \dfrac{L}{D} \times \dfrac{V^2}{2g}$ 식의 실험결과 증명된 내용

$$\dfrac{V_1^2}{2g} + \dfrac{P_1}{\gamma} + Z_1 = \dfrac{V_2^2}{2g} + \dfrac{P_2}{\gamma} + Z_2 + h_\ell$$

$$h_\ell = \dfrac{V_1^2 - V_2^2}{2g} + \dfrac{P_1 - P_2}{\gamma} + Z_1 - Z_2$$

① 단면적이 일정한 관로를 수평으로 놓으면 속도수두와 위치수두는 0이 되어 마찰손실은 압력에너지 감소로 나타난다.
② Nikuradse는 관내 표면에 모래를 붙여 만든 pipe를 가지고 실험을 하여 상대조도와 Re 수에 대한 마찰계수 선도를 구하였다.
③ 실제 실용원관의 마찰계수 결정은 계산의 번거로움으로 무디선도를 이용한다.
④ λ는 Re 수와 절대조도인 ϵ을 관 지름으로 나눈 상대조도 ϵ/D의 함수로 관마찰계수라 한다.
⑤ 관마찰에 의한 압력손실은 관로의 길이, 유속, 관의 안지름, 유체의 점도, 밀도, 관 벽의 조도의 함수이다.
⑥ $\lambda = \dfrac{64}{Re}$, $Re = \dfrac{v \cdot d}{\nu} = \dfrac{\rho v d}{\mu}$

여기서, μ : 점성계수
ν : 동점성 계수($\nu = \dfrac{\mu}{\rho}$)

2. 하젠-윌리엄스(Hazen-Williams) 실험식

1) 개요

① Hazen - Williams식은 실험식으로 다음과 같다.

$$\Delta P_m = 6.174 \times 10^5 \dfrac{Q^{1.85}}{C^{1.85} \times D^{4.87}} \times L$$

② 조도 C는 배관의 재질 및 내부표면처리와 부식성의 조건 등에 따라 결정되는 값으로 배관 내면의 거칠기(roughness) 정도를 나타내는 계수이다. 내부면이 매끄러울수록 큰 값을 가지고, 거칠수록 작은 값을 가진다.
③ C값이 크면 클수록 배관의 마찰손실은 적어지고 C값이 작으면 작을수록 마찰손실이 큼을 알 수 있다.
④ Hazen - Williams식의 C값을 의도적으로 지시치보다 낮게 설계함으로써 여유율을 준

설계가 되어 신뢰도가 높으나 부식에 의한 강관 내경의 줄어듦을 고려하다 보면 관경이 커지는 단점이 있다. CPVC의 경우 부식 단점도 없고 경년변화에 따른 내경의 변화도 없기 때문에 새로운 대안이 될 수 있다.

	Hazen-Williams 식	Darcy-Weisbach 식
대상 유체	• 물만 사용	• 모든 유체 사용
특성	• 관의 물리적 특성만으로 마찰손실 계산	• 관의 물리적 특성 및 유체의 물리적 특성으로 마찰손실 계산
장단점	• 조도 C 사용으로 적용에 용이 • 물만 사용	• 레이놀즈 수를 이용하므로 적용에 어려움 • 공기 및 물 등 모든 유체 적용
미분무설비	• 저압식 적용	• 중압식, 고압식 적용

3. 돌연 확대관에서의 손실수두식

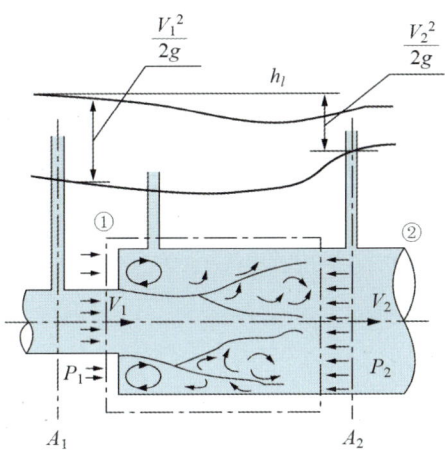

1) 운동량방정식에서

$$P_1 A_2 - P_2 A_2 = \frac{\gamma}{g} Q (V_2 - V_1) \quad (A_1 \text{에서의 면적} : A_2 \text{로 가정})$$

$$\frac{Q}{A_2} = V_2 \text{이므로} \quad \frac{P_1 - P_2}{\gamma} = \frac{2V_2(V_2 - V_1)}{2g}$$

2) A_c와 A_2에서의 베르누이식 적용

$$\frac{P_1}{\gamma} + \frac{V_1^2}{2g} = \frac{P_2}{\gamma} + \frac{V_2^2}{2g} + h_\ell$$

$$h_\ell = \frac{P_1 - P_2}{\gamma} + \frac{V_1^2 - V_2^2}{2g}$$

3) 두 식을 합하면

$$h_\ell = \frac{2V_2(V_2-V_1)}{2g} + \frac{V_1^2-V_2^2}{2g} = \frac{(V_1-V_2)^2}{2g}$$

$$h_\ell = \frac{(V_1-V_2)^2}{2g} = \left(1-\frac{V_2}{V_1}\right)^2 \frac{V_1^2}{2g} = \left(1-\frac{A_1}{A_2}\right)^2 \frac{V_1^2}{2g} = \left[1-\left(\frac{D_1}{D_2}\right)^2\right]^2 \frac{V_1^2}{2g} = k\frac{V_1^2}{2g}$$

4. 돌연 축소관에서의 손실수두식

1) A_c와 A_2에서의 운동량방정식

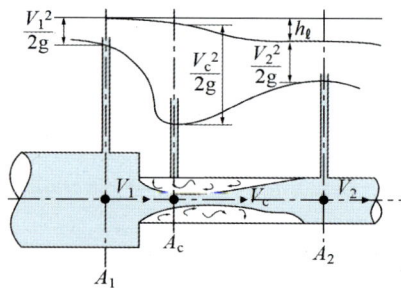

$$P_c A_2 - P_2 A_2 = \frac{\gamma}{g} Q(V_2 - V_C) \quad (A_c\text{에서의 면적 : } A_2\text{로 가정})$$

$$\frac{Q}{A_2} = V_2 \text{이므로} \quad \frac{P_c - P_2}{\gamma} = \frac{2V_2(V_2 - V_c)}{2g}$$

2) A_c와 A_2에서의 베르누이식 적용

$$\frac{P_c}{\gamma} + \frac{V_c^2}{2g} = \frac{P_2}{\gamma} + \frac{V_2^2}{2g} + h_\ell$$

$$h_\ell = \frac{P_c - P_2}{\gamma} + \frac{V_c^2 - V_2^2}{2g}$$

3) 두 식을 합하면

$$h_\ell = \frac{2V_2(V_2 - V_C)}{2g} + \frac{V_c^2 - V_2^2}{2g} = \frac{(V_c - V_2)^2}{2g}$$

4) C_c를 수축계수(coefficient of contraction)라 하면

연속방정식 $Q = A_c V_c = A_2 V_2$에서 $C_c = \frac{A_c}{A_2} = \frac{V_2}{V_c}$

$$V_c = \frac{V_2}{C_c} \text{ 를 적용하여 정리하면 } h_\ell = \left(\frac{1}{C_c} - 1\right)^2 \frac{V_2^2}{2g}$$

$$h_\ell = \left(\frac{A_2}{A_0} - 1\right)^2 \frac{V_2^2}{2g} = \left(\frac{V_0}{V_2} - 1\right)^2 \frac{V_2^2}{2g} = \left(\frac{1}{C_c} - 1\right)^2 \frac{V_2^2}{2g} = k \frac{V_2^2}{2g}$$

여기서, 수축계수 $C_c = \dfrac{A_0}{A_2}$

3-3

「위험물안전관리법」에서 규정하는 인화성액체에 관한 다음 사항을 설명하시오.
1) 인화점 시험방법 및 인화점 측정시험 방법 3가지
2) 제4류 위험물의 위험등급 분류 및 다른 유별 위험물과의 혼재가능 여부

풀이

1. 인화점 시험방법

① 태그 밀폐식 방법으로 측정결과가 0 ℃ 미만인 경우는 당해 측정결과가 인화점
② 측정결과가 0 ℃ 이상 80 ℃ 이하인 경우는 동점도 측정을 하여 동점도가 10 mm²/s 미만인 경우는 당해 측정결과를 인화점으로 하고, 동점도가 10 mm²/s 이상인 경우에는 신속평형법으로 다시 측정
③ 측정결과가 80 ℃를 초과하는 경우는 클리브랜드(Cleaveland) 개방컵 인화점 측정에 따른 방법으로 다시 측정

2. 인화점 측정시험 방법 3가지

1) 태그 밀폐식

   (1) 인화점 60 ℃ 미만 시험방법
      ① 시험장소 : 1기압, 무풍의 장소
      ② 시료컵에 시험물품 50 cm³를 넣고 시험물품 표면의 기포를 제거한 후 뚜껑을 덮음
      ③ 불꽃을 점화하고 화염의 크기를 직경이 4 mm가 되도록 조정
      ④ 시험물품의 온도가 1분간 1 ℃의 비율로 상승하도록 수조를 가열하고 설정온도보다 5 ℃ 낮은 온도에 도달하면 개폐기를 작동하여 불꽃을 1초간 노출시키고 닫음

⑤ 인화하지 않는 경우 인화할 때까지 물품의 온도가 0.5 ℃ 상승할 때마다 개폐기를 작동하여 불꽃을 1초간 노출시키고 닫음을 반복
⑥ 인화점 : 인화한 온도가 60 ℃ 미만의 온도이고 설정온도와의 차가 2 ℃ 이하

(2) 인화점 60 ℃ 이상 시험방법
① 시료컵에 시험물품 50 cm³를 넣고 시험물품 표면의 기포를 제거한 후 뚜껑을 덮음
② 불꽃을 점화하고 화염의 크기를 직경이 4 mm가 되도록 조정
③ 시험물품의 온도가 1분간 3 ℃의 비율로 상승하도록 수조를 가열하고 설정온도보다 5 ℃ 낮은 온도에 도달하면 개폐기를 작동하여 불꽃을 1초간 노출시키고 닫음
④ 인화하지 않는 경우 인화할 때까지 물품의 온도가 1 ℃ 상승할 때마다 개폐기를 작동하여 불꽃을 1초간 노출시키고 닫음을 반복
⑤ 인화한 경우와 인화한 온도와 설정온도와의 차가 2 ℃를 초과하는 경우는 앞의 순서를 반복하여 실시

2) 신속평형법 인화점 측정 방법
① 시험장소 : 1기압, 무풍의 장소
② 시료컵을 설정온도까지 가열 또는 냉각하여 시험물품 2 mL를 시료컵에 넣고 즉시 뚜껑 및 개폐기를 닫음
③ 시료컵의 온도를 1분간 설정온도로 유지
④ 시험불꽃을 점화하고 화염의 크기를 직경 4 mm가 되도록 조정
⑤ 1분 경과 후 개폐기를 작동하여 시험불꽃을 시료컵에 2.5초간 노출시키고 닫음
⑥ 인화한 경우에는 인화하지 않을 때까지 설정온도를 낮추고, 인화하지 않는 경우에는 인화할 때까지 설정온도를 높여 앞의 조작을 반복하여 인화점을 측정

3) 클리브랜드(Cleaveland) 개방컵 인화점 측정
① 시험장소 : 1기압, 무풍의 장소
② 시료컵의 표선(標線)까지 시험물품을 채우고 시험물품 표면의 기포를 제거
③ 불꽃을 점화하고 화염의 크기를 직경이 4 mm가 되도록 조정
④ 시험물품의 온도가 1분간 14 ℃의 비율로 상승하도록 가열하고 설정온도보다 55 ℃ 낮은 온도에 달하면 가열을 조절하여 설정온도보다 28 ℃ 낮은 온도에서 1분간 5.5 ℃의 비율로 온도를 상승
⑤ 물품의 온도가 설정온도보다 28 ℃ 낮은 온도에 달하면 시험불꽃을 시료컵의 중심을 횡단하여 일직선으로 1초간 통과시킴
⑥ 인화하지 않는 경우 시험물품의 온도가 2 ℃ 상승할 때마다 시험불꽃을 시료컵의 중심을 횡단하여 일직선으로 1초간 통과시키는 조작을 인화할 때까지 반복

⑦ 인화점 : 인화한 온도와 설정온도와의 차가 4 ℃ 이하인 경우

3. 제4류 위험물의 위험등급 분류

위험등급	품명		지정수량[L]
Ⅰ	특수인화물		50
Ⅱ	제1석유류	비수용성	200
		수용성	400
	알코올류		400
Ⅲ	제2석유류	비수용성	1,000
		수용성	2,000
	제3석유류	비수용성	2,000
		수용성	4,000
	제4석유류		6,000
	동식물유류		10,000

4. 다른 유별 위험물과의 혼재가능 여부

위험물의 구분	제1류	제2류	제3류	제4류	제5류	제6류
제1류		×	×	×	×	○
제2류	×		×	○	○	×
제3류	×	×		○	×	×
제4류	×	○	○		○	×
제5류	×	○	×	○		×
제6류	○	×	×	×	×	

※ 비고 (1) "×"는 혼재할 수 없음을 표시
   (2) "○"는 혼재할 수 있음을 표시
   (3) 지정수량의 1/10 이하의 위험물에 대하여는 미적용

3-4

층고가 낮은 지하주차장에 장방형 금속제 제연덕트를 설치할 경우 단면형상과 시공방법에 대하여 설명하시오.

> 풀이

1. 단면형상

1) Aspect ratio(종횡비)

① 가로와 세로의 비

② 마찰손실 방지하기 위해 1.5~2 정도로 함이 바람직하며, 최대 4 : 1 이하

③ 종횡비가 너무 클 경우 덕트 내의 풍량의 분배가 고르지 못하고 마찰손실이 크며 비경제적이 됨

Aspect ratio =1.5	Aspect ratio = 4
0.4 m × 0.6 m	0.2 m × 0.8 m

2) 종횡비를 제한하는 이유

① surface volume ratio(표면적과 부피 비) 관점으로 보면 종횡비가 클수록 표면적 비가 증가하여 마찰손실 증가

② 종횡비가 클수록 상당지름은 축소하여 마찰손실 증가

③ 베르누이 원리에 따른 장변 측에 압력변화가 커 덕트 붙음 현상 발생

④ 장변부 덕트가 함몰될 경우 유체 이송 면적 감소 → 규정 풍량 확보 곤란

2. 시공방법

1) 수평풍도

① 아연도금강판 또는 이와 동등 이상의 내식성·내열성이 있는 것

② 불연재료(석면제외) 단열재로 유효한 단열 처리

③ 강판의 두께

풍도 크기[mm]	450 이하	450 초과 750 이하	750 초과 1,500 이하	1,500 초과 2,250 이하	2,250 초과
강판 두께[mm]	0.5 이상	0.6 이상	0.8 이상	1.0 이상	1.2 이상

④ 풍도에서의 누설량은 급기량의 10 % 이내

⑤ 덕트 만곡부의 내측 반경은 반경 방향 덕트 폭의 1/2 이상

⑥ 단면을 변형시킬 때에는 급격한 변형을 피하고 점차적인 확대 또는 축소형으로 하며, 확대 시 경사각도를 15°, 축소 시 30° 이내

2) 방화구획 관통부

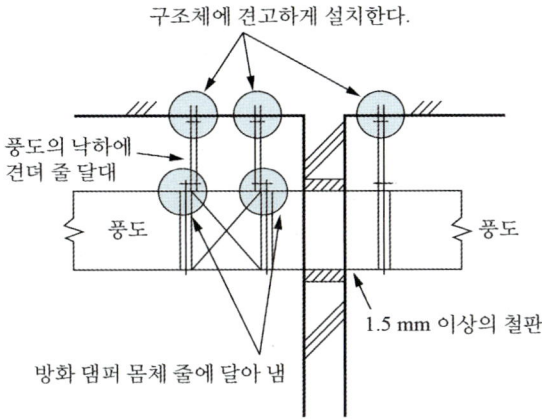

① 방화구획 관통부에는 방화댐퍼를 설치하고 덕트와 슬리브 사이는 내화충전재로 충진
② 방화구획부에 방화댐퍼 설치가 곤란하여 방화구획과 떨어진 경우에는 방화구획과 댐퍼 사이의 덕트는 1.5 mm 이상의 철판으로 보강
③ 댐퍼는 구조체에 견고하게 설치하고 점검구 설치

3) 덕트 부속품 및 고정

① 외기 흡입구 및 루버는 건물에 견고하게 부착하고, 밀봉하여 기밀을 유지
② 공기의 누설이 없도록 접합부는 가스켓 등을 사용, 접합플랜지로 견고하게 설치
③ 점검구는 개폐가 용이하고 폐쇄 시 공기의 누설이 없도록 설치
④ 덕트는 구조체에 견고하게 고정

3-5

초고층건축물에서 고가수조방식의 가압송수장치를 적용할 경우, 저층부의 과압 발생 문제를 해결할 수 있는 방안을 제시하시오.

풀이

1. 고가수조방식

① 중력을 이용한 방식으로 전원을 사용하지 않아 가장 신뢰도가 높은 방식

② 초고층 건축물의 경우 고가수조를 이용할 경우 저층부의 과압이 발생하는데 감압밸브를 사용, 전용의 수조를 사용하는 방법으로 과압을 해결
③ 고층부 낙차압력이 부족한 부분은 펌프방식을 겸용하여 방사압을 해결
④ 고층부, 중층부, 저층부 전용의 수조를 설치할 경우 수조를 loop화하여 신뢰도를 높일 필요가 있음

2. 저층부 과압 해결방안

1) 전용의 고가수조를 이용하는 방식

(1) 개념도
① 고층부의 경우 펌프방식을 이용하여 가압하여 방사압력 유지
② 중층부, 저층부의 경우 전용의 수조를 방사압력이 확보되는 공간에 설치하여 방사압력을 유지하는 방식

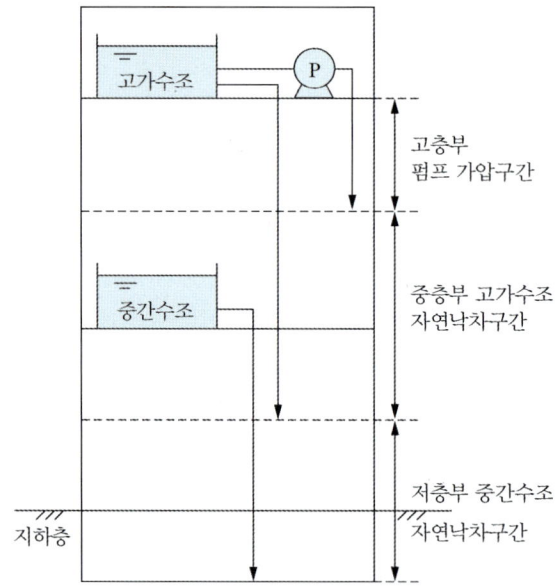

(2) 특징
① passive system을 구현하여 신뢰도가 높음
② 수조를 loop화하면 더욱 신뢰도를 높일 수 있음
③ 수조가 많아지므로 경제성을 고려 시 검토가 필요함
④ 수조는 피난안전층이나 피난안전구역에 설치
⑤ 고가수조와 펌프방식을 적절하게 조합할 경우 중층부의 수조를 설치하지 않을 수 있음

2) 펌프방식과 감압밸브를 적용하는 방식

   (1) 개념도
      ① 고층부의 경우 펌프방식을 이용하여 가압하여 방사압력 유지
      ② 중층부의 경우 자연낙차나 감압밸브를 이용하는 방식, 저층부의 경우 감압밸브를 이용하여 방사압력을 유지하는 방식
      ③ 수직배관에 감압밸브를 설치하거나 유수검지장치 전단에 감압밸브를 설치할 수도 있음

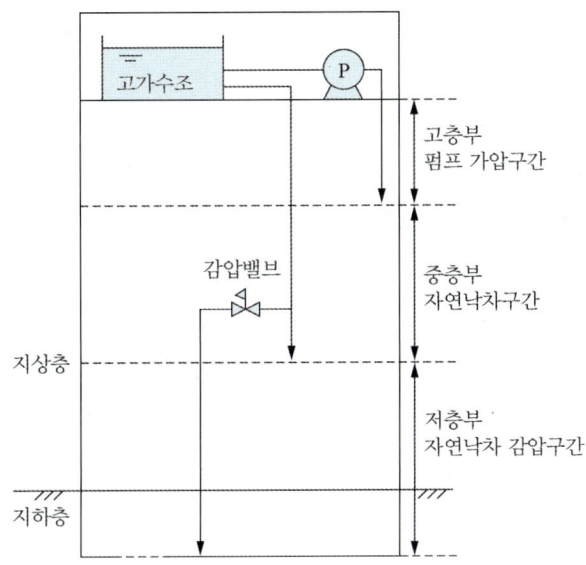

   (2) 특징
      ① passive와 active의 조합을 이용함
      ② 감압밸브의 신뢰도를 높이는 대책이 필요함
      ③ 감압밸브는 유지관리가 용이한 장소에 설치하고 설치 높이는 점검이 용이한 위치
      ④ 감압밸브는 병렬로 설치하여 신뢰도를 높일 필요가 있음

3-6

스프링클러설비의 화재안전성능기준에서 공동주택의 스프링클러헤드 수평거리 3.2 m 이하를 「스프링클러헤드의 형식승인 및 제품검사의 기술기준」의 유효반경으로 적용하도록 규정하고 있다. 수평거리 3.2 m를 적용한 경우와 2.6 m를 적용한 경우의 살수밀도를 계산하고, NFPA에서 규정하는 등급을 고려하여 적정성 여부를 설명하시오.

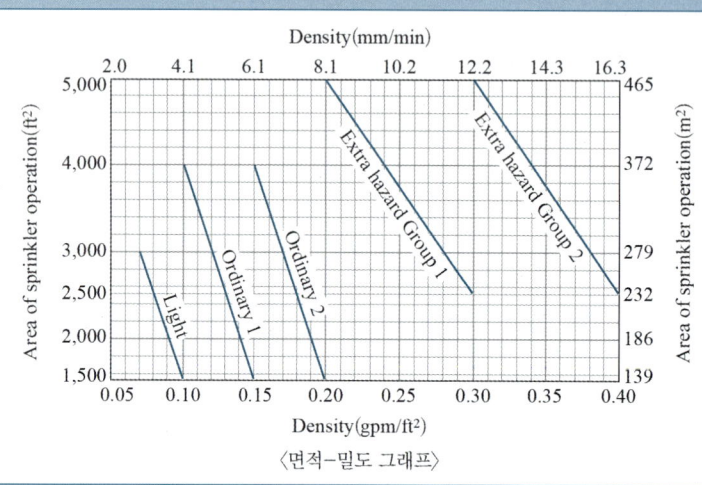

〈면적-밀도 그래프〉

풀이

1. 화재안전성능기준의 수평거리

용도	수평거리[m]	헤드간거리[m]	살수면적[m²]	살수율[lpm/m²]
무대부/특가물	1.7	2.4	5.78	13.84
기타 비내화구조	2.1	2.97	8.82	9.07
내화구조	2.3	3.25	10.58	7.56
랙크식창고	2.5	3.54	12.50	6.4
아파트	2.6	3.68	13.53	5.91

2. 살수밀도계산(정방형 배치)

1) 수평거리 3.2 m

① $2r^2 = 2 \times 3.2^2 = 20.48 \ \text{m}^2$

② 살수밀도 $\dfrac{80 \, \text{lpm}}{20.48 \ \text{m}^2} = 3.91 \ \text{lpm/m}^2$

2) 수평거리 2.6 m

① $2r^2 = 2 \times 2.6^2 = 13.52 \text{ m}^2$

② 살수밀도 $\dfrac{80 \text{ lpm}}{13.52 \text{ m}^2} = 5.92 \text{ lpm/m}^2$

3. NFPA 기준

1) 위험용도분류

	가연물 양	가연성 정도	열방출률	적재 높이 [m]	인화성·가연성액체	용도
경급	적다	작다	낮다	-	-	교회, 교육시설, 병원, 관공서, 박물관, 주택 등
중급 I	중간	중간	보통	2.4 이하	-	주차장, 전자제품 공장, 세탁소, 레스토랑 주방 등
중급 II	중간 이상	중간 이상	중간 이상	3.7 이하	-	곡물공장, 도서관 대형서고, 상품판매시설, 무대 등
상급 I	매우 많다	매우 크다	높다	-	거의 없는 용도	합판 제조공장, 제재소 등
상급 II	매우 많다 (광범위한 분포)	매우 크다	높다	-	매우 많다.	인화성 액체 분무도장, 플라스틱 가공공장, 조립식주택

① 수평거리 3.2 m는 light에 해당
② 수평거리 2.6 m는 ordinary 1에 해당

2) 적정성 여부 판정

① 아파트는 주택에 해당되어 light 이상이면 가능하나
② 가연물이 목재에서 플라스틱으로 변화되어 화재강도의 증가로 수평거리 2.6 m로 설치하는 것이 타당함

교시 4

4-1
전기자동차 화재와 관련하여 다음 사항을 설명하시오.
1) 리튬이온 배터리의 열폭주 현상 및 발생요인
2) 지하 주차구역(충전장소)의 화재대응대책

[풀이]

1. 리튬이온 배터리의 열폭주 현상 및 발생요인

1) 열폭주 현상

　① 열폭주는 녹는점이 약 150 ℃ 전후의 폴리올레핀 계열의 분리막 손상으로 배터리 셀의 급격한 온도 상승을 의미
　② 분리막이 고온에 의해 녹거나 찢어질 경우 양극과 음극의 단락이 발생
　③ 전해액이 열분해되고 압력상승에 의해 가스와 전해액이 누출되면서 발화
　④ 물리적 충격, 충전 및 과방전의 전기적 요인, 결함 등인 abuse로 인한 off gas 발생
　⑤ off gas 발생으로 인한 화재 발생
　⑥ 열폭주 → 압력증가 → 전해질 기화 및 분출 → 발화 → 주변 배터리 가열 → 화재확산

2) 발생요인

　(1) 과충전
　　① 배터리 과충전
　　② BMS 오류로 인한 과충전

　(2) 기계적 충격
　　① 배터리 충격에 따른 크랙 및 절연체 손상
　　② 충돌사고에 따른 화재

　(3) 과열
　　① 충·방전에 따른 과열로 인한 방열 부족

② 냉각장치 손상에 따른 과열

(4) 절연물 불량 및 파손
① 배터리셀 내부 양극판과 음극판 사이의 분리막 손상

2. 지하 주차구역(충전장소)의 화재대응대책

1) 설치장소
① 외기에 개방된 지상에 설치
② 설치기준에 맞게 구조 및 설비 등을 모두 설치한 경우, 지하층에도 설치 가능
③ 직통계단과 멀리 떨어진 위치에 설치하되 구조상 불가피한 경우 전용주차구역이 직통계단의 출입문과 직접 면하지 않도록 반대 또는 측면에 위치

2) 구조 및 시설
① DA(dry area) 인근에 설치하여 굴뚝효과에 따라 연기가 자연적으로 배출
② DA 인근에 설치가 어려운 경우 연기배출을 위한 전용의 배출설비 설치
③ 주차구역 전면에는 전기차 화재 시 발생한 연기가 다른 구역으로 유출되지 않도록 내화구조 또는 불연재료로 된 60 cm 이상의 제연경계벽을 설치하되 화재 시 쉽게 변형·파괴되지 아니하고 연기가 누설되지 않는 기밀성 있는 재료
④ 주차단위구획별(최대 3대까지 하나의 방화구획 가능)로 3면을 내화성능 1시간 이상의 벽체로 방화구획

3) 소화설비
① 수원 : 18.4 L/min/m^2 이상 × 30 min 또는 k-factor 115 이상의 헤드를 30분 이상 방수
② 전기차 전용주차구역 전용의 연결송수관설비 방수구와 방수기구함을 추가로 설치
③ 물막이판이 작동 또는 설치된 후 전기차 전용주차구역 내부로 물을 채울 수 있는 65 mm 이상의 별도의 급수배관을 설치
④ 질식포를 전용주차구역 인근의 식별이 용이한 위치에 "전기차 소화질식포"라고 표시한 표지판을 부착

4) 전기차 전용주차구역 감시용 CCTV를 설치하여 방재실, 관리실 등에서 상시 감시

5) 안전관리
① 특정소방대상물의 관계인은 소방시설 등에 대한 작동·종합점검 시 전기차 전용주차구역의 안전시설을 포함하여 점검

② 전기안전관리자는 전기안전관리자의 직무에 관한 고시에 따라 전기자동차 충전시설에 대해 월차 점검을 실시

> **4-2**
> 주거용 주방자동소화장치에 대한 다음 사항을 설명하시오.
> 1) 주거용 주방자동소화장치의 종류, 주요구성요소, 작동메카니즘
> 2) 「주거용자동소화장치의 형식승인 및 제품검사의 기술기준」에서 규정하는 소화성능 시험기준

[풀이]

1. 주거용 주방자동소화장치

1) 종류

① 가압식 자동소화장치
   소화약제의 방출원이 되는 가압가스를 별도의 전용용기에 충전한 방식의 자동소화장치
② 축압식 자동소화장치
   저장용기 중에 소화약제와 소화약제의 방출원이 되는 질소 등의 압축가스를 함께 봉입한 방식의 자동소화장치
③ 비압력형 자동소화장치
   용기에 대기압 이상의 압력을 가하지 않고 소화약제를 방출하는 방식의 자동소화장치

2) 주요구성요소

감지부	화재 시 발생하는 열 또는 불꽃을 감지하는 부분
탐지부	가스누설을 탐지하여 수신부로 가스누설신호를 발신하는 부분
수신부	감지부 또는 탐지부로부터 발하는 신호를 수신하여 경보를 발하고 차단장치 또는 작동장치의 제어신호를 발신하는 부분
작동장치	수신부 또는 감지부에서 발하는 신호를 받아 밸브 등을 개방시켜 용기 등으로부터 소화약제를 방출시키는 장치
차단장치	수신부에서 발하는 신호를 받아 가스 또는 전기의 공급을 차단시키는 장치
방출구	화재를 소화하기 위하여 소화약제를 유효하게 방사하도록하는 부분
방출도관	소화약제를 용기로부터 방출구에 이르도록 연결하는 굽힘성이 있는 관

3) 작동 메커니즘

　(1) 화재발생 시
　　　① 감지부 1차 감지
　　　② 수신부에서 화재 경보음 발생 및 예비화재표시등 점등
　　　③ 가스차단장치 작동하여 가스 차단
　　　④ 감지부 2차 감지
　　　⑤ 소화약제 방사

　(2) 가스누설 시
　　　① 탐지부가 가스누설 탐지
　　　② 수신부에서 화재 경보음 발생
　　　③ 가스차단장치 작동하여 가스 차단

2. 소화성능 시험기준

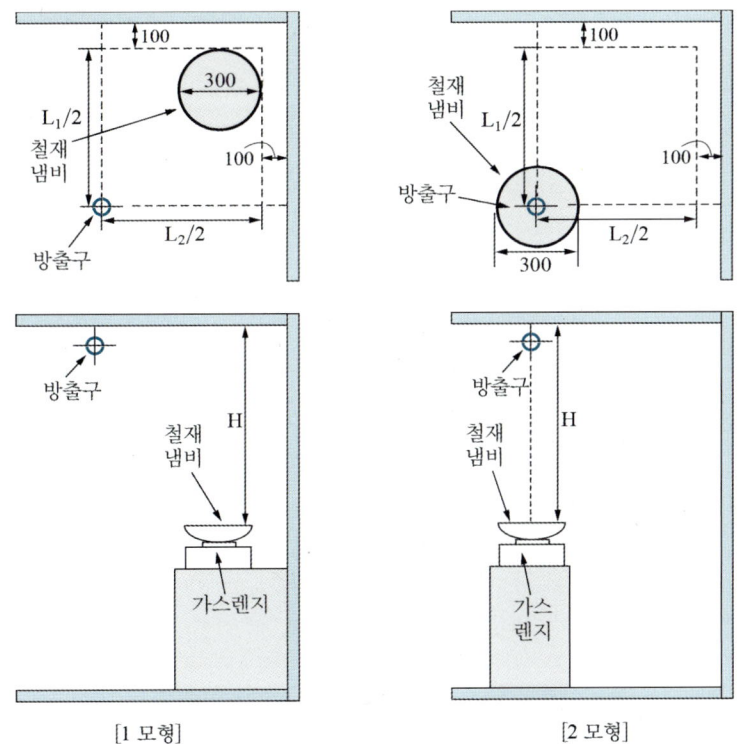

[1 모형]　　　　　　　　　　[2 모형]

① 소화시험모형을 설치하여 철제냄비에 대두유 800 mL를 넣고 가열하여 발화시키는 경우, 두 모형 모두 소화(소화약제 방사종료 후 2분 이내에 재연하지 않는 것)
② 철제냄비 대두유에 점화된 후 2분 이내에 소화약제 방출

③ 각 방출구의 최소공칭방호면적은 0.4 m² 이상
④ 2개 이상의 방출구를 사용하는 경우는 1개의 방출구에 대한 공칭방호면적을 적용하여 소화시험을 실시하며 나머지 방출구에서 방출되는 소화약제는 소화시험에 영향을 미치지 않을 것
⑤ 공칭방호면적 계산

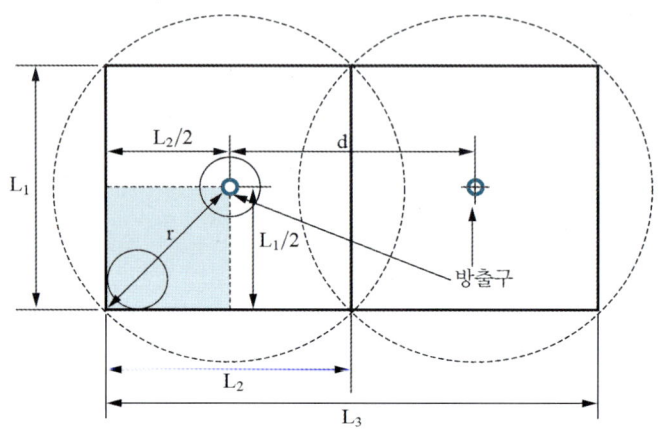

⑥ 방출구의 유효설치높이가 범위로 설계된 경우는 최소 높이 및 최대 높이에서 각각 소화시험 실시
⑦ 감지부는 설치 위치 및 높이의 범위에서 화원과 가장 먼 지점에 설치하고 소화시험 실시

4-3

건축관련법에서 규정하는 다음 사항을 설명하시오.
1) 건축물의 경사지붕 아래에 설치하는 '대피공간'의 설치대상 및 설치기준
2) 공동주택 중 아파트 '대피공간'의 설치대상, 설치기준 및 면제기준

[풀이]

1. 경사지붕 아래에 설치하는 대피공간

1) 설치대상

층수가 11층 이상인 건축물로서 11층 이상인 층의 바닥면적의 합계가 10,000 m² 이상인

건축물의 지붕이 경사지붕인 경우

2) 설치기준

구분	설치기준
대피공간의 면적	• 지붕 수평투영면적의 1/10 이상
구획	• 건축물의 다른 부분과 내화구조의 바닥 및 벽(출입구·창문을 제외한 부분)
출입구	• 너비 0.9 m 이상, 60+방화문 또는 60분 방화문 설치(비상문자동개폐장치를 설치)
내부마감재료	• 불연재료
조명설비	• 예비전원으로 작동
연결	• 특별피난계단 또는 피난계단
통신시설	• 관리사무소 등

2. 아파트 대피공간의 설치대상, 설치기준 및 면제기준

1) 설치대상

  아파트로서 4층 이상인 층의 각 세대가 2개 이상의 직통계단을 사용할 수 없는 경우

2) 설치기준

① 인접 세대와 공동으로 설치할 경우, 2개 이상의 직통계단을 쓸 수 있는 위치
② 대피공간은 바깥의 공기와 접하는 곳
③ 대피공간은 실내의 다른 부분과 방화구획으로 구획
④ 공동으로 설치하는 경우는 3 m² 이상, 각 세대별로 설치하는 경우는 2 m²
⑤ 국토교통부 장관이 정하는 기준에 적합
⑥ 대피공간의 구조

	구조
장소	• 거실 각 부분에서 접근이 용이하고 외부에서 신속하고 원활한 구조활동을 할 수 있는 장소
구획	• 1시간 이상의 내화성능을 갖는 내화구조의 벽
갑종방화문	• 표지판 설치, 거실 쪽에서만 열 수 있는 구조의 밖여닫이 문
내부마감재료	• 준불연재 이상
구조	• 외기에 개방 • 외기에 개방되는 창호를 설치하는 경우 : 폭 0.7 m 이상, 높이 1.0 m 이상 • 피난에 장애가 없는 구조
조명	• 휴대용 손전등을 비치하거나 비상전원이 연결된 조명설비
시공·유지관리	• 대피에 지장이 없도록 • 보일러실 또는 창고 등 대피에 장애가 되는 공간으로 사용 불가 • 실외기 등 설치 시 : 불연재료로 구획(대피공간 바닥면적 산정 시 제외)

3) 면제기준

① 인접 세대와의 경계벽이 파괴하기 쉬운 경량구조 등인 경우
② 경계벽에 피난구를 설치한 경우
③ 발코니의 바닥에 국토부령으로 정하는 하향식 피난구를 설치한 경우
④ 국토교통부 장관이 대피공간과 동일하거나 그 이상의 성능이 있다고 인정하여 고시하는 구조 또는 시설을 갖춘 경우

4-4

수조가 펌프보다 낮게 설치된 경우, 펌프 흡입측 배관의 구성 및 설치 시 유의사항에 대하여 설명하시오.

풀이

1. 펌프 흡입측 배관의 구성

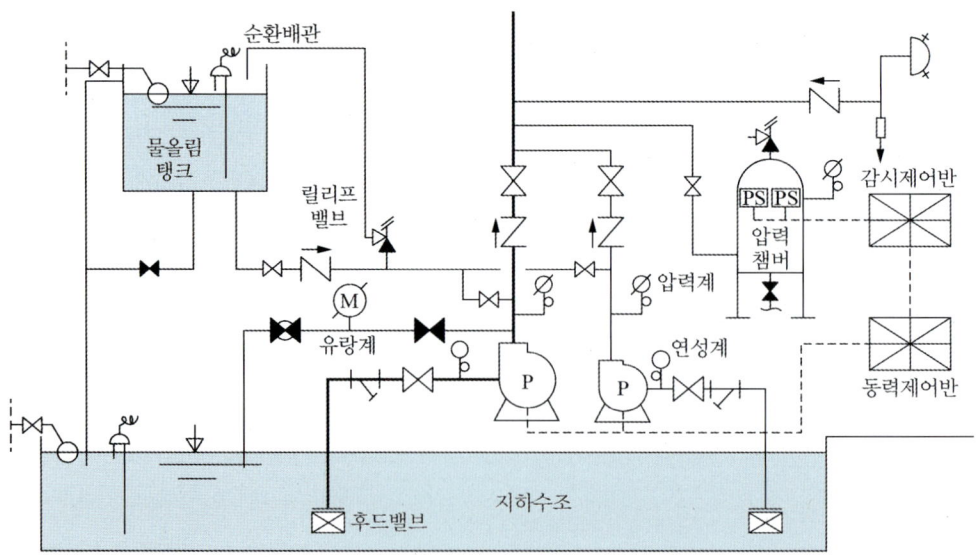

① 흡입측 배관의 구성 : 후드밸브, 스트레이너, 개폐밸브, 연성계(진공계) 등
② 물올림장치 : 수조가 펌프보다 낮게 설치된 경우 설치

2. 설치 시 유의사항

1) 와류 방지턱 설치
① 도수로는 흡수조를 향해서 빠른 유속, 심한 유속변화가 없게 최대 0.9~1.2 m/s 이하
② 와류 방지턱과 흡입관과의 거리는 작게(넓을수록 소용돌이가 발생)
③ 흡입관 끝에는 벨마우스를 달고 충분한 이격

2) 흡입측 배관
① 캐비테이션 방지를 위하여 흡입측 배관 짧게 설계(NPSHav > NPSHre)
② 흡입측은 진공압력이므로 펌프의 성능 및 보호를 위해 주펌프, 충압펌프 각 각 전용배관 설치
③ 관 길이 등 손실수두를 적게 하고 약 1/50 올림 구배
④ 배관 구경은 정격유량의 1.5배에서 4.6 m/s 이하

3) foot valve
① 1차로 이물질을 제거하는 여과 기능
② 흡입측 배관을 충수상태로 유지하기 위한 체크 기능
③ 여과망이 촘촘하면 흡입성능이 저하될 수 있으므로 여과망의 크기는 12.7 mm 이하

4) 스트레이너
① 2차로 이물질을 제거하여 펌프 성능 확보
② 수시로 청소

4) butter fly v/v 설치 금지
① butter fly v/v 설치 시 캐비테이션 발생 및 수격현상이 발생하므로 이에 대한 방지대책으로 게이트밸브 설치
② butter fly v/v의 경우 마찰손실이 크다.

5) 흡입측 편심 레듀서 설치
① 동심 레듀서를 사용할 경우
   레듀서의 상부측에 공기가 고이게 되어 펌프의 성능을 저하
② 이를 방지하기 위하여 흡입측 배관에 편심 레듀서를 사용

4-5

NFPA 11(포소화설비)에서 포소화설비가 적절하게 설치되었는가를 판단하기 위해 필요한 인수시험(세정포함), 압력시험, 작동시험, 방출시험 절차에 대하여 설명하시오.

풀이

1. 인수시험(세정포함)

1) 세정
   ① 주 급수관에 유입된 이물질 제거를 위해 설비배관에 연결하기 전 최대유량으로 세정 시행
   ② 완전히 세정될 때까지 유수가 지속되어야 하며 모든 포소화설비 배관은 정상 급수를 사용하여 세정되어야 함
   ③ 세정할 수 없는 배관은 내부 청결상태를 육안으로 검사
      ㉠ 압축공기포 시스템 배관은 육안검사, 필요 시 배관 설치 중에 청소 시행
      ㉡ 압축공기포 시스템 배관은 물 대신 시스템 공기공급장치로 세정 시행

2) 인수시험
   ① 완성된 시스템은 관할기관의 승인을 받기 위해 유자격자가 시험을 시행하여야 함
   ② 시험은 시스템이 적절하게 설치되고 의도한 대로 작동하는지 확인

3) 인수시험 시 포함사항
   ① 포소화설비가 적절한 포수용액 압력과 농도 및 방출률로 방사된다면 인화성액체 소화 가능
      ㉠ 모든 포발생 장치는 설계압력 및 설계농도로 작동
      ㉡ 필요시 수질과 포 액체의 배합이 가능한지 확인하기 위한 시험이 수행되어야 함
   ② 포 시스템 성능평가 고려 사항
      ㉠ 정수압
      ㉡ 제어밸브와 시스템으로부터 먼 위치에서 안정된 유수압력
      ㉢ 포 약제 소비량

2. 압력시험

① 모든 배관은 NFPA13에 따라 200 psi 또는 최대사용압력 + 50 psi 중, 높은 압력으로 2시간 동안 정수압시험 시행(표면하 방식은 제외)

② 모든 건식 수평배관은 배수를 위한 기울기가 확인되어야 함

3. 작동시험
① 승인 전 모든 작동장치 및 장비의 기능을 시험
② 전역방출방식의 시스템 동작 시 문·창문 등의 자동폐쇄장치 및 배연구 연동 여부 확인
③ 정상작동 및 고장감시를 위해 전기 제어회로 및 감시시스템 확인
④ 물 공급 시험
  ㉠ 주 drain 밸브가 열리고 시스템 잔류압력이 안정화될 때까지 개방상태 유지
  ㉡ 사용자는 정압 및 잔류압력 기록
⑤ 모든 제어밸브는 시스템의 수압에서 완전히 개방 및 폐쇄 가능
⑥ 제조사에서 제시하는 조작지침이 검증되어야 함

4. 방출시험
① 설계사양서에 따라 위험요소가 완벽히 방호되는지 유수 시험을 해야 함
② 요구 자료
  ㉠ 정수압
  ㉡ 제어밸브 및 시스템으로부터 먼 기준점에서 잔류수압
  ㉢ 실제 방출률
  ㉣ 포 약제 소모량
  ㉤ 포수용액 농도
③ 압축공기포 시스템의 경우 방출시험 시 기록 사항
  ㉠ 정수압
  ㉡ 제어밸브의 잔류수압
  ㉢ 시스템 공기압력
  ㉣ 포수용액 농도
④ 포혼합장치는 포 방사 없이 승인된 방법으로 시험이 가능해야함
⑤ 혼합농도는 제조사가 제시하는 농도의 0~30 % 범위 또는 ±1 % 포인트 이내일 것

4-6

소방시설 비상전원에 대하여 다음 사항을 설명하시오.
1) 비상전원의 정의
2) 비상전원설비가 갖추어야 할 기준
3) 다음 소방시설에 관한 사항
   가. 옥내소화전설비의 비상전원 설치대상 및 종류
   나. 유도등, 제연설비 및 고층건축물 스프링클러설비의 비상전원 종류 및 용량

> 풀이

1. 비상전원(emergency power)의 정의

① 상용전원 차단 시 소방대상물에서 소방시설을 일정 시간 사용하기 위한 별도의 전원공급원
② 현재 소방에서 사용하는 개념으로 화재 시 추가 전원공급을 통해 인명 및 재산보호에 주안점을 둔 redundancy 개념의 전원
③ 시스템 외부에 있는 별도의 전원설비로 자가발전설비, 축전지설비, 전기저장장치, 비상전원수전설비가 있다.
④ 일반 부하전원이 사고 등으로 정전될 경우를 대비하여 비상시 확보할 전원으로 고정식 설비

2. 비상전원설비가 갖추어야 할 기준

① 용량 : 소방시설을 유효하게 20분 이상(30층~50층 미만 : 40분, 50층 이상 : 60분 이상)
② 기능 : 상용전원 정전 시 자동으로 비상전원으로 전환
③ 출력용량
   - 모든 부하의 합계 입력용량을 기준으로 정격출력을 선정(PG1)
   - 기동전류가 가장 큰 부하가 기동될 때에도 부하의 허용 최저입력전압 이상의 출력전압을 유지(PG2)
   - 입력용량이 가장 큰 부하가 최종 기동할 경우에도 내력을 가질 것(PG3)
④ 장소 : 점검에 편리하고 침수 우려가 없는 곳
⑤ 조명 : 비상조명등과 실외부 비상전원 표지 부착
⑥ 구획 : 타 지역과 방화구획
⑦ 자가발전설비 : 소방전용 발전기, 소방부하 겸용 발전기, 소방전원 보존형 발전기 중 하나를 설치하고 그 부하용도별 표지를 부착

⑧ 급배기 설비 : 옥내설치 시 옥외로 통하는 급배기 설비 설치

3. 옥내소화전설비의 비상전원 설치대상 및 종류

1) 설치대상

① 층수가 7층 이상으로서 연면적이 2,000 m² 이상

② 지하층 바닥면적 합계 3,000 m² 이상

2) 종류 : 자가발전설비, 축전지 설비, 전기저장장치

4. 유도등, 제연설비 및 고층건축물 스프링클러설비의 비상전원 종류 및 용량

1) 유도등

① 종류 : 축전지

② 용량 : 20분 이상

③ 용량 : 60분 이상
- 지하층을 제외한 층수가 11층 이상의 층
- 지하층 또는 무창층으로서 용도가 도매시장·소매시장·여객자동차터미널·지하역사 또는 지하상가

2) 제연설비

① 종류 : 자가발전설비, 축전지설비, 전기저장장치

② 용량 : 제연설비 20분 이상 작동

3) 고층건축물 스프링클러설비

① 종류 : 자가발전설비, 축전지설비, 전기저장장치

② 용량 : 40분(50층 이상 : 60분) 이상 작동

제130회 소방기술사

1교시

※ 다음 문제 중 10문제를 선택하여 설명하시오. (각 10점)

1. 아크의 정의, 아크 차단기의 구성과 동작원리를 설명하시오.

2. 「도로터널 방재·환기시설 설치 및 관리지침」에 따른 도로터널의 정의를 쓰고, 터널연장(L) 기준과 위험도지수(X)에 따른 터널 등급 구분을 설명하시오.

3. 분기배관, 확관형분기배관, 비확관형분기배관의 정의와 분기배관 명판에 표시하여야 하는 사항을 설명하시오.

4. Burgess-Wheeler 법칙에 의한 식을 이용하여 프로판의 연소하한계 값을 구하시오(단, 프로판의 연소열은 2,220 kJ/mol, 연소하한계 값은 소수점 1번째에서 반올림할 것).

5. 조도(照度, Intensity of Illumination)에 대하여 설명하고, 비상조명등과 관련된 화재안전기술기준에서 조도 관련 내용을 설명하시오.

6. 메탄의 고위발열량이 55,528 kJ/kg일 때, 메탄의 저위발열량 계산하고, 저위발열량에 대하여 설명하시오(단, 물의 증발잠열은 2,260 kJ/kg이다).

7. 화재안전기술기준에 따라 설치되는 누전경보기 중 변류기(영상변류기)의 작동원리에 대하여 설명하시오.

8. 자동화재탐지설비 중 아날로그식 감지기, 다신호식 감지기, R형 수신기용으로 사용되는 차폐선(Shielded Wire)의 종류와 시공방법에 대하여 설명하시오.

9. 「소방시설 설치 및 관리에 관한 법령」에서는 성능위주설계 대상을 규정하고 있다. 성능위주설계 표준 가이드라인에서 제시하는 최적화된 경보설비(통신간선 이중화, 적응성 감지기) 시스템에 대하여 설명하시오.

10. 물류창고 및 창고형 판매시설 등 화재하중이 높은 장소에서 성능위주설계 시 적용할 수 있는 경보설비, 피난설비, 방화시설에 대하여 설명하시오.

11. 「건축물의 피난·방화구조 등의 기준에 관한 규칙」과 「지하구의 화재안전성능기준」에 명시된 방화벽을 각각 설명하시오.

12. 위험성평가기법 중 작업안전분석(JSA : Job Safety Analysis) 방법에 대하여 설명하시오.

13. NFPA 72에서의 Unwanted Alarm 종류에 대하여 설명하시오.

2 교시

※ 다음 문제 중 4문제를 선택하여 설명하시오. (각 25점)

1. 성능위주설계 표준 가이드라인에 따른 고층(초고층) 건축물의 규모와 특성에 맞는 거실 제연설비, 부속실·승강장, 피난안전구역 제연설비, 지하주차장 제연설비 시스템에 대하여 설명하시오.

2. 감리업무 중 공사비용이 증감되는 설계변경이 발생할 때, 아래의 내용을 설명하시오.
   1) 발주자 지시에 의한 설계변경
   2) 시공자 제안에 의한 설계변경
   3) 설계변경 검토 항목 및 검토내용

3. 아래와 같은 병렬 및 직렬 누설 틈새 식을 유도하시오.
   1) 병렬 누설 틈새 식 : $A_t = A_1 + A_2 + \cdots + A_N$
   2) 직렬 누설 틈새 식 : $\dfrac{1}{A_t^n} = \dfrac{1}{A_1^n} + \dfrac{1}{A_2^n} + \cdots + \dfrac{1}{A_N^n}$

4. 「스프링클러헤드의 형식승인 및 제품검사의 기술기준」(소방청 고시)이 개정되어 열반응 시험이 반영되었다. 해당 시험의 제·개정이유, 도입 배경, 시험기준 및 시험절차 등에 대하여 설명하시오.

5. 「화재의 예방 및 안전관리에 관한 법령」에 따른 특수가연물 품명 및 수량, 저장·취급기준, 표지설치에 대하여 설명하시오.

6. 건축허가동의 시 분야별 주요 검토사항 중 피난·방재분야의 방화구획 적정성 확보를 위한 확인사항에 대하여 설명하시오.

3교시

※ 문제 중 4문제를 선택하여 설명하시오. (각 25점)

1. 화재안전기술기준에서 제시하는 스프링클러설비 설치·유지를 위한 아래 내용에 대하여 설명하시오.
   1) 비상전원 출력용량 기준을 만족하기 위한 정격출력, 출력전압, 과전류 내력의 기준
   2) 스프링클러설비의 음향장치 및 기동장치(펌프 및 밸브)

2. 이산화탄소 소화설비가 최적의 상태로 운전될 수 있는지 여부를 확인하기 위한 성능시험 시 (1) 저장용기 (2) 기동장치 (3) 선택밸브 (4) 감지기 점검사항에 대하여 설명하시오.

3. 성능위주설계 대상, 변경신고 대상, 건축심의 전 제출도서, 건축허가동의 전 제출도서를 각각 설명하시오.

4. 소방시설공사업법 감리업무 수행내용 중 완공 전 소방시설 등의 성능시험이 있다. 스프링클러 준비작동식의 성능 시 운전 점검 시 자동작동시험과 수동작동시험을 각각 설명하시오.

5. 다음 소방설비에 대하여 설명하시오.
   1) 하향식 피난구 성능기준
   2) 교차회로방식과 송배전방식
   3) 대형소화기의 소화약제량(물, 강화액, 할로겐화합물, 이산화탄소, 분말, 포소화기)
   4) 고가수조, 압력수조, 가압수조
   5) 미분무 정의와 사용압력에 따른 미분무소화설비 분류

6. 연소생성물의 종류에 대하여 설명하고 화재 시 연소생성물이 인체에 미치는 영향에 대하여 설명하시오.

4교시

※ 다음 문제 중 4문제를 선택하여 설명하시오. (각 25점)

1. 대규모 데이터 센터의 화재가 발생할 때 1) 업무중단으로 인한 리스크, 2) 데이터 센터의 화재 관련 손실 발생요인에 대하여 설명하시오.

2. 소방시설 설치 및 관리에 관한 법령 및 화재안전기술기준에서 정하는
   1) 임시소방시설을 설치해야 하는 화재위험작업의 종류
   2) 임시소방시설을 설치해야 하는 공사 종류와 규모
   3) 임시소방시설 성능 및 설치기준

4) 설치면제 기준에 대하여 설명하시오.

3. 성능위주설계 시 인명안전평가를 위한 화재·피난시뮬레이션 수행방식의 종류를 설명하시오.

4. 포그머신 등을 이용하여 Hot Smoke Test를 실시하려 한다. Hot Smoke Test 절차도 작성, Hot Smoke 발생에 필요한 장비의 구성, Hot Smoke Test로 얻을 수 있는 효과에 대하여 설명하시오.

5. 「초고층 및 지하연계 복합건출물 재난관리에 관한 특별법령」에 따라 고층(초고층) 건축물에 반드시 갖추어야 하는 소방시설과 그에 따른 스프링클러설비와 인명구조기구 설치기준에 대하여 설명하시오.

6. 화재플룸(Fire Plume)의 발생 메카니즘을 쓰고, 광전식 공기흡입형감지기(아날로그방식)의 작동원리와 적응성에 대하여 설명하시오.

교시 1

1-1
아크의 정의, 아크 차단기의 구성과 동작원리를 설명하시오.

풀이

1. 아크

① 아크란 전원이 끊길 때 전류가 갑자기 큰 저항을 만나면서 계속 흐르려는 성질에 의해 호를 그리며, 빛과 고온의 열을 수반하는 현상
② 절연체 사이에서 연속적으로 빛을 발하는 방전현상
③ 3,000 ℃ 이상의 고온으로 전기화재의 원인
④ 아크 차단기는 배선상의 절연파괴, 접촉불량, 절연열화 등으로 인해 발생하는 아크(직렬아크, 병렬아크, 지락아크)를 검출하여 회로에서 분리하여 차단하는 기능을 가진 차단기

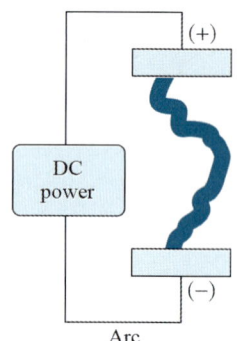

2. 아크 차단기의 구성과 동작원리

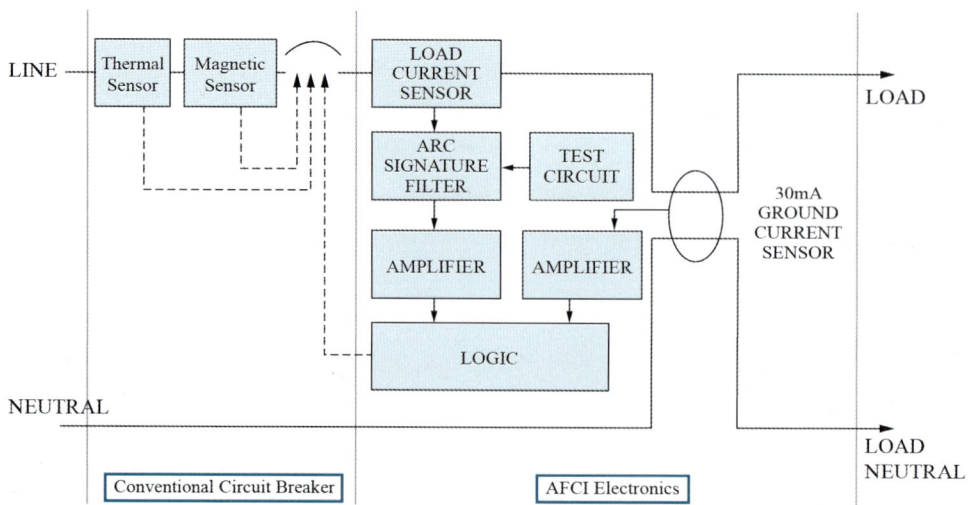

1) 구성
　　① 누전차단기(과전류 차단) + 아크 차단기
　　② 누전차단기 : 열센서, 자기센서, 영상변류기
　　③ 아크 차단기 : 부하전류센서, 아크 특성 필터, 논리회로

2) 동작원리
　　① 부하전류센서 → 아크 특성 필터 → 증폭기 → 논리회로
　　② 논리회로에서 아크 파형으로 판단 시 회로차단

3. 필요성
① 누전차단기의 경우 감전 및 누전에 효과적이지만 아크 검출에 한계
② 아크 차단기의 설치를 위한 홍보, 설치 확대를 위한 법규제정의 필요성

1-2

「도로터널 방재·환기시설 설치 및 관리지침」에 따른 도로터널의 정의를 쓰고, 터널 연장(L) 기준과 위험도지수(X)에 따른 터널 등급 구분을 설명하시오.

풀이

1. 도로터널의 정의
① 자동차의 통행을 목적으로 지반을 굴착하여 지하에 건설한 구조물(지하터널)
② 개착공법으로 지중에 건설한 구조물(BOX형 지하차도)
③ 기타 특수공법(침매공법 등)으로 하저에 건설한 구조물(침매터널 등)
④ 지상에 건설한 터널형 방음시설(방음터널)

2. 터널 등급구분

등급	터널연장 기준	위험도지수[X] 기준
1	3,000 m 이상	X > 29
2	1,000 m 이상, 3,000 m 미만	19 < X ≤ 29
3	500 m 이상, 1,000 m 미만	14 < X ≤ 19
4	500 m 미만	X ≤ 14

① 터널연장기준과 교통량 등을 고려한 위험도지수를 기준으로 1~4의 터널 등급으로 구분
② 방재등급은 개통 후 매 5년 단위로 조정검토 가능

1-3
분기배관, 확관형분기배관, 비확관형분기배관의 정의와 분기배관 명판에 표시하여야 하는 사항을 설명하시오.

풀이

1. 정의

1) 분기배관

    배관 측면에 구멍을 뚫어 둘 이상의 관로가 생기도록 가공한 배관

2) 확관형 분기배관

    ① 배관 측면에 조그만 구멍을 뚫고 소성가공으로 확관시켜 배관 용접이음자리를 만들거나 배관 용접이음자리에 배관 이음쇠를 용접 이음한 배관
    ② 홀 타공 → 티 뽑기(소성가공) → 배관 이음쇠 용접

3) 비확관형 분기배관

    ① 배관 측면에 분기호칭 내경 이상의 구멍을 뚫고 배관 이음쇠를 용접 이음한 배관
    ② 홀 타공 → 배관 이음쇠 용접

2. 명판 표시사항(금속제 또는 은박지 명판 등에) 표시

① 성능인증번호 및 모델명
② 제조자 또는 상호
③ 치수 및 호칭(분기관 직근에 치수와 호칭이 별도로 표시되어 있는 때에는 생략)
④ 제조연도, 제조번호 또는 로트번호
⑤ 스케줄(schedule) 번호(해당되는 배관에 한함), 배관재질 또는 KS 규격명
⑥ 설치방법(용접 이음부를 베벨엔드로 가공하지 아니한 경우에는 반드시 "그루브 모양을 KS B 0052(용접 기호)의 √모양이 되도록 가공한 후 용접이음할 것" 등의 내용을 포함)
⑦ 품질보증내용 및 취급 시 주의사항 등

1-4

Burgess-Wheeler 법칙에 의한 식을 이용하여 프로판의 연소하한계 값을 구하시오(단, 프로판의 연소열은 2,220 kJ/mol, 연소하한계 값은 소수점 1번째에서 반올림할 것).

1. Burgess-Wheeler 법칙

파라핀계 탄화수소의 연소하한계 LFL과 연소열의 곱은 일정한 값인 1,050 kcal/mol를 가짐

$$\text{LFL} \times \Delta \text{HC} \fallingdotseq 1,050$$

2. 계산

1) 연소열(ΔH_c)

$$\Delta H_c = 2,200 \, \text{kJ/mol} \times \frac{1 \, \text{kcal}}{4.186 \, \text{kJ}} = 530.399 \, \text{kcal/mol}$$

2) 프로판의 연소하한계

$$\text{LFL} = \frac{1,050}{\Delta H_c} = \frac{1,050}{530.339} = 1.979 \fallingdotseq 1.98\%$$

1-5

조도(照度, Intensity of Illumination)에 대하여 설명하고, 비상조명등과 관련된 화재안전기술기준에서 조도 관련 내용을 설명하시오.

풀이

1. 개념도

① il은 do, lumin은 light의 어원으로 illumination은 빛을 내게 하는 것으로 밝게 하는 것을 말하며 조도는 빛의 밝기를 나타내는 정도를 말함
② 단위는 lux [lx]로 1 lx는 1루멘(광속의 단위)의 광속이 1 m^2를 비추는 경우의 조도를 말함

③ 따라서 $E = \dfrac{\text{lumen [lm]}}{A} = \dfrac{F}{A}$

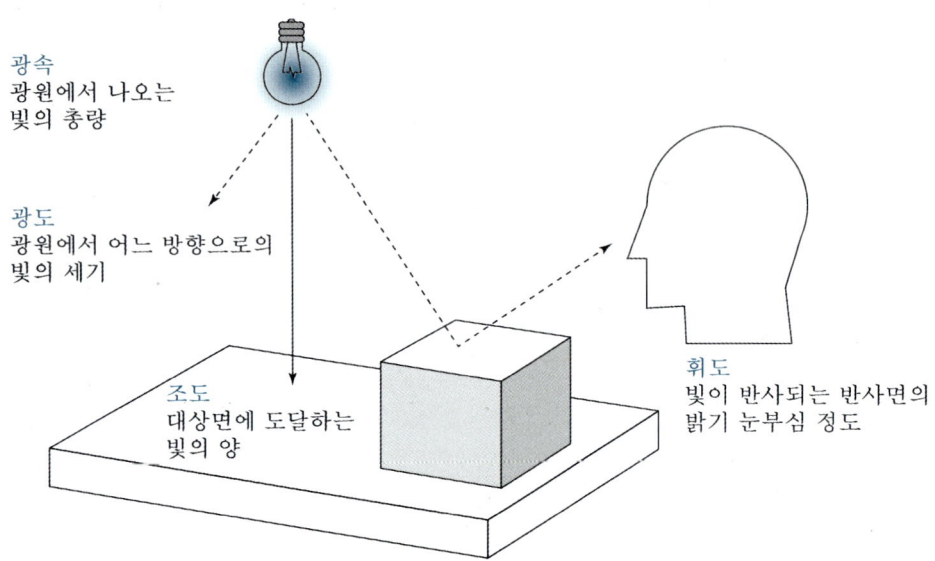

2. 화재안전기술기준에서 비상조명등의 조도 기준

1) 비상조명등

비상조명등이 설치된 장소 각 부분 바닥에서 1 [lx] 이상

2) 도로터널

터널 안의 차도 및 보도에서 10 [lx] 이상, 그 외 모든 부분 1 [lx] 이상

3) 고층건축물(피난안전구역)

비상조명등이 설치된 장소 각 부분 바닥에서 10 [lx] 이상

3. 개선사항

피난안전성확보를 위하여 조도의 기준을 1 [lx] → 10 [lx]로 상향 검토

1-6

메탄의 고위발열량이 55,528 kJ/kg일 때, 메탄의 저위발열량 계산하고, 저위발열량에 대하여 설명하시오(단, 물의 증발잠열은 2,260 kJ/kg이다).

[풀이]

1. 저위발열량

1) 고위발열량(higher heating value)
   ① 연료의 수분 및 연소에 의해 생성된 수분의 응축열을 포함한 열량으로 열량계로 측정한 값
   ② 연료가 연소한 후 연소가스의 온도를 최초 온도까지 내릴 때 분리하는 열량

2) 저위발열량(lower heating value)
   ① 고위발열량에서 수증기의 응축잠열을 뺀 값
   ② 고체와 액체 연료의 경우 저위발열량으로 기준하는데 고체나, 액체 연료의 경우 연료를 기화시켜 연소시키기 위하여 연료 중에 함유된 수분을 증발시켜야 하기 때문
   ③ 액체상태에서 기체상태로 상변화를 시키기 위해서는 수분의 증발열이 필요하게 되는데 수분의 증발열을 뺀 실제로 허용되는 연료의 발열량을 저위발열량이라 함

2. 계산

1) 화학반응식
   - $CH_4 + 2O_2 \rightarrow CO_2 + 2H_2O$
   - 메탄 1 mol이 연소하면 수증기 2 mol 발생

2) 저위발열량
   - 저위발열량 $= 55,528\,kJ/kg - \dfrac{2\,kmol \times 18\,kg/kmol}{1\,kmol \times 16\,kg/kmol} \times 2,260\,kJ/kg$
   $= 50,443\,kJ/kg$

1-7

화재안전기술기준에 따라 설치되는 누전경보기 중 변류기(영상변류기)의 작동원리에 대하여 설명하시오.

> 풀이

1. 구성

① 변류기 : 회로에서 발생하는 누설전류를 검출하는 장치로서 환상형의 철심에 검출용 권선을 내장하고 가운데 홀(hole)로 회로 배선을 통과시켜 사용
② 수신부 : 누설전류가 발생할 경우, 변류기에서 미소한 변화를 수신하여 계전기를 동작시켜 이를 증폭하고 음향장치의 경보를 말하며 송신된 신호를 자동으로 표시
③ 음향장치 : 누설전류가 발생하여 수신기에 신호가 입력되면 이에 따라 부저(buzzer) 등의 음향을 경보
④ 차단기 : 누설전류가 발생하여 수신기에 신호가 입력되면 자동으로 누전회로 차단

2. 변류기 작동원리

1) 단상 2선식

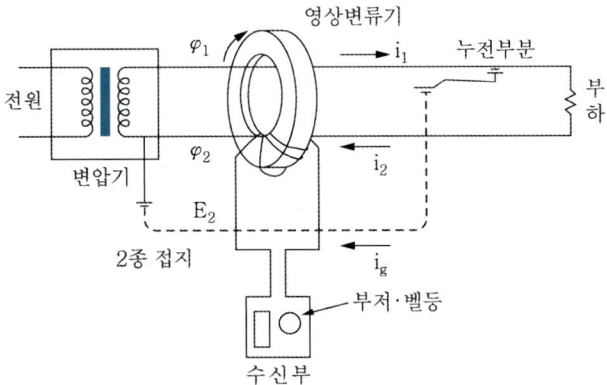

① 평상시 : $i_1 = i_2$
② 누전 시 : $i_2 = i_1 - i_g$

2) 3상 3선식

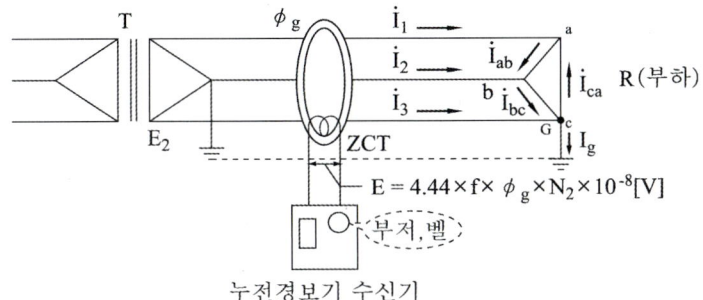

① 평상시 : 각 선전류의 벡터합 $i_1 + i_2 + i_3 = 0$
② 누전 시 : 선전류의 벡터합 $i_1 + i_2 + i_3 = i_g$

3) 작동원리

① 평상시 : 전류평형에 의해 변류기 2차측에 기전력을 유기하지 않으므로 누전경보기는 동작하지 않음
② 누설 시 : 전류평형이 깨져 변류기 2차측에 기전력을 유기하여 누전경보기 작동

1-8

자동화재탐지설비 중 아날로그식 감지기, 다신호식 감지기, R형 수신기용으로 사용되는 차폐선(Shielded Wire)의 종류와 시공방법에 대하여 설명하시오.

[풀이]

1. 차폐선

    1) 개념

    ① 통신용 전자기기는 저전압화, 소전류화 되어 유도장애 및 noise에 약하며, 경제성을 고려하여 플라스틱류의 고분자물질을 사용하기 때문에 전자파가 침투하여 noise가 발생
    ② 외부 노이즈를 방지하기 위하여 전선에 차폐선을 사용하고, 내부노이즈를 방지하기 위하여 twisted pair를 사용하고 차폐선을 접지함으로써 노이즈가 대지로 흘러가도록

한다.

2) FTP(foiled twisted paired copper cable)

   ① 1중 차폐로 케이블 코어만 차폐된 케이블
   ② 차폐 재질 : AL/plastic complex foil 또는 동편조(copper braid)
   ③ UTP에 비해 절연 기능이 탁월

3) STP(shielded twisted paired copper cable)

   ① 2중 차폐로 pair 차폐 및 케이블 코어 차폐된 케이블
   ② pair 차폐 : AL/plastic complex foil
      코어 차폐 : AL/plastic complex foil 또는 동편조(copper braid)
   ③ 외부의 노이즈를 차단하거나 전기적 신호의 간섭에 탁월한 성능
   ④ 차폐재는 접지의 역할

2. 차폐선의 시공방법

1) 실드선 사용과 접지

   ① 외부 노이즈에 대한 방법으로 잡음의 종류로는 정전유도에 의한 잡음, 자기유도에 의한 잡음, 전자파에 의한 잡음, 노이즈 음, 혼선 등에 의한 잡음이 있으며 이와 같이 유도에 의한 잡음을 방지하려면 배선에 그 편조를 접지

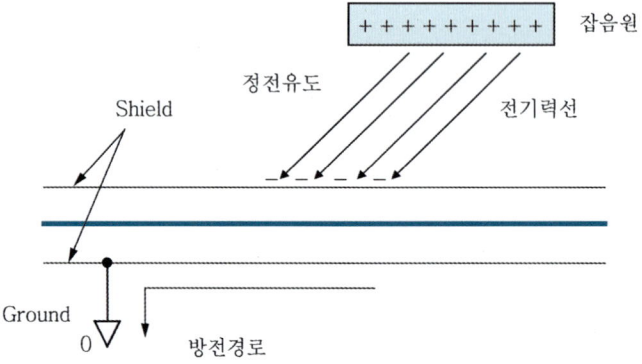

   ② 전자파가 유도될 경우에 접지부분과 연결되어 있지 않을 경우
      차폐가 되지 않는 일반전선을 사용한 경우보다도 전자유도에 의한 간섭을 더 많이 받게 된다.
   ③ 정전유도된 잡음에 차폐선을 이용하여 대지로 접지시켜 방전

2) 트위스트 페어(twisted pair)를 사용

① 내부 노이즈에 대한 방법으로 외부 자력선에 의해 서로 반대 방향의 기전력이 형성되어 서로 상쇄

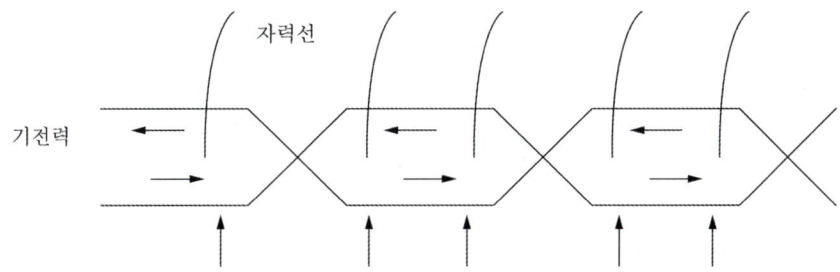

② 따라서 일반 케이블을 사용하는 경우에 비하여 트위스트 케이블을 사용할 때는 전자유도 방해를 거의 받지 않음

1-9

「소방시설 설치 및 관리에 관한 법령」에서는 성능위주설계 대상을 규정하고 있다. 성능위주설계 표준 가이드라인에서 제시하는 최적화된 경보설비(통신간선 이중화, 적응성 감지기) 시스템에 대하여 설명하시오.

풀이

1. 인텔리전트 시스템의 필요성

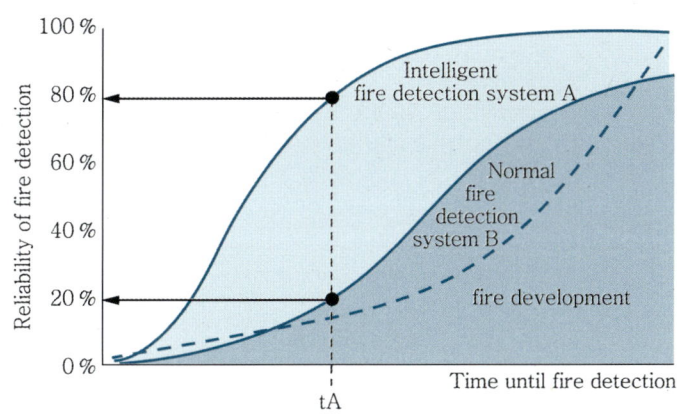

① 기존 시스템 신뢰도 20 %, 인텔리전트 시스템 신뢰도 80 %로 4배의 신뢰도 상승
② 감지기의 경우 아날로그 감지기, 배선의 경우 loop 배선과 단락 시에도 경보가 가능한 Class X배선 사용, 수신기는 네트워크 기능을 가진 인텔리전트 수신기 사용

2. 인텔리전트 시스템

	기존시스템	인텔리전트 시스템
감지기	ON/OFF 접점 감지기화재판단	아날로그 감지기
배선	Class B (일반 배선방식)	Class A (loop 배선방식), Class X (loop 배선방식 + isolate 기능)
수신기	화재 수신, 경보 기능	화재판단 기능 peer to peer, stand-alone 기능, 네트워크(화재, 방범, 출입통제) 기능

3. 성능위주설계 표준 가이드라인의 주된 내용

① 수신기와 수신기, 중계기와 수신기, 중계기와 중계기 간의 배선은 loop back system으로 설치하여 통신(신호)간선 이중화(단, 본선과 별도의 배관으로 분리·이격하여 설치)
② 수신기는 선로의 단락 등의 이상이 발생한 경우에도 성능을 유지할 수 있도록 보호기능을 가진 것 또는 보호설비를 설치할 것(Isolator 반영할 것)
③ 지하주차장 또는 물류창고 등에 설치되는 화재감지기는 특수형 감지기(아날로그 방식·공기흡입형 감지기 등)로 적용
④ 자동화재탐지설비는 동별 중계반을 설치하여 소방시설이 신속하게 작동할 수 있도록 계획

1-10
물류창고 및 창고형 판매시설 등 화재하중이 높은 장소에서 성능위주설계 시 적용할 수 있는 경보설비, 피난설비, 방화시설에 대하여 설명하시오.

풀이

1. 개요
① 물류창고 및 창고형 판매시설 등 화재하중이 높은 장소

② 일반형 스프링클러설비 헤드(K factor 80) 사용을 지양하고 가연물의 양, 종류, 적재방법 및 화재 위험 등급에 따라 소방시설을 강화하여 적용

2. 적용기준

구분	적용기준
경보설비	• 화재 조기감지, 위치확인 및 비화재보 방지를 위한 공기흡입형감지기 등 특수감지기 설치 • 조기 안내방송을 위한 비상방송설비 성능 강화(음향 : 1 W → 3 W)
피난설비	• 랙크식창고 랙 통로 부분 축광식 피난유도선 또는 랙부착유도등 설치로 피난설비 인지도 향상
방화설비	• 방화구획 완화 제한(건축법령), 드렌처(수막설비) 도입 등 • 3,000 m²마다 내화구조의 벽으로 구획(불가피한 경우 방화셔터) • 물류창고 자동화설비(컨베이어벨트, 수직반송장치 등) 방화구획 성능강화
기타	• 물류창고 밀집지역 상수도 소화용수 확보 • 물류창고 주위 소방활동공간 확보(위험물 보유공지 개념)

1-11

「건축물의 피난·방화구조 등의 기준에 관한 규칙」과 「지하구의 화재안전성능기준」에 명시된 방화벽을 각각 설명하시오.

풀이

1. 방화벽과 방화구획

① 방화벽 : 목조건물 등 연소확대방지를 통한 피해 최소화
② 방화구획 : 화재를 일정한 공간으로 한정하여 인적, 물적 피해 최소화하므로 구조적안전성, 차염성, 차열성의 성능이 중요

2. 방화벽(건축물의 피난·방화구조 등의 기준에 관한 규칙)

① 내화구조로서 홀로 설 수 있는 구조
② 건축물의 외벽면 및 지붕면으로부터 0.5 m 이상 돌출
③ 방화벽의 출입문 : 60분+ 또는 60분 방화문, 너비 및 높이 : 각각 2.5 m 이하
④ 기타 방화구획 기준 준용

3. 방화벽(지하구의 화재안전성능기준)

① 내화구조로서 홀로 설 수 있는 구조
② 방화벽의 출입문 : 60분+ 또는 60분 방화문
③ 방화벽을 관통하는 케이블·전선 등 : 내화충전 구조로 마감
④ 분기구 및 건축물 지하구가 연결되는 부위(건축물로부터 20 m 이내)에 설치
⑤ 자동폐쇄장치를 사용하는 경우 : 성능인증 및 제품검사의 기술기준에 적합

1-12
위험성평가기법 중 작업안전분석(JSA : Job Safety Analysis) 방법에 대하여 설명하시오.

풀이

1. 개념
① 작업 수행 전에 실시, 작업 단계별 위험성파악/대책 수립
② 잠재된 위험성(hazard)을 파악하고, risk를 평가하여 risk가 허용 가능한 수준(acceptable level)으로 감소 또는 제거
③ 작업을 안전하게 하는 강력한 수단, 휴먼에러 방지에 기여

2. 실시시기
① 작업을 수행하기 전
② 사고 발생 시 원인 파악 및 대책의 적절성을 평가할 경우
③ 공정 또는 작업방법을 변경할 경우
④ 새로운 물질을 사용할 경우
⑤ 설비의 안전성을 쉽게 설명할 경우

3. 절차
① 절차서 작성
② 팀 구성
③ 실행 대상 작업 선정
④ 평가 시행
  • 작업 단계 구분

- 단계별 유해위험요인(hzazrd) 파악
- 단계별 안전 대책 수립

⑤ 검토 및 승인
⑥ 결과 후속조치
⑦ 결과 기록 및 교육
⑧ 결과 적용
⑨ 이행 평가

4. 비교

	JSA 기법	기타 위험성평가 기법
분야	작업자(작업) 중심	설비 중심
작업활동	비일상적인 작업활동 영역의 비중이 높음	일상적인 작업활동 영역의 비중이 높음
작업자	참여	전문가 그룹이 주도
적용	작업 시 적용	작업과의 연계성 부족
수행시기	작업 전	주기적(연 1회 등)

1-13
NFPA 72에서의 Unwanted Alarm 종류에 대하여 설명하시오.

풀이

1. 비화재보(unwanted alarm)
① 화재 이외에 발생하는 모든 경보를 말함
② 경보설비의 핵심은 신뢰도로 NFPA 72의 경우 4가지로 범주화하여 비화재보를 줄이는 역할을 함

2. NFPA 72 비화재보 4가지 분류 및 방지대책

1) malicious alarm(고의성 경보)
① 인간의 고의성을 가진 행동으로 인한 경보

② 푸시버튼의 경우 캡을 씌우는 방법, 가스계 수동조작함을 출입문 안쪽에 설치하는 방법 등으로 해결

2) nuisance alarm(일과성 경보)

① 주변 상황이 순간적으로 화재와 같은 상태로 인한 경보
② 적응성 있는 감지기, 청결유지 등

3) unintentional alarm(비고의성 경보)

① 고의성 없는 행동으로 인한 경보로 휴먼에러 등으로 발생
② 휴먼에러가 발생치 않도록 제품반영, 교육 등을 통한 시스템 숙지

4) unknown alarm(미확인성 경보)

① 원인 불명으로 인한 경보
② 기술적 한계로 인한 비화재보

교시 2

2-1
성능위주설계 표준 가이드라인에 따른 고층(초고층) 건축물의 규모와 특성에 맞는 거실 제연설비, 부속실·승강장, 피난안전구역 제연설비, 지하주차장 제연설비 시스템에 대하여 설명하시오.

풀이

1. 제연설비의 성능위주 설계 목표
① 건축물의 규모와 특성이 반영된 제연설비 시스템 적용
② 소방관의 소화활동 지원, 재실자의 피난안전성 확보 및 연소 확대 방지의 역할
③ 법규를 만족하면서 추가로 안전 기준을 강화하므로 인한 신뢰도 향상

2. 거실제연설비

1) SMD(smoke moter damper)

① 누설등급 CLASS-Ⅱ 이상 적용
② 누설량 반영

2) 공조겸용의 경우

공조 TAB로 댐퍼 개구율이 조정되어도 제연풍량이 적정하게 분배되도록 공조댐퍼의 개구율 조정과 별도로 댐퍼 조정

3) 감시제어반 구성

① 디스플레이방식
② 댐퍼 개폐와 송풍기의 작동상태 등을 그림 또는 문자 등의 형태로 표시

4) 판매시설 용도

① 지상층 부분이 유창층일 경우에도 제연설비 설치 규모에 해당하면 제연설비 적용

② 복도 : 미적용

3. 부속실 및 승강장 제연설비

1) 풍량 계산

출입문(20층 초과인 경우 2개소) + 1층 또는 피난층(1개소) 출입문이 개방되는 것을 기준으로 산정

2) 송풍량

덕트의 누설량 및 댐퍼 누설등급에 따른 누설량을 반영하여 산정하고 설계도서에 명기

4. 피난안전구역의 제연설비

1) 외기취입구

① 하부층의 화재로 인해 발생된 연기가 유입되지 않도록 덕트 전용 연기감지기를 덕트 내에 설치
② 연기유입 시 자동으로 폐쇄할 수 있는 구조

2) 외기취입구

위치를 이중화하고 이격하여 설치

5. 지하주차장 제연설비

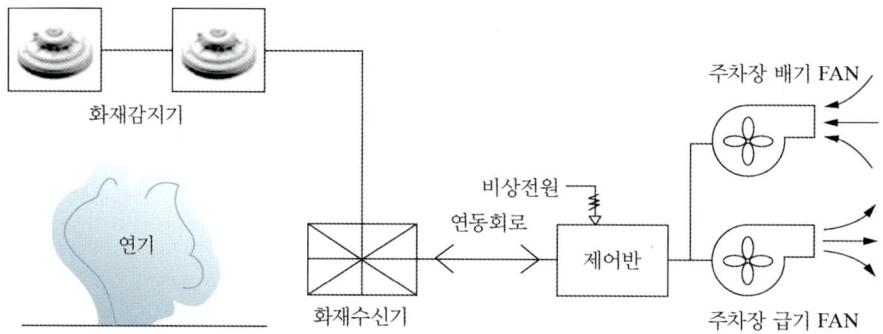

지하 주차장 급기/배기 FAN의 화재감지기 연동회로

1) 환기설비를 이용 연기배출

① 필요 환기량 : 시간당 10회 또는 27 CMH/m^2 중 큰 값
② 자동화재탐지설비와 연동하여 자동 전환
③ 정전 시에도 사용에 지장이 없도록 비상전원 연결, 발전기 용량 확보

2) 연기배출용 루버 위치

　　급기 루버 : 하부, 배기 루버 : 상부에 설치

3) Hot Smoke Test

4) 기타

　　① 환기설비에는 비상전원 및 배기팬의 내열성을 확보
　　② DA에 층간 연기 전파를 막을 수 있는 댐퍼 설치
　　③ 환기팬 원격제어가 가능한 수동기동스위치를 종합방재실 내 설치

2-2

감리업무 중 공사비용이 증감되는 설계변경이 발생할 때, 아래의 내용을 설명하시오.
1) 발주자 지시에 의한 설계변경
2) 시공자 제안에 의한 설계변경
3) 설계변경 검토 항목 및 검토내용

[풀이]

1. 발주자 지시에 의한 설계변경

1) 감리원이 발주자에게 요구하는 서류

　　① 설계변경 개요서
　　② 설계변경 도면, 시방서, 계산서, 공사비 증감 내역서 등
　　③ 수량산출조서
　　④ 그 밖의 필요한 서류

2) 통보

　　① 감리원은 시공자에게 즉시 내용을 통보
　　② 시공자는 설계변경 지시내용의 이행 가능 여부를 당시의 공정, 자재수급 상황 등을 검토하여 확정

3) 이행이 불가능하다고 판단될 경우

　　① 사유와 근거자료를 첨부하여 감리원에게 제출

② 감리원은 그 내용을 검토·확인하여 지체 없이 발주자에게 보고
③ 비용은 원칙적으로 발주자가 부담

2. 시공자 제안에 의한 설계변경

1) 현장실정보고서를 첨부하여 감리원에게 제출

2) 발주자 보고 및 승인

① 감리원은 설계변경 내용을 검토·확인
② 기술검토서를 첨부하여 발주자에게 보고
③ 발주자의 승인을 득한 후 시공하도록 조치

3) 처리기한

① 단순한 사항은 7일 이내, 그 외의 사항은 14일 이내
② 기일 내 처리가 곤란한 경우 사유와 처리계획을 발주자에게 보고하고, 시공자에게도 통보

3. 설계변경 검토 항목 및 검토내용

항목	검토 내용
설계변경요건	• 발주자 지시 및 시공자 제안 사항·경미한 설계변경 • ESC(물가변동)
발생조건 확인	• ESC 발생/설계도서 변경 및 누락, 오류 등 발췌 – 설계사 의견 첨부 등 관련 근거 마련
실정보고	• 설계변경 관련 근거 마련 : 실정보고 자료정리 제출 • 설계변경사항이 발생될 경우 해당 사항에 대하여 검토 보고 • 실정 보고 시 예상 소요 금액을 포함하여 검토
검토의견서 작성 발주자 제출	• 제출된 자료에 대하여 적합 여부, 문제점 등을 세부적으로 검토 • 검토의견서를 작성하여 발주자에 제출
설계변경 세부자료 준비	• 설계변경사유서 • 설계변경도면, 개략적인 수량산출서 • 개략적인 공사비 증감내역 • 기타 필요한 서류
검토의견서 작성보고	• 설계변경 검토의견서 작성
수정공정 계획검토	• 설계변경으로 변경된 공정표를 제출받아 검토

항목	검토 내용
계약변경	• 계약내역서 • 변경계약서 • 변경공정표 등 첨부
설계변경관리	• 설계변경사항은 관리대장을 작성하여 관리 • 설계변경사항에 대한 도면정리 등
기술검토의견	• 시공 중 발생되는 기술적 문제점 및 설계변경사항, 공사계획, 설계도면과 시방서 상호 간의 차이 등의 문제점 • 발주처 요청사항 등에 대하여 해결방안 등을 제시

2-3

아래와 같은 병렬 및 직렬 누설 틈새 식을 유도하시오.

1) 병렬 누설 틈새 식 : $A_t = A_1 + A_2 + \cdots + A_N$

2) 직렬 누설 틈새 식 : $\dfrac{1}{A_t^n} = \dfrac{1}{A_1^n} + \dfrac{1}{A_2^n} + \cdots + \dfrac{1}{A_N^n}$

풀이

1. 직렬, 병렬의 개념도

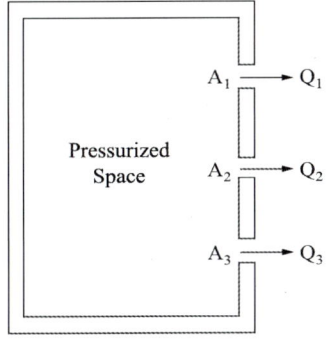
병렬 $Q_t = Q_1 + Q_2 + Q_3$

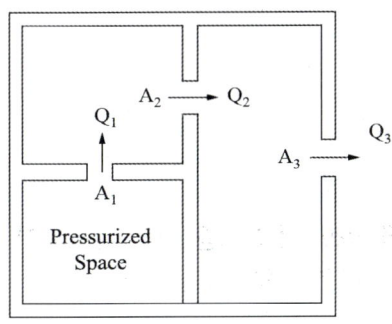
직렬 $Q_t = Q_1 = Q_2 = Q_3$

2. 병렬 누설 틈새 식

1) 질량보존의 법칙 : 전체 유량 = 틈새 유량의 합

$$Q_t = Q_1 + Q_2 + Q_N$$

2) 식의 유도

① $Q = AV = KA\sqrt{\Delta P}$ (K : 유량계수를 반영한 상수)

② $Q_t = Q_1 + Q_2 + Q_N$ 이므로

③ $KA_t \Delta P^{\frac{1}{n}} = KA_1 \Delta P^{\frac{1}{n}} + \cdots + KA_N \Delta P^{\frac{1}{n}}$

④ 따라서 $A_t = A_1 + A_2 + \cdots + A_N$

3. 직렬 누설 틈새 식

① $Q_t = Q_1 = Q_2 = Q_N$

② $Q_t = KA_t \Delta P_t^{\frac{1}{n}}$, $Q_1 = KA_1 \Delta P_1^{\frac{1}{n}}$, $Q_2 = KA_2 \Delta P_2^{\frac{1}{n}}$, $Q_N = KA_n \Delta P_N^{\frac{1}{n}}$

③ $\Delta P_t = \dfrac{Q_t^n}{K^n A_t^n}$, $\Delta P_1 = \dfrac{Q_1^n}{K^n A_1^n}$, $\Delta P_2 = \dfrac{Q_2^n}{K^n A_2^n}$, ... $\Delta P_N = \dfrac{Q_N^n}{K^n A_N^n}$

($\Delta P_t : P_1 \sim P_n$의 전체 압력 차)

④ $\Delta P_t = \Delta P_1 + \Delta P_2 + ... + \Delta P_N$으로

⑤ $\dfrac{\cancel{Q_t^n}}{\cancel{K^n} A_t^n} = \dfrac{\cancel{Q_1^n}}{\cancel{K^n} A_1^n} + \dfrac{\cancel{Q_2^n}}{\cancel{K^n} A_2^n} + ... + \dfrac{\cancel{Q_N^n}}{\cancel{K^n} A_N^n}$

⑥ 따라서 $\dfrac{1}{A_t^n} = \dfrac{1}{A_1^n} + \dfrac{1}{A_2^n} + ... + \dfrac{1}{A_N^n}$

2-4

「스프링클러헤드의 형식승인 및 제품검사의 기술기준」(소방청 고시)이 개정되어 열반응 시험이 반영되었다. 해당 시험의 제·개정이유, 도입 배경, 시험기준 및 시험절차 등에 대하여 설명하시오.

1. 제정 이유

① 저성장 화재 시 퓨지블링크(fusible link type) 폐쇄형 헤드의 감열체 미분리 우려에 따른 개선대책으로 열반응 시험을 도입
   - UL의 '열감지부 민감도 시험'의 일부인 룸히트 테스트를 도입
② 스프링클러헤드 정상작동을 위한 기술기준 강화

2. 시험기준 및 시험절차

1) 시험 개념도

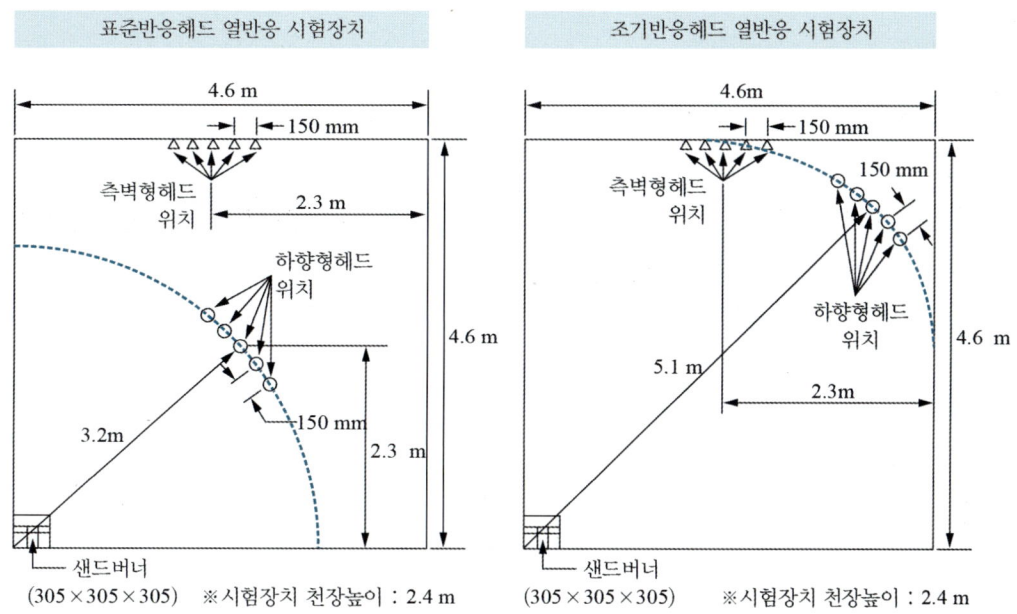

2) 시험절차

① 평면도의 표시 위치에 헤드 설치
② 수조의 수온이 (20 ± 5) ℃로 설정된 상태에서 시험을 시작
③ 화원은 샌드버너에 메탄가스를 공급하여 점화
④ 표시온도별로 일정한 천장 온도에 도달한 시점부터 헤드의 작동시간 측정 시작
⑤ 헤드 작동시간을 0.1초 단위까지 측정
⑥ 시험은 2회 실시

3. 기준

1) 대상

   퓨지블링크 구조의 폐쇄형 헤드(상향형 헤드는 제외)

2) 작동시간

표시온도[℃]		작동시간[s]
표준반응	57~77	231 이하
	79~107	189 이하
조기반응		75 이하

2-5

「화재의 예방 및 안전관리에 관한 법령」에 따른 특수가연물 품명 및 수량, 저장·취급 기준, 표지설치에 대하여 설명하시오.

풀이

1. 특수가연물

인화성, 발화성이 매우 높고 화재 시 확산속도가 매우 빠른 물품으로서 대통령령으로 정한 물질

2. 특수가연물 품명 및 지정수량

특수가연물(소방기본법 시행령 제6조)

품명	품목	지정수량
면화류	천연섬유, 인조섬유 등	200 kg
나무껍질 및 대팻밥	-	400 kg
넝마 및 종이부스러기	-	1,000 kg
사류(絲類)	실, 누에고치	1,000 kg
볏짚류	마른볏짚, 볏짚제품, 마른풀	1,000 kg
가연성 고체류	나프탈렌, 송지, 고체파라핀, 장뇌, 페놀 등	3,000 kg
석탄·목탄류	갈탄, 역청탄, 반역청탄, 반무연탄	10,000 kg

품명		품목	지정수량
가연성 액체류		-	2 m³
목재가공품 및 나무부스러기		-	10 m³
합성수지류	발포시킨 것	PVC, PP, 고밀도 PE, 저밀도 PE	20 m³
	그 밖의 것		3,000 kg

3. 저장·취급기준(석탄·목탄류를 발전용으로 저장하는 경우 제외)

1) 품명별로 구분하여 적재

2) 적재 높이 및 바닥면적

구분	일반	살수설비 또는 대형수동식소화기 설치 시
높이	10 m 이하	15 m 이하
적재 부분 면적	50 m² 이하 (석탄·목탄류 : 200 m² 이하)	200 m² 이하 (석탄·목탄류 : 300 m² 이하)

3) 실내에 적재

   ① 주요구조부 : 내화구조, 불연재료
   ② 다른 특수가연물과 보관 금지(내화구조의 벽으로 분리하는 경우 제외)

4) 실외에 적재

   ① 대지경계선, 도로 및 인접건축물 : 6 m 이상
   ② 예외 : 0.9 m 이상 내화구조 벽체 설치

5) 간격

   ① 실내 : 1.2 m, 적재 높이의 1/2 중 큰 값
   ② 실외 : 3 m 또는 적재 높이 중 큰 값

4. 표지의 기준

1) 표지의 내용

   ① 품명
   ② 최대저장수량
   ③ 단위부피당 질량 또는 단위체적당 질량
   ④ 관리책임자 성명·직책
   ⑤ 연락처

⑥ 화기취급의 금지표시

2) 규격

   0.3 m × 0.6 m의 직사각형

3) 색상

   ① 기본 : 백색 바탕, 흑색 문자
   ② 화기엄금 : 적색 바탕, 백색 문자

4) 설치

   특수가연물을 저장하거나 취급하는 장소 중 보기 쉬운 장소

특수가연물	
화기엄금	
품명	합성수지류
최대저장수량 (배수)	○○○톤(○○배)
단위부피당 질량 (단위체적당 질량)	○○○kg/m²
관리책임자 (직책)	홍길동 팀장
연락처	02-000-0000

2-6

건축허가동의 시 분야별 주요 검토사항 중 피난·방재분야의 방화구획 적정성 확보를 위한 확인사항에 대하여 설명하시오.

풀이

1. 방화구획

   ① post-flashover까지 화재를 한정하여 가두는 것

② 기능 : 구조적 안전성, 차염성, 차열성

2. 방화구획 적정성 확보를 위한 사전확인

1) 방화구획 설치대상

① 건축물의 주요구조부가 내화구조 또는 불연재로 된 건축물로서
② 연면적 1,000 m² 이상인 건축물에 적용

2) 건축 연면적 확인

3) 층별 방화구획 확인

① 10층 이하 1,000 m² 이하
② 11층 이상 200 m² 이하(불연재료 500 m² 이하)

4) 방화구획 면적 확인

① 자동식 소화설비 설치 시 3배 완화

5) 방화구획 재료 확인

① 주요구조부, 방화문, 방화댐퍼, 관통부 별 성능확인

6) 방화셔터 설치위치 및 구조 확인

① 내화벽체를 설치할 수 없는 경우 갑종방화문 3 m 이내 설치
② 피난 동선과 방화문 및 일체형 방화셔터의 열림 방향 확인

7) 방화문 종류 및 구조 확인

① 방화문의 평상시 및 화재 시 작동

8) 층간 구획 대상 확인

① 승강기 승강로 구획
② 설비shaft, EPS실, TPS실 등
③ 층을 관통하는 덕트 및 배관 등

9) 방화구획선에 위치한 배관, 케이블 트레이, 덕트 등 관통부 충전재료 및 방법 확인

① 단순히 불연재료로 마감하는 것은 부족
② 내화성능을 인정받은 관통부 충전시스템에 의한 재료 및 시공방법 적용

10) 커튼월 마감재료 확인

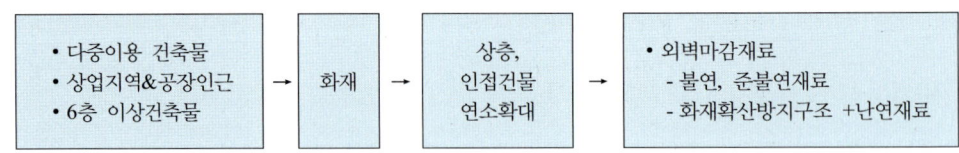

① 화재확산방지재료로 매 층마다 400 mm 이상 채운 구조로 한다.

11) 관통부별 재료 확인 등

교시 3

3-1

화재안전기술기준에서 제시하는 스프링클러설비 설치·유지를 위한 아래 내용에 대하여 설명하시오.
1) 비상전원 출력용량 기준을 만족하기 위한 정격출력, 출력전압, 과전류 내력의 기준
2) 스프링클러설비의 음향장치 및 기동장치(펌프 및 밸브)

[풀이]

1. 비상전원 출력용량 기준

① 비상전원 설비에 설치되어 동시에 운전될 수 있는 모든 부하의 합계 입력용량을 기준으로 정격출력을 선정(소방전원 보존형발전기를 사용할 경우 제외)
② 기동전류가 가장 큰 부하가 기동될 때에도 부하의 허용 최저입력전압 이상의 출력 전압을 유지
③ 단시간 과전류에 견디는 내력은 입력용량이 가장 큰 부하가 최종 기동할 경우에도 견딜 수 있을 것

2. 스프링클러설비의 음향장치 및 기동장치(펌프 및 밸브)

1) 음향장치

　(1) 습식유수검지장치 또는 건식유수검지장치를 사용하는 설비
　　　헤드가 개방되면 유수검지장치가 화재신호를 발신하고 그에 따라 음향장치가 경보

　(2) 준비작동식유수검지장치 또는 일제개방밸브를 사용하는 설비
　　　① 화재감지기의 감지에 따라 음향장치가 경보
　　　② 화재감지기회로를 교차회로방식으로 하는 때에는 하나의 화재감지기회로가 화재를 감지하는 때에도 음향장치가 경보

(3) 음향장치

음향장치	기준
음향장치	• 담당구역마다 설치
수평거리	• 25 m 이하
경종 또는 사이렌 (전자식 사이렌 포함)	• 주위의 소음 및 다른 용도의 경보와 구별이 가능한 음색(자탐·비상벨 또는 자동식사이렌의 음향장치와 겸용 가능)
주 음향장치	• 수신기의 내부 또는 그 직근
구조 및 성능	• 정격전압의 80 % 전압에서 음향을 발할 수 있는 것 • 음량은 부착된 음향장치의 중심으로부터 1 m 떨어진 위치에서 90 dB 이상
경보방식 (11층(공동주택 16층) 이상)	• 2층 이상의 층에서 발화 : 발화층 및 직상 4층 • 1층 발화 : 발화층 및 직상4층 및 지하층 • 지하층 발화 : 발화층, 직상층 및 기타의 지하층에 경보

2) 펌프의 기동

(1) 유수검지장치
  ① 유수검지장치의 발신
  ② 기동용 수압개폐장치
  ③ 이 두 가지의 혼용

(2) 준비작동식유수검지장치
  ① 화재감지기의 화재감지
  ② 기동용 수압개폐장치
  ③ 이 두 가지의 혼용

(3) 준비작동식, 일제개방밸브의 기동
  ① 담당구역 내의 화재감지기의 동작에 따라 개방 및 작동
  ② 화재감지회로는 교차회로방식
  ③ 교차회로 이외의 방식
    ㉠ 스프링클러설비의 배관 또는 헤드에 누설경보용 물 또는 압축공기가 채워지는 경우
    ㉡ 화재감지기를 다음 감지기로 설치한 경우
      • 축적방식의 감지기
      • 복합형 감지기
      • 아날로그방식의 감지기
      • 불꽃 감지기

- 광전식 분리형 감지기
- 다신호방식의 감지기
- 정온식 감지선형 감지기
- 분포형 감지기

④ 화재감지기 경계구역은 자동화재탐설치기준에 준용하고 화재감지기 회로에는 발신기를 설치 다만, 자동화재탐지 발신기가 설치된 경우는 제외 가능

⑤ 준비작동식 유수검지장치 인근에서 수동기동(전기식 및 배수식)에 따라서도 개방 및 작동

3-2

이산화탄소 소화설비가 최적의 상태로 운전될 수 있는지 여부를 확인하기 위한 성능시험 시 (1) 저장용기 (2) 기동장치 (3) 선택밸브 (4) 감지기 점검사항에 대하여 설명하시오.

풀이

1. 이산화탄소 소화설비 계통도

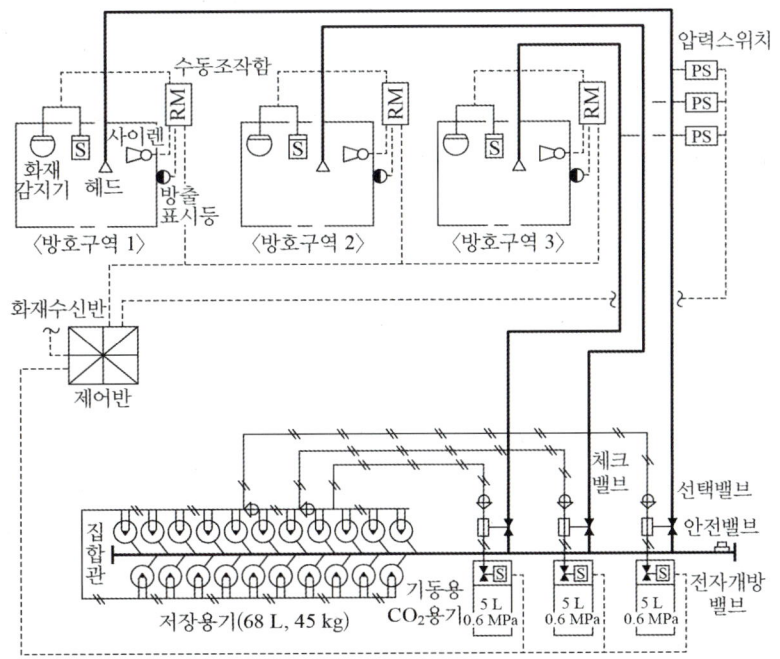

2. 저장용기 점검사항

1) 일반사항

① 설치장소 적정 및 방화문 설치 여부
② 저장용기 설치장소 표지 설치 여부
③ 저장용기 설치 간격 적정 여부
④ 저장용기 개방밸브 자동·수동 개방 및 안전장치 부착 여부
⑤ 저장용기와 집합관 연결배관 상 체크밸브 설치 여부
⑥ 저장용기와 선택밸브(또는 개폐밸브) 사이 안전장치 설치 여부
⑦ 방호구역 또는 방호대상물의 저장용기 수 적정 여부 확인

2) 저압식

① 안전밸브 및 봉판 설치 적정(작동 압력) 여부
② 액면계·압력계 설치 여부 및 압력강하경보장치 작동 압력 적정 여부
③ 자동냉동장치의 기능

3. 기동장치 점검사항

1) 방출표시등

방호구역별 출입구 부근 설치 및 작동 여부

2) 수동식 기동장치

① 전역방출방식은 방호구역마다, 국소방출방식은 방호대상물마다 설치 여부
② 소화약제의 방출을 지연시킬 수 있는 비상스위치
③ 제어반과 수동조작함이 같은 회사 제품 여부(기동 접점이 다를 수 있음)
④ 이산화탄소 소화설비 기동장치라고 표시한 표지 부착 여부
⑤ 기동장치의 방출용 스위치와 음향경보장치와 연동 여부
⑥ 기동장치 설치 적정(출입구 부근 등, 높이, 보호장치, 전원표시등) 여부

3) 자동식 기동장치

① 전기식 기동장치로서 7병 이상의 저장용기를 동시에 개방하는 경우 2개 이상 전자개방밸브 설치 여부
② 감지기 작동과의 연동 및 수동기동 가능 여부
③ 저장용기 수량에 따른 전자 개방밸브 수량 적정 여부(전기식 기동장치의 경우)
④ 기동용 가스용기의 용적, 충전압력 적정 여부(가스압력식 기동장치의 경우)

⑤ 기동용 가스용기의 안전장치, 압력 게이지 설치 여부(가스압력식 기동장치의 경우)
⑥ 저장용기 개방구조 적정 여부(기계식 기동장치의 경우)

4. 선택밸브 점검사항
① 선택밸브와 방호공간 사이의 배관이 꼬여 있는지 여부
② 방호구역, 방호공간마다 선택밸브 설치 여부
③ 선택밸브가 담당하는 방호구역, 방호대상물 표시 여부

5. 감지기 점검사항
① 축적기능이 없는 감지기 설치 여부
  - 교차회로방식에 사용되는 감지기
  - 유류취급장소 등 급속한 연소확대가 우려되는 장소에 사용되는 감지기
  - 축적기능이 있는 수신기에 연결하여 사용되는 감지기
② 공칭감시거리 및 공칭시야각 적정 여부
  - 분리형 광전식 감지기 또는 불꽃감지기
③ 감지기 설치장소별 적응성 여부
④ 방호구역별 화재감지기 감지에 의한 기동장치 작동 여부
⑤ 교차회로 설치 여부
⑥ 화재감지기별 유효 바닥면적 적정 여부
⑦ 화재 시 유도등과 연동여부(자탐 감지기와 연동하고 가스계 감지기와 연동하지 않는 경우가 있음)

3-3
성능위주설계 대상, 변경신고 대상, 건축심의 전 제출도서, 건축허가동의 전 제출도서를 각각 설명하시오.

풀이

1. 성능위주설계 대상
① 연면적 20만 m² 이상인 특정소방대상물(아파트 등 제외)
② 지하층 포함 30층 이상 또는 높이 120 m 이상인 특정소방대상물(아파트 등 제외)

③ 지하층 제외 50층 이상 또는 높이 200 m 이상인 아파트 등
④ 연면적 3만 m^2 이상인 철도 및 도시철도 시설·공항시설
⑤ 연면적 10만 m^2 이상 또는 지하 2개 층 이상이고 지하층의 바닥면적 합계가 3만 m^2 이상인 창고시설
⑥ 영화상영관이 10개 이상인 특정소방대상물
⑦ 지하연계 복합건축물에 해당하는 특정소방대상물
⑧ 수저 터널 또는 길이가 5,000 m 이상인 터널

2. 변경신고 대상

특정소방대상물의 연면적·높이·층수의 변경이 있는 경우

3. 건축심의 전 제출도서

① 건축물의 개요(위치, 구조, 규모, 용도)
② 부지 및 도로의 설치 계획(소방차량 진입 동선을 포함)
③ 화재안전성능의 확보 계획
④ 화재 및 피난 모의실험 결과
⑤ 건축물 설계도면
  - 주 단면도 및 입면도
  - 층별 평면도 및 창호도
  - 실내·실외 마감재료표
  - 방화구획도(화재 확대 방지계획을 포함)
  - 건축물의 구조 설계에 따른 피난계획 및 피난 동선도
⑥ 소방시설 설치계획 및 설계 설명서(소방시설 기계·전기 분야의 기본계통도를 포함)
⑦ 성능위주설계를 할 수 있는 자의 자격·기술인력을 확인할 수 있는 서류
⑧ 성능위주설계 계약서 사본

4. 건축허가동의 전 제출도서

1) 사전검토 신청 시 제출한 서류와 동일한 내용의 서류는 제외

2) 설계도서
   ① 건축물의 개요(위치, 구조, 규모, 용도)
   ② 부지 및 도로의 설치 계획(소방차량 진입 동선을 포함)
   ③ 화재안전성능의 확보 계획
   ④ 성능위주설계 요소에 대한 성능평가(화재 및 피난 모의실험 결과 포함)

⑤ 성능위주설계 적용으로 인한 화재안전성능 비교표
⑥ 건축물 설계도면
- 주 단면도 및 입면도
- 층별 평면도 및 창호도
- 실내·실외 마감재료표
- 방화구획도(화재 확대 방지계획을 포함)
- 건축물의 구조 설계에 따른 피난계획 및 피난 동선도

⑦ 소방시설의 설치계획 및 설계 설명서
⑧ 소방시설 설계도면
- 소방시설 계통도 및 층별 평면도
- 소화용수설비 및 연결송수구 설치 위치 평면도
- 종합방재실 설치 및 운영계획
- 상용전원 및 비상전원의 설치계획
- 소방시설의 내진설계 계통도 및 기준층 평면도(내진 시방서 및 계산서 등 세부 내용이 포함된 상세 설계도면은 제외)

⑨ 소방시설에 대한 전기부하 및 소화펌프 등 용량계산서

3) 성능위주설계를 할 수 있는 자의 자격·기술인력을 확인할 수 있는 서류

4) 성능위주설계 계약서 사본

3-4

소방시설공사업법 감리업무 수행내용 중 완공 전 소방시설 등의 성능시험이 있다. 스프링클러 준비작동식의 성능 시 운전 점검 시 자동작동시험과 수동작동시험을 각각 설명하시오.

풀이

1. 개념도

유수검지장치	밸브동작	1차측	2차측	헤드
준비작동식	화재감지기	가압수	대기압	폐쇄형

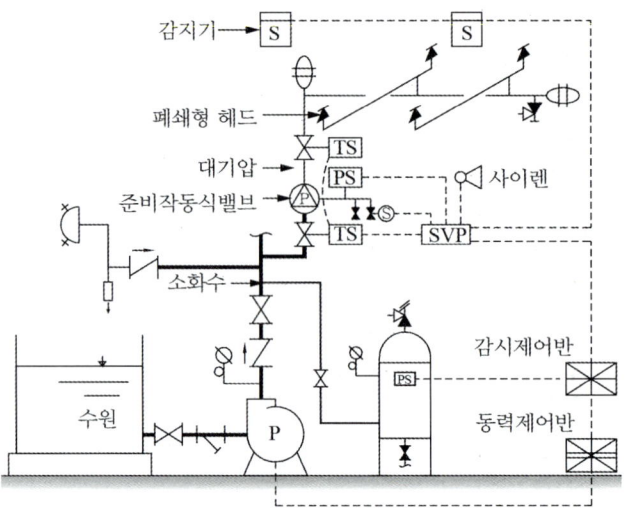

2. 자동작동시험

1) 감지기 동작시험

① 담당구역 내의 화재감지기의 동작
② 1회로 방식과 2회로 방식(교차회로 방식)
③ 1회로 방식 감지기
- 축적방식의 감지기
- 복합형 감지기
- 아날로그방식의 감지기
- 불꽃 감지기
- 광전식 분리형 감지기
- 다신호방식의 감지기
- 정온식 감지선형 감지기
- 분포형 감지기

④ 2회로 방식 감지기(일반적으로 열, 연기 교차회로 방식)
⑤ 1회로(연기) 감지기 동작 : 화재로 판단하여 감시제어반의 출력으로 경보발령, 준비작동식 밸브는 동작하지 않음
⑥ 2회로(열) 감지기 동작 : 준비작동식 밸브의 솔레노이드를 개방시켜 밸브동작

2) 스프링클러설비 작동

① 밸브가 개방되면 압력스위치가 동작하고, 배관내 감압에 의해 충압펌프 기동
② 감압에 의해 소화펌프 기동

③ 2차측 배관에 소화용수로 충수
④ 충수가 완료되면 충압펌프는 정지하나 소화펌프는 동작상태를 유지

3) 스프링클러설비 확인 및 복구

① 사이렌 동작, 주경종 동작, 수동조작함 표시등 점등, 동력제어반 표시등, 연동설비(자동개폐장치, 배연창 등) 동작 확인
② 감시제어반 화재표시등, 감지기 표시등, 수신기 부저 등
③ 충압펌프, 소화펌프 자동기동 여부
④ 2차측 배관의 누수
⑤ 감시제어반에서 소화펌프 정지, 2차측 소화용수 배수 후 시스템 복구
⑥ 모든 시스템 정상적인지 확인

3. 수동작동시험

① 수동조작함(SVP) 스위치 작동
② 감시제어반에서 준비작동식 밸브 작동
③ 감시제어반에서 동작시험 스위치 작동
④ 기타 확인 및 복구 사항은 자동작동시험과 같음

4. 주의사항

① 준비작동식 밸브 2차측 밸브를 잠그고 동작시험을 하는 경우는 2차측 배관의 누수 및 배관의 기울기를 확인할 수 없으므로 2차측 밸브를 열고 작동시험을 해야 함
② 복구 시 모든 시스템 정상적으로 복구되는지 확인

3-5

다음 소방설비에 대하여 설명하시오.
1) 하향식 피난구 성능기준
2) 교차회로방식과 송배전방식
3) 대형소화기의 소화약제량(물, 강화액, 할로겐화합물, 이산화탄소, 분말, 포소화기)
4) 고가수조, 압력수조, 가압수조
5) 미분무 정의와 사용압력에 따른 미분무소화설비 분류

풀이

1. 하향식 피난구 성능기준

설치기준	내용
설치경로	• 설치층 ↔ 피난층까지 연계될 수 있는 구조 • 예외 : 건축물 구조 및 설치 여건상 불가피한 경우
대피실 면적	• 2 m² (2세대 이상 3 m²) 이상
비상조명등	• 대피실 내 설치
위치표시	• 대피실 내 층의 위치표시 • 피난기구 사용설명서 및 주의사항 표지판 부착
경보	• 대피실 출입문이 개방되거나, 피난기구 작동 시 해당층 및 직하층 거실에 설치된 표시등 및 경보장치가 작동 • 감시 제어반에서 피난기구의 작동을 확인
착지점	• 착지점과 하강구는 상호 수평거리 15 cm 이상 간격
내측(하강구)	• 기구의 연결 금속구 등이 없어야 하며 전개된 피난기구는 하강구 수평투영면적 공간 내의 범위를 침범하지 않는 구조 • 제외 : 직경 60 cm 크기의 범위를 벗어난 경우, 직하층의 바닥 면에서 높이 50 cm 이하의 범위
사용 시	• 기울거나 흔들리지 않도록 설치
출입문	• 60분 또는 60분+방화문 • 피난 방향에서 식별 가능한 "대피실" 표지판 부착 • 예외 : 외기와 개방된 장소
성능	• 승강식 피난기는 한국소방산업기술원 또는 성능시험기관으로 지정받은 기관에서 성능을 검증받은 것
개구부	• 개구부(하강구) : 직경 60 cm 이상

2. 교차회로 방식과 송배전 방식

   1) 교차회로 방식

      ① 개념도

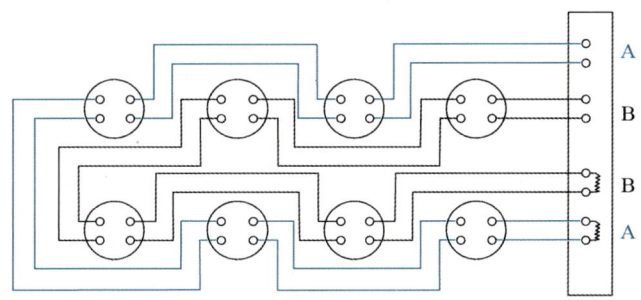

      ② 하나의 방호구역 내에 2 이상의 화재감지기회로를 설치하고 인접한 2 이상의 화재감지기가 동시에 감지되는 때에는 소화설비가 작동하여 소화약제가 방출되는 방식
      ③ 교차회로 방식으로 하지 않아도 되는 감지기
         • 축적방식의 감지기
         • 복합형 감지기
         • 아날로그방식의 감지기
         • 불꽃 감지기
         • 광전식 분리형 감지기
         • 다신호방식의 감지기
         • 정온식 감지선형 감지기
         • 분포형 감지기

   2) 송배전방식

      ① 수신기에서 감지기배선의 도통시험을 위하여 배선 도중에서 분기하지 않도록 하는 배선방식
      ② 증설 등으로 분기하여 감지기를 추가해도 보내기 배선인 송배전 방식으로 해야 함

3. 대형소화기의 소화약제량(물, 강화액, 할로겐화합물, 이산화탄소, 분말, 포소화기)

   ① 능력단위에 의한 분류

분류	대형 소화기(운반대 + 바퀴)
A급	능력단위 10단위 이상
B급	능력단위 20단위 이상

   ② 약제량에 따른 분류

종류	포	강화액	물	분말	할로겐화합물	이산화탄소
충전량	20 L 이상	60 L 이상	80 L 이상	20 kg 이상	30 kg 이상	50 kg 이상

4. 고가수조, 압력수조, 가압수조

	고가수조 방식	압력수조 방식	가압수조 방식
가압원	중력을 이용	공기압력을 이용	별도의 공기압이나 질소압을 이용
전양정	$H = h_1 + 10\ m$ 여기서, • H : 필요한 낙차[m] • h_1 : 배관 및 관 부속품의 마찰손실수두[m] • 10 m : 헤드 선단의 방수압력 환산수두[0.1 MPa]	$P = P_1 + P_2 + 0.1\ MPa$ 여기서, • P : 필요한 압력[MPa] • P_1 : 낙차의 환산 수두압[MPa] • P_2 : 배관 및 관 부속품의 마찰 손실 수두압 • 0.1 MPa : 헤드 선단의 방수압력	$P = P_1 + P_2 + 0.1\ MPa$

5. 미분무 정의와 사용압력에 따른 미분무소화설비 분류

1) 미분무 정의

　① 물만을 사용하여 소화하는 방식

　② 최소설계압력에서 헤드로부터 방출되는 물입자 중 99 %의 누적체적분포가 $400\ \mu m$ 이하로 분무

　③ A, B, C급 화재에 적응성을 갖는 것

2) 사용압력에 따른 미분무소화설비 분류

　① 고압식 : 압력 35 bar 이상(500 psi 이상)

　② 중압식 : 압력 12~35 bar (175~500 psi 미만)

　③ 저압식 : 압력 12 bar 이하(175 psi 이하)

3-6

연소생성물의 종류에 대하여 설명하고 화재 시 연소생성물이 인체에 미치는 영향에 대하여 설명하시오.

● 130회 문제풀이

풀이

1. 연소생성물

① 종류 : 화염(flame), 열(heat), 연소가스(fire gas), 연기(smoke)
② 인체에 미치는 영향 : 열적 손상과 비열적 손상
③ 열적손상 : 화상과 열응력
④ 비열적 손상 : 마취성, 자극성, 연기, 독성, 부식성, 방향성 물질 등

2. 열적 손상

1) 열응력

① 비교적 긴 시간 동안의 노출에 의해 발생
② 열응력 : 신체의 내부온도가 41 ℃에 발생, 피부는 45 ℃에 도달하면 통증
③ 사람이 통증을 느끼게 되는 한계온도 : 약 200 ℃ 정도

2) 화상

① 화상 : $4\,kW/m^2$의 열류에 발생
② 화상의 분류

분류	인체에 영향
1도 화상	홍반성 화상, 피부의 표층에 국한, 가벼운 부음과 통증을 수반
2도 화상	수포성 화상, 화상 직후 혹은 하루 이내에 물집이 생김
3도 화상	괴사성 화상, 피부의 전체층이 죽어 궤양화
4도 화상	흑색 화상, 피하지방 근육 또는 뼈까지 도달하는 화상

3. 비열적 손상

1) 마취성 가스

① 마취는 CO, CO_2, O_2, HCN 등의 연소가스에 의해 발생
② CO에 의한 인체의 영향

최대허용농도	생리적 반응
800 ppm	45분 내 현기증, 메스꺼움, 경련, 2시간 내 의식 잃음(2~3시간 내 사망)
1,600 ppm	20분 내 두통, 현기증, 메스꺼움(1시간 내 사망)
3,200 ppm	5~10분 내 두통, 현기증, 메스꺼움(30분 내 사망)
6,400 ppm	1~2분 내 두통, 현기증, 메스꺼움(10~15분 내 사망)
12,800 ppm	1~3분 내 사망

③ CO_2 농도에 따른 인체의 영향

농도[%]	생리적 반응
2	불쾌감
4	눈의 자극, 두통, 현기증
8	호흡곤란
10	1분 이내 의식상실
20	단시간 내 사망(중추신경 마비)

④ O_2 농도에 따른 인체의 영향

산소농도[%]	생리적 반응
6	순간 실신, 호흡정지, 경련(5분 내 사망)
8	혼수상태(8분 내 사망)
10	안면 창백, 의식불명, 기도폐쇄
12	현기증, 구토, 근력 서하, 추락
16	호흡 및 맥박증가, 두통, 구역질, 소화(불이 꺼진다)
18	산소결핍증 방지를 위한 최저농도로 안전한계농도

2) 자극성 가스

① 할로겐산(HF, HCl, HBr)과 목질계에서 발생하는 아크롤레인, 포름알데히드 등
② 눈과 기도, 폐에 자극을 주어 통증 및 무의식화를 초래
③ 폐까지 침투한 높은 농도의 경우 노출 후 24시간 이내에 사망

3) 독성 가스

① CO, HCN, 암모니아, 할로겐산, 이산화황, 아크롤레인 등
② NFPA 704의 HF의 독성 : 유독성 4, 가연성 0, 반응성 1로 표시

4) 연기

① 연기에 의한 영향은 검댕과 타르성의 응축성분에 의한 빛의 감쇄
② 가시거리 약화
③ 피난이동시간 증가

교시 4

4-1
대규모 데이터 센터의 화재가 발생할 때 1) 업무중단으로 인한 리스크, 2) 데이터 센터의 화재 관련 손실 발생요인에 대하여 설명하시오.

풀이

1. 개요
① 산업이 고도화되고 기술발전이 향상될 경우 다양한 리스크에 직면하기 때문에 안전은 늘 후행적일 수밖에 없음
② 선행적인 접근이 선진국에서 시행하고 있으나 화재의 패턴을 연구하고 신뢰도공학이 비약적으로 발전해야만 리스크를 줄일 수 있음
③ 데이터 센터와 비슷한 화재가 반복적으로 발생하는데 1차적인 직접적인 물적 피해보다 2차적인 간접적인 손해가 훨씬 큼
④ 따라서 국가적인 기반시설일 경우 모든 시설의 이중화 등이 매우 요구됨

2. 업무중단으로 인한 리스크

1) 국가 및 사회적 기관망 이용 불가
   ① 비상대응계획의 신속한 접근에 따라 리스크의 영향범위가 다름
   ② 복구시간 여부에 따라 서비스 중단 시간이 결정

2) 국가나 회사의 신뢰도 하락
   ① 반복된 재난의 경우 재난 후진국의 오명, 소비자의 외면으로 인한 경제적 손실
   ② 경영진의 불명예 퇴진과 신뢰도 회복을 위한 경영진의 2배 이상의 노력이 요구됨

3) 군사, 항공, 안보시설 등 국가적 위기
   ① 이러한 국가기반 시설의 경우 백업을 기본적으로 하지만 해킹 등의 문제점만 부각
   ② 화재로 인한 시스템의 이중화가 요구됨

2. 데이터 센터의 화재 관련 손실 발생요인

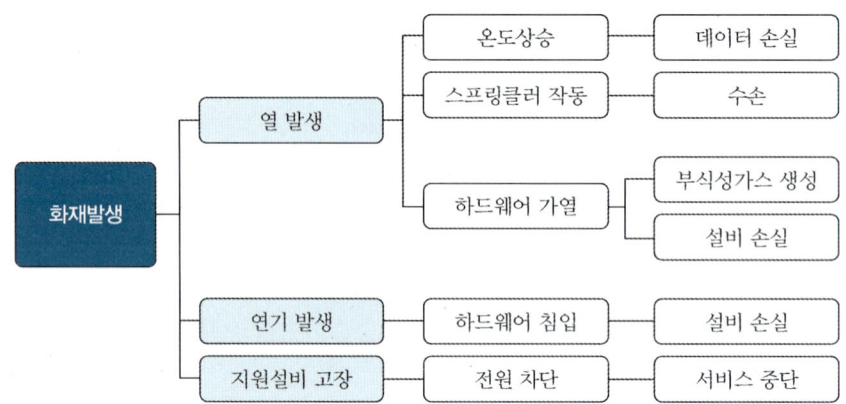

1) 연기발생과 이동

   ① 연기에 민감한 통제구역으로 연기이동 : 수직, 수평 관통부 씰링, 공조설비 단일 존 유닛으로 설계 등
   ② 연기에 민감한 반도체 칩의 경우 시스템의 오동작 유발
   ③ 복구를 위한 비용이 큼

2) 온도의 영향

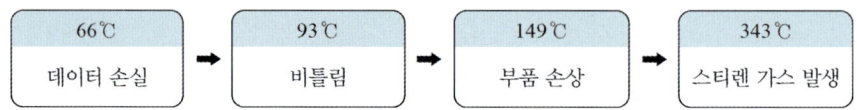

3) 부식성 가스

   ① 화재 및 전기적인 원인으로 인해 부식성 가스 생성
   ② PVC 계열의 절연체는 염화수소 발생
   ③ 염화수소는 수분과 결합 시 부식에 강한 염산으로 변함

4) 수손 피해

   ① 일반배관의 누수, 소화활동 및 스프링클러 작동 시 수손 피해
   ② 가스계 소화설비 설치

4-2

소방시설 설치 및 관리에 관한 법령 및 화재안전기술기준에서 정하는
1) 임시소방시설을 설치해야 하는 화재위험작업의 종류
2) 임시소방시설을 설치해야 하는 공사 종류와 규모
3) 임시소방시설 성능 및 설치기준
4) 설치면제 기준에 대하여 설명하시오.

[풀이]

1. 임시소방시설을 설치해야 하는 화재위험작업의 종류

① 인화성·가연성·폭발성 물질을 취급하거나 가연성가스를 발생시키는 작업
② 용접·용단 등 불꽃을 발생시키거나 화기를 취급하는 작업
③ 전열기구, 가열전선 등 열을 발생시키는 기구를 취급하는 작업
④ 알루미늄, 마그네슘 등을 취급하여 폭발성 부유분진을 발생시킬 수 있는 작업
⑤ 그 밖에 소방청장이 고시하는 ①~④와 비슷한 작업

2. 임시소방시설을 설치해야 하는 공사 종류와 규모

소방시설	공사의 종류와 규모
소화기	• 모든 대상물(건축허가 동의 대상)
간이소화장치	• 연면적 3,000 m² 이상인 작업장 • 지하층·무창층 또는 4층 이상의 층으로 바닥면적이 600 m² 이상
비상경보장치	• 연면적 400 m² 이상 작업장 • 지하층 또는 무창층 바닥면적이 150 m² 이상인 작업장
가스누설경보기	• 지하층 또는 무창층 바닥면적이 150 m² 이상인 작업장
간이피난유도선	• 지하층 또는 무창층 바닥면적이 150 m² 이상인 작업장
비상조명등	• 지하층 또는 무창층 바닥면적이 150 m² 이상인 작업장
방화포	• 용접·용단 작업이 진행되는 작업장

3. 임시소방시설 성능 및 설치기준

소방시설	설치기준
소화기	• 층마다 능력단위 3단위 이상인 소화기 2개 이상을 설치 • 작업지점 5 m 이내에 3단위 이상인 소화기 2개 이상과 대형소화기 1개 추가 배치

소방시설	설치기준
간이소화장치	• 방수압력 : 0.1 MPa 이상, 방수량 : 65 L/min 이상 • 수원 : 20분 이상 • 작업지점에서 25 m 이내에 설치
비상경보장치	• 작업지점에서 5 m 이내 설치 • 작업장의 모든 사람이 알 수 있을 정도의 음향
간이피난유도선	• 상시 점등(공사장의 출입구까지 설치) • 바닥에서 높이 1 m 이하, 작업장의 어느 위치에서도 출입구로의 피난방향을 알 수 있는 표시

4. 설치면제 기준

소방시설	설치면제
간이소화장치	옥내소화전설비 또는 대형소화기를 작업지점에서 25 m 이내에 6개 이상을 배치한 경우
비상경보장치	비상방송설비 또는 자동화재 탐지설비 설치 시
간이피난유도선	피난유도선, 피난구유도등, 통로유도등 또는 비상조명등 설치 시

4-3

성능위주설계 시 인명안전평가를 위한 화재·피난시뮬레이션 수행방식의 종류를 설명하시오.

풀이

1. 화재시뮬레이션 기법

1) 비교

구분	C-FAST	FDS	PyroSim
검사체적	2개	수십만 개	수십만 개
보존식	이상기체상태방정식, 질량보존, 에너지보존	이상기체상태방정식, 질량보존, 에너지보존, 운동량보존	이상기체상태방정식, 질량보존, 에너지보존, 운동량보존
multi grid기능	×	○	○
난류해석	×	○	○

구분	C-FAST	FDS	PyroSim
신뢰도	↓	↑	↑
smoke view 기능	×	○	○
한계	f/o 이후 해석불가	폭발 해석불가	폭발 해석불가

2) PyroSim과 FDS 비교

PyroSim	FDS
WINDOW → FDS → SMOKE VIEW	DOS → FDS → SMOKE VIEW

2. 피난시뮬레이션 기법 비교

구분	Simulex	Building-EXODUS	Pathfinder
계단 link 기능	○	×	×
독성고려	×	○	×
보행속도	밀도가 증가하면 보행속도 감소	장애물, 연기하강 등 환경에 의해 보행속도 감소	고려
재실자 행동	최단경로 및 지정된 경로로 절대적으로 행동	최단경로 및 지정된 경로로 행동하지만 프로그램에 적용된 규정과 상황에 따라 다양하게 움직임	특수 행동을 부여
이동시간	↓ (짧다)	↑ (길다)	↓ (짧다)
구현	2D	3D	3D
승강기 사용	불가능	불가능	가능

3. 화재·피난 시뮬레이션 수행방식

1) Non-Coupling 방식

① 화재·피난 시뮬레이션을 각각 독립 수행하여 특정지점에서 ASET와 RSET을 비교
② FDS를 기반으로 한 PyroSim이나 Smartfire를 이용하여 ASET을 도출하고 Simulex, Building-EXODUS, Pathfinder 등을 통해 RSET을 도출
③ 연기에 의한 질식, 화염의 열에 의한 소사를 전혀 반영하지 못함
④ 특정지점들 간의 통과경로에 대해서는 고려하지 않기 때문에 신뢰도가 낮으며 설계자의 지식과 경험에 의존하여 해석과 판단의 문제점

2) Semi-Coupling 방식
   ① 화재·피난 시뮬레이션의 결괏값의 화면을 겹쳐보는 방식
   ② 화재발생 이후 동일한 경과시간 상에서 결과를 동시에 확인, 이동 경로도 확인 가능
   ③ PyroSim과 Pathfinder를 연동하여 수행하는 방식
   ④ 온도, 연기, 복사열 등의 영향 요소를 미반영

3) Coupling 방식
   ① 화재 시뮬레이션의 결과인 화재의 영향을 피난 시뮬레이션에 연동하여 수행하는 방식
   ② 화재로 인한 영향을 고려하기 위해 FED 모델을 사용
   ③ FDS + EVAC, CFAST + Building-EXODUS, Smartfire와 Building-EXODUS를 연동하여 수행하는 방식
   ④ 온도, 연기, 복사열 등의 영향요소를 반영하여 신뢰도가 높음

4-4

포그머신 등을 이용하여 Hot Smoke Test를 실시하려 한다. Hot Smoke Test 절차도 작성, Hot Smoke 발생에 필요한 장비의 구성, Hot Smoke Test로 얻을 수 있는 효과에 대하여 설명하시오.

풀이

1. Hot Smoke Test의 필요성 및 한계
   ① 준공 전이나 준공 후 제연설비의 적합성 유무를 동작시험으로는 확인하기 어려움
   ② Hot Smoke Test의 경우 인공적으로 연기를 발생하여 사용하므로 적합성 유무 판단에 유리
   ③ 연기감지기 동작 유무, 방화셔터 동작 유무, 제연경계벽 동작 유무, 제연 송풍기 동작 유무 등 전반적인 시스템 동작과 연동하는 설비의 동작 유무를 자동으로 확인
   ④ 하지만 높은 비용과 인공적으로 발생시키는 연기의 한계로 인해 제연경계벽 내의 연기층 두께를 확인할 수 없음
   ⑤ 따라서 제연설비에서 가장 중요한 청결층 확보 유무, 연기층 하강에 따른 피난시간 확보 유무 확인에는 치명적인 한계가 있음

2. Hot Smoke Test 절차도

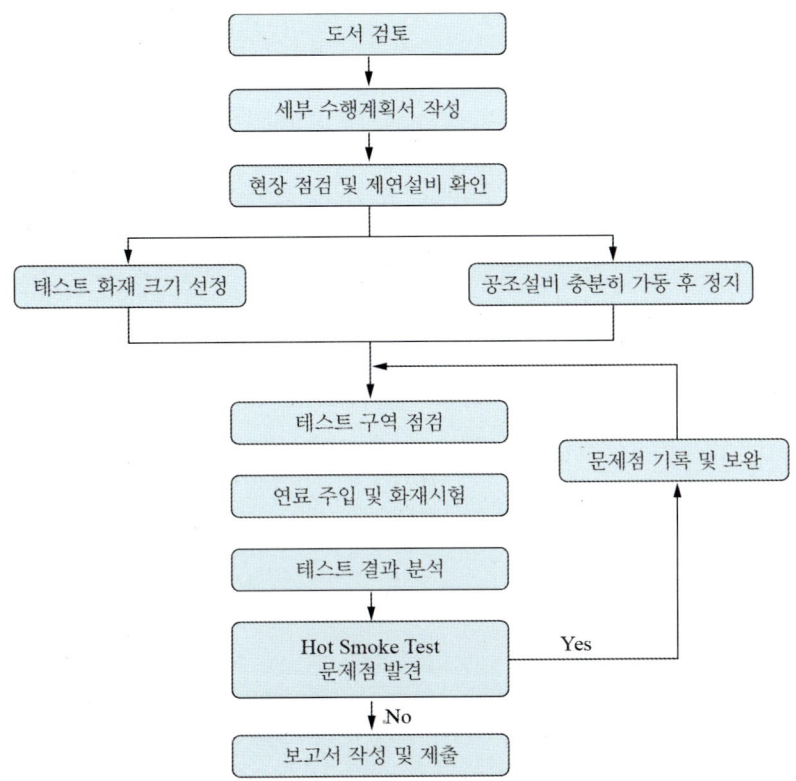

3. Hot Smoke 발생에 필요한 장비의 구성

1) 열풍기

   인공적인 부력을 만들기 위해 사용하는데 알코올, LPG 등과 결합하여 사용

2) 굴절판

   부력을 만들기 위해서는 실제화재 모형을 만들어야 하나 준공 이후의 건물변색 등으로 인해 실제화재보다 낮은 온도의 연기를 발생시키므로 연기기둥을 형성하기 위해 필요

3) 포그머신(연기발생기)

   친환경 스모크 오일의 내부온도를 350 ℃까지 예열하여 질소 등과 연결하여 사용

4) 열화상 카메라

   연기온도를 측정하여 60 ℃ 이하로 유지

5) CCTV

   연기유동상황 및 가시거리 확인

6) 기타 온도 측정용 데이터 로거 등

4. Hot Smoke Test로 얻을 수 있는 효과

   1) 연기의 유동성 확인

   연기의 발생 및 유동 특성을 확인하여 연기피해 방지대책에 활용

   2) 감지기의 동작

   감지기의 정상 동작 여부 및 동작시간 확인

   3) 제연설비 유효성 확인

   제연설비의 성능확인 및 신뢰성 확보

   4) 타 시스템과 연동관계 확인

4-5

「초고층 및 지하연계 복합건축물 재난관리에 관한 특별법령」에 따라 고층(초고층) 건축물에 반드시 갖추어야 하는 소방시설과 그에 따른 스프링클러설비와 인명구조기구 설치기준에 대하여 설명하시오.

[풀이]

1. 고층(초고층) 건축물의 소방시설

   1) 소화설비

   ① 소화기구(소화기 및 간이소화용구)
   ② 옥내소화전설비
   ③ 스프링클러설비

   2) 경보설비

   자동화재탐지설비

   3) 피난설비

   ① 인명구조기구(방열복, 공기호흡기, 인공소생기)

② 비상조명등 및 휴대용 비상조명등
③ 피난안전구역으로 피난을 유도하기 위한 유도등·유도표지, 피난유도선

4) 소화활동설비

① 제연설비
② 무선통신보조설비

2. 스프링클러설비 기준

1) 수원

① 기준개수 × 3.2 ㎥ (50층 이상 건축물 : 기준개수 × 4.8 ㎥)
② 옥상수조 : 유효수량의 1/3 이상

2) 가압송수장치

① 스프링클러설비 전용
② 주펌프와 동등 이상의 성능이 있는 별도의 펌프로서 내연기관의 기동과 연동하여 작동되거나 비상전원을 연결한 예비펌프를 추가로 설치

3) 내연기관의 연료량

펌프를 40분(50층 이상 60분) 이상 운전할 수 있는 용량

4) 급수배관 : 전용으로 설치

5) 50층 이상인 건축물의 스프링클러설비 주배관 중 수직배관

① 2개 이상(주 배관 성능을 갖는 동일 호칭 배관)으로 설치
② 하나의 수직배관이 파손 등 작동 불능 시에도 다른 수직배관으로부터 소화수가 공급되도록 구성
③ 각각의 수직배관에 유수검지장치를 설치

6) 50층 이상인 건축물의 스프링클러 헤드

① 2개 이상의 가지배관으로부터 양방향에서 소화수가 공급
② 수리계산에 의한 설계

7) 음향장치

① 2층 이상의 층에서 발화 : 발화층 및 그 직상 4개 층에 경보
② 1층에서 발화 : 발화층·그 직상 4개 층 및 지하층에 경보
③ 지하층에서 발화 : 발화층·그 직상층 및 기타의 지하층에 경보

8) 비상전원

① 자가발전설비, 축전지설비(내연기관에 따른 펌프를 사용하는 경우는 내연기관의 기동 및 제어용 축전지), 전기저장장치
② 40분 이상 작동(50층 이상 60분)

3. 인명구조기구 기준

① 방열복, 인공소생기 : 각 2개 이상 비치
② 45분 이상 사용할 수 있는 공기호흡기 : 2개 이상 비치
③ 50층 이상의 피난안전구역 : 예비용기를 10개 이상 비치
④ 화재 시 쉽게 반출할 수 있는 곳에 비치
⑤ 보기 쉬운 곳에 "인명구조기구" 표지판 등을 설치

4-6

화재플룸(Fire Plume)의 발생 메카니즘을 쓰고, 광전식 공기흡입형감지기(아날로그방식)의 작동원리와 적응성에 대하여 설명하시오.

풀이

1. 화재플룸(fire plume)의 발생 메카니즘

1) 중력/부력

① 화재로 생성된 고온가스는 주변의 공기보다 가벼워 부력에 의해 화원 위쪽에 상승기류를 일으키는데 이를 화재플룸이라고 함
② 즉, 밀도 $\rho = \dfrac{PM}{RT}$ 으로 가스온도와 역의 관계이므로 온도차가 밀도차를, 밀도차가 부력을 생성시켜 상승력인 에너지를 얻음
③ 중력과 부력은 역의 힘으로 주변의 공기보다 무거우면 아래로, 주변의 공기보다 가벼우면 상승하는데 이를 운동의 상대성이라 함

2) 공기 인입

① 화재플룸은 주위 공기를 유입하면서 상승

② 주위의 차가운 공기가 화재플룸 내로 유입되는데 이를 인입(entrainment)이라고 함

③ 인입되는 공기에 의해 온도가 저하하고 유량은 증대

④ 인입 공기에 플룸 가스가 냉각되어 부력을 잃게 되면 하강

3) 와류

① 부력은 플룸 유체를 상승시키고 하강하는 연기에 의해 와류를 초래

② 와류는 공기 인입과 화염높이에 영향을 줌

4) ceiling jet flow

① 구획된 공간에서 화재플룸은 천장면 아래에 얕은 층을 형성해 비교적 빠른 속도의 가스흐름이 발생

② ceiling jet flow는 연소생성물을 감지기나 스프링클러 헤드로 이동시켜 동작시킴

③ 재래식 감지기는 이러한 천장류를 감지하는 것으로 시간지연의 한계와 화재 이외의 주변 환경에 민감한 특성으로 인해 비신뢰도가 높음

5) 공기흡입형 감지기

① 이러한 한계를 극복하여 화재 이전의 화재징후를 포착해 시간지연 요소를 해결

② 화재는 감지기가 아닌 수신기가 판단하여 신뢰도를 높인 감지기

2. 광전식 공기흡입형 감지기(아날로그 방식)

1) 작동원리

① 빛의 원리 중 반사의 원리를 이용

② aspirator를 이용 공기를 흡입 → 연기 입자가 레이저 챔버의 레이저빔을 통과 → 연기 입자에 의해 빛이 수광부에 반사 → 감도에 따라 펄스신호 전송

③ 습도 챔버의 경우 연기입자를 증폭시켜 감지하기 때문에 늘 습도상태를 유지하여야 하는 단점이 있어 현재 실무에서는 레이저 방식을 사용

2) 적응성

① 반도체공장, 제약공장의 clean room 등 기류가 흐르는 장소

② 피난에 시간이 걸리거나 피난이 어려운 시설

③ 사업지속성 확보가 매우 중요한 시설, 문화유적시설(화랑, 전시실, 문서보관소, 박물관, 사찰 등)

④ 열악한 환경조건을 가진 시설, 유지보수 및 접근이 어려운 시설

⑤ access floor, 통신설비, 정보처리실, 컴퓨터실 등

⑥ 케이블 터널, 발전소, 지하철, 공조설비 기계실, 승강기 샤프트 등

⑦ 층고가 높은 생산시설, 창고, 교회, 성당 등
⑧ 냉장 건물 등 결로가 발생하는 시설
⑨ 감지기가 노출되지 않도록 미관이 고려되어야 하는 천장 등
⑩ 고가의 장비가 설치되는 실험실, 연구실, 생산 라인 등
⑪ 천장 속의 화재감지

제131회 소방기술사

1교시

※ 다음 문제 중 10문제를 선택하여 설명하시오. (각 10점)

1. 스프링클러헤드 작동 시 발생할 수 있는 로지먼트(Lodgement)현상과 이 현상을 확인할 수 있는 시험방법에 대하여 설명하시오.

2. 무디선도(Moody diagram)의 개념을 설명하고 이를 이용한 미분무소화설비 배관의 마찰손실 계산에 대하여 설명하시오.

3. 「소방의 화재조사에 관한 법률」에서 정하고 있는 화재조사의 대상, 조사사항 및 절차에 대하여 설명하시오.

4. 자연발화현상에서 열방사에 의한 자연발화와 고온기류에 의한 자연발화에 대하여 설명하시오.

5. 다음 접지관련 용어에 대하여 각각 설명하시오.
   1) 계통접지
   2) 보호접지
   3) 피뢰시스템 접지

6. 자가발전설비 적용 시 건물이 여러 동으로 구성된 경우 부하를 결정하는 방법에 대하여 설명하시오.

7. 「화재의 예방 및 안전관리에 관한 법률」에서 정하고 있는 불을 사용할 때 지켜야 하는 사항 중 화목(火木) 등 고체연료를 사용하는 보일러를 사용할 때 지켜야 하는 사항을 설명하시오.

8. 피난용승강기 설치 시 「소방시설 등 성능위주설계 평가운영 표준가이드 라인」에서 요구되는 안전성능 검증 방안에 대하여 설명하시오.

9. NFPA 101에서 제시하는 지연출구 전기 잠금 시스템(Delayed Egress Electrical Locking System)에 대하여 설명하시오.

10. 랙크(Rack)식 창고에서의 송기 공간(Flue Space)에 대하여 설명하시오.

11. 화재 시 연기의 성층화(Stratification) 현상과 연기의 성층화 관련 계산식에 대하여 설명하시오.

12. 대기압이 753 mmHg일 때 진공도 90 %의 절대압력은 몇 MPa인지 계산하여 설명하시오.

13. 저압식 이산화탄소소화설비에서 Vapor Delay Time을 구하는 계산식을 제시하고 이에 영향을 주는 인자에 대하여 설명하시오.

2 교시

※ 다음 문제 중 4문제를 선택하여 설명하시오. (각 25점)

1. 실제 화재 시 소화에 필요한 소화방법을 작용면에서 물리적 작용에 바탕을 둔 소화방법과 화학적 작용에 바탕을 둔 소화방법으로 분류하는데 다음에 대하여 설명하시오.
   1) 물리적 작용에 바탕을 둔 소화방법에서
      (ㄱ) 연소에너지 한계에 바탕을 둔 소화방법
      (ㄴ) 농도한계에 바탕을 둔 소화방법
      (ㄷ) 화염의 불안전화에 의한 소화방법
   2) 화학적 작용에 바탕을 둔 소화방법
   3) 물리적 작용과 화학적 작용 소화방법 간의 상호보완 작용

2. 소방감리원은 소방도면 이외에 건축도면, 기계도면, 전기 및 통신 도면을 검토해야 하는데 이때 검토해야 할 항목과 소방 설계도서 목록 중 설계도면, 설계시방서, 내역서, 설계계산서의 주요 검토 내용에 대하여 설명하시오.

3. 상업용 주방자동소화장치의 정의, 설치기준 및 설계매뉴얼에 포함되어야 할 사항에 대하여 설명하시오.

4. 소방청의 「건축위원회(심의)표준 가이드라인」에서 제시하는 다음 사항을 설명하시오.
   1) 종합방재실(감시제어반실) 설치기준 강화
   2) 지하 주차장 연기배출설비 운영 강화
   3) 전기차 주차구역(충전장소) 화재예방대책 강화

5. 제연설비에 사용되는 송풍기의 각 풍량제어 방법별 성능곡선 및 특성을 비교 설명하시오.

6. ESFR 스프링클러헤드에 적용되는 실제살수밀도(ADD)의 개념, 특징, 영향인자 및 측정방법에 대하여 설명하시오.

3 교시

※ 문제 중 4문제를 선택하여 설명하시오. (각 25점)

1. 행정안전부 장관이 침수피해가 우려된다고 인정하는 지역 내 지하도로, 지하광장, 지하에 설치되는 공동구, 지하도 상가 및 바닥이 지표면 아래에 있는 건축물을 설치하는 경우 침수피해를 예방하기 위한 지하공간의 침수방지시설의 기술적 기준을 공통 적용 사항과 시설별 적용사항으로 구분하여 설명하시오.

2. 일반건축물의 경우 건축허가 등 동의와 관련하여 관할 소방서의 행정절차에 대하여 동의 시 착공 및 감리 시, 완공 시, 유지관리 시로 구분하여 설명하시오.

3. 옥외 탱크저장소의 포소화설비 설치와 관련하여 다음에 대하여 설명하시오.
   1) 위험물 탱크의 구조에 따라 적용하는 고정포 방출구의 종류
   2) 고정포 방출구의 종류별 정의와 특징

4. 고체 가연물의 연소속도를 정의하고 연소속도에 영향을 미치는 요인과 발화온도에 영향을 미치는 요인에 대하여 설명하시오.

5. 「건축법 시행령」과 「건축물의 피난·방화구조 등의 기준에 관한 규칙」에 따른 문화 및 집회시설(공연장)의 개별 관람실(바닥면적 400 m^2) 내부의 출구 설치기준에 대하여 설명하고, 개별 관람실 출구의 갯수와 유효너비를 산정하시오.

6. 「사업장 위험성평가에 관한 지침」(고용노동부 고시)에서 규정하는 사업장 위험성 평가와 관련하여 다음 사항을 설명하시오.
   1) 위험성평가 정의
   2) 위험성평가 실시 시기
   3) 위험성평가 절차 및 주요 내용

4 교시

※ 다음 문제 중 4문제를 선택하여 설명하시오. (각 25점)

1. 할로겐화합물 및 불활성기체 소화설비와 관련하여 NFPA 2001에서 제시한 다음 사항에 대하여 설명하시오.
   1) 소화약제의 인체노출 제한기준
   2) 안전 요구사항

2. 엘리베이터 피스톤 효과(Piston Effect)에 대하여 설명하고 피스톤 효과로 발생할 수 있는 압력에 대한 해석과 문제점에 대하여 설명하시오.

3. 스프링클러설비의 수리계산 절차 및 방법에 대하여 설명하시오.

4. 「화재의 예방 및 안전관리에 관한 법률」에 따라 건설현장의 소방안전관리를 위한 소방안전관리대상물의 범위, 선임기간, 건설현장 소방안전관리자의 업무 및 건설현장에 설치하는 임시소방시설의 종류에 대하여 설명하시오.

5. 「화재의 예방 및 안전관리에 관한 법률」에 따라 소방안전 특별관리시설물의 관계인은 정기적인 화재예방안전진단을 받아야 한다. 이때 화재예방안전진단의 대상 및 화재예방안전진단의 실시절차 등에 대하여 설명하시오.

6. 「대기환경보전법 시행규칙」에 따라 "저탄시설 옥내화"를 의무화해 2024년까지 모든 석탄화력발전소는 옥내에 석탄을 보관해야 한다. 이러한 옥내 저탄장(Coal Shed)에서 발생 가능한 자연발화의 원인을 분석하고 옥내 저탄장에 적응성 있는 소방시설과 화재 안전대책을 설명하시오.

교시 1

1-1
스프링클러헤드 작동 시 발생할 수 있는 로지먼트(Lodgement)현상과 이 현상을 확인할 수 있는 시험방법에 대하여 설명하시오.

[풀이]

1. 도입 배경
① 국내 스프링클러는 기능시험, 성능시험 및 화재 시험 등을 실시하지 않고 있어 스프링클러 성능에 대한 신뢰성이 부족하다.
② 헤드 로지먼트 시험을 하지 않아 원형 헤드와 플러쉬 헤드 등이 탄생
③ 2017.12.28 스프링클러 형식승인 기준인 로지먼트 작동시험 규정 신설

2. 로지먼트시험

1) 정의
   ① 스프링클러헤드의 기능시험 중 대표적인 시험
   ② 감열체가 열기류에 의해 탈락 시 부품의 일부가 디플렉터 등에 걸려 살수장애가 일어나는지 여부를 확인하는 시험
   ③ FM에서는 Hang-up Test

2) 로지먼트 현상

평상시 (동판이 오리피스를 막고 있고 있는 구조)	화재 시(동판이 밖으로 이탈하지 못하는 구조)

3. 문제점

① 소화 실패 → 화재피해 면적 및 재산손실 증가

② 즉, 열분해율 / 연소속도 / 열방출률을 급격히 감소시켜 소화하기 위해서는 조기 진압하여야 하나 시간 경과에 따라 균일한 살수밀도를 확보하지 못해 조기 진압에 실패한다.

③ 조기 진압에 실패함으로 화재피해 면적 및 재산손실이 커져 피해를 가중시킨다.

4. 로지먼트 현상 확인시험방법

1) 걸림작동시험

① 폐쇄형헤드는 별도 14 시험장치에 설치하여 0.1 MPa, 0.4 MPa, 0.7 MPa, 1.2 MPa 수압을 각각 가하여 작동시킬 때, 분해되는 부품이 걸리지 말아야 한다.

② 반사판 등 분해되지 않는 부품은 변형 또는 파손이 되지 않아야 한다.

2) 별도 14(걸림작동시험장치 배관도)

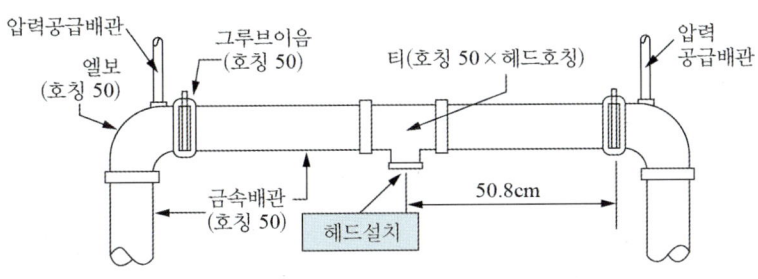

〈이중공급 배관도〉

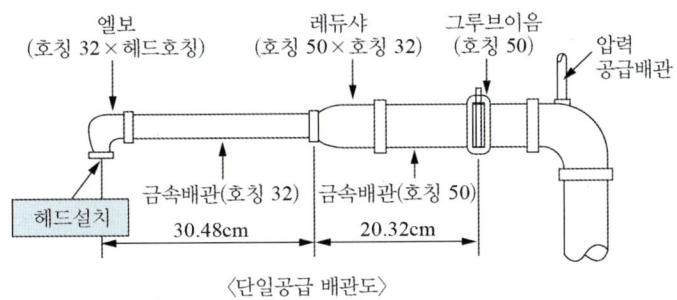

〈단일공급 배관도〉

1-2
무디선도(Moody diagram)의 개념을 설명하고 이를 이용한 미분무소화설비 배관의 마찰손실 계산에 대하여 설명하시오.

풀이

1. 무디선도

1) 개념
   ① 마찰계수와 Reynolds 수 및 상대조도와의 관계를 선도로 표현
   ② Darcy-Weisbach 식을 이용하여 관 마찰손실을 계산할 경우 마찰계수를 구한 후 마찰손실을 계산

2) Darcy-Weisbach 식

$$h_L = \lambda \times \frac{l}{D} \times \frac{V^2}{2g} (\text{m})$$

여기서, h_L : 마찰손실수두(m)
   λ : 관마찰계수
   l : 관의 길이(m)
   D : 관의 내경(m)
   V : 유속(m/s)
   g : 중력가속도(9.8 m/s²)

3) 무디선도를 이용 마찰계수(λ)를 구하는 방법

구분	영향요소		관마찰계수
층류영역	점성		$\lambda = \dfrac{64}{Re}$, $Re = \dfrac{\rho VD}{\mu}$
난류영역	매끈한 관 영역	Re 수와 상대조도	Colebrook의 식 또는 Swamee-Jain의 식
	거친 관 영역	상대조도	Von Karman의 식 상대조도 = $\dfrac{\epsilon}{D}$ 여기서, D : 관경 ϵ : 절대조도

2. 미분무소화설비 배관의 마찰손실 계산

1) 압력에 따른 분류
   ① 고압식 : 압력 35 bar 이상 (500 psi 이상)
   ② 중압식 : 압력 12~35 bar (175~500 psi 미만)
   ③ 저압식 : 압력 12 bar 이하 (175 psi 이하)

2) 저압식 마찰손실 계산
   ① Hazen-Williams 식으로 마찰손실 계산(층류, 단일유체인 물의 경우만 적용)
   ② 첨가제나 부동액 등을 혼합한 경우 점도 등으로 인해 Darcy-Weisbach 식을 사용

3) 중압식 및 고압식 마찰손실 계산
   ① 난류의 흐름으로 Hazen-Williams 식으로 마찰손실 계산 불가
   ② 층류와 난류에 적용 가능한 Darcy-Weisbach 식으로 마찰손실 계산

1-3
「소방의 화재조사에 관한 법률」에서 정하고 있는 화재조사의 대상, 조사사항 및 절차에 대하여 설명하시오.

풀이

1. 화재조사 대상
   ① 소방기본법에 따른 소방대상물에서 발생한 화재
   ② 그 밖에 소방관서장이 화재조사가 필요하다고 인정하는 화재

2. 화재조사 조사사항
   ① 화재원인에 관한 사항
   ② 화재로 인한 인명·재산피해상황
   ③ 대응활동에 관한 사항
   ④ 소방시설 등의 설치·관리 및 작동 여부에 관한 사항
   ⑤ 화재발생건축물과 구조물, 화재유형별 화재위험성 등에 관한 사항
   ⑥ 그 밖에 대통령령으로 정하는 사항

3. 화재조사 절차

① 현장출동 중 조사 : 화재발생 접수, 출동 중 화재상황 파악 등
② 화재현장 조사 : 화재의 발화(發火) 원인, 연소상황 및 피해상황 조사 등
③ 정밀조사 : 감식·감정, 화재원인 판정 등
④ 화재조사 결과 보고

1-4

자연발화현상에서 열방사에 의한 자연발화와 고온기류에 의한 자연발화에 대하여 설명하시오.

[풀이]

1. 자연발화

① 열발화 이론은 밀폐계의 가연성 혼합계에 적용
② 현실적으로 개방계의 가연성 혼합계의 발화가 일반적임

2. 열방사에 의한 발화

1) 개념

　열복사에 의한 발화

2) 메커니즘

① 기본적으로 흡열 → 분해 → 혼합 → 연소 → 배출
② 고체표면에 열복사 전달 → 온도 상승 → 온도가 높아지면 열분해 → 가연성가스가 공기 중에 방출 → 공기와 혼합하여 연소

3) 한계방사강도

① 가연성 혼합기를 형성하기 위한 한계방사강도가 존재
② 방사강도가 작은 경우 부력이 거의 발생하지 않아 발화는 고체 표면에 발생
③ 방사강도가 큰 경우 발화는 기상에서 발생

3. 고온기류에 의한 발화

1) 개념

   고온기류에 의한 발화

2) 메커니즘

   고체표면에 고온기류 전달 → 온도 상승 → 온도가 높아지면 열분해 → 가연성가스가 공기 중에 방출 → 공기와 혼합하여 연소

3) 발화한계온도

   ① 기류의 온도가 높을수록 발화에 도달하는 시간은 짧고 가열온도가 한계치 이하일 때는 발화는 발생하지 않음
   ② 기체의 유속이 빨라지면 냉각에 의한 높은 기류온도가 요구되며 따라서 발화한계온도도 상승함

1-5

다음 접지관련 용어에 대하여 각각 설명하시오.
1) 계통접지
2) 보호접지
3) 피뢰시스템 접지

풀이

1. 접지

① 접지(grounding)는 전기회로를 도선을 통해 대지로 연결시키는 것
② 대지의 저항은 낮기 때문에 이상 전류가 발생할 경우 대지로 전류를 흐르게 하여 기기나 인체를 보호하는 역할

2. 계통접지

① 대지와 계통을 접지
② 변압기 중성점을 대지와 접속하는 것
③ 일반적으로 중성점 접지라고 함
④ 전력계통에서 돌발적으로 발생하는 이상현상에 대비

3. 보호접지
① 고장 시 감전에 대한 보호가 목적
② 기기의 한 점 또는 여러 점을 접지

4. 피뢰시스템 접지
① 피뢰설비에 흐르는 뇌격전류를 안전하게 대지로 흘려보내기 위한 접지
② 낙뢰로부터 건축물 및 전기기기 등 보호

1-6
자가발전설비 적용 시 건물이 여러 동으로 구성된 경우 부하를 결정하는 방법에 대하여 설명하시오.

풀이

1. 발전기 부하 산정
① 화재 시 부하인 소방부하와 정전 시 부하인 비상 부하로 구분하여 부하 산정
② 안전성과 경제성을 고려하여 소방전용발전기, 소방부하겸용발전기, 소방전원보존형 발전기의 기종을 선정
③ 소방전원보존형 발전기의 경우 소방부하와 비상부하 중 큰 값을 기준으로 정격출력용량을 산정

2. 부하를 결정하는 방법

1) 여러 동으로 구성된 특정소방대상물
① 가장 큰 동의 소방부하 및 비상 부하의 합계 부하용량
② 비상 부하는 기준 수용률을 적용

2) 여러 동의 공동주택
① 소방부하인 비상용승강기와 비상 부하인 승용승강기 전체 대수의 합계 부하용량
② 비상 부하는 기준 수용률을 적용

3) 제연송풍기가 있는 경우
　　① 부하가 가장 큰 동의 전체 제연송풍기의 합계 부하용량
　　② 지하층의 주차장 등으로 여러 동이 연결된 경우 부하용량이 가장 큰 하나의 방화구획 또는 스프링클러설비의 방호구역 내 모든 동의 제연송풍기 합산 부하용량

1-7

「화재의 예방 및 안전관리에 관한 법률」에서 정하고 있는 불을 사용할 때 지켜야 하는 사항 중 화목(火木) 등 고체연료를 사용하는 보일러를 사용할 때 지켜야 하는 사항을 설명하시오.

풀이

1. 화목(火木) 등 고체연료를 사용할 때 지켜야 하는 사항
① 고체연료는 보일러 본체와 수평거리 2 m 이상 간격을 두어 보관하거나 불연재료로 된 별도의 구획된 공간에 보관할 것
② 연통은 천장으로부터 0.6 m 떨어지고, 연통의 배출구는 건물 밖으로 0.6 m 이상 나오도록 설치할 것
③ 연통의 배출구는 보일러 본체보다 2 m 이상 높게 설치할 것
④ 연통이 관통하는 벽면, 지붕 등은 불연재료로 처리할 것
⑤ 연통 재질은 불연재료로 사용하고 연결부에 청소구를 설치할 것

2. 기타기준
① 가연성 벽·바닥 또는 천장과 접촉하는 증기기관 또는 연통의 부분은 규조토 등 난연성 또는 불연성 단열재로 덮어씌워야 함
② 보일러 본체와 벽·천장 사이의 거리는 0.6 m 이상
③ 보일러를 실내에 설치하는 경우는 콘크리트바닥 또는 금속 외의 불연재료로 된 바닥 위에 설치

1-8

피난용승강기 설치 시 「소방시설 등 성능위주설계 평가운영 표준가이드 라인」에서 요구되는 안전성능 검증 방안에 대하여 설명하시오.

[풀이]

1. 배경

원활한 소방활동과 신속한 재실자 피난이 가능하게 하고자 비상용(피난용) 승강장 크기 기준 확대 및 화재 시 운영 방안을 마련

2. 안전성능 검증 방안

① 내부공간 : 원활한 구급대 들것 이동을 위해 길이 220 cm 이상, 폭 110 cm 이상 크기
② 통로 : 환자용 들것의 원활한 이동을 위해 여유폭(회진반경) 확보
③ 비상시 피난용승강기 운영방식 및 관제계획 초기 매뉴얼 제출
  - 1차 : 화재 층에서 피난안전구역
  - 2차 : 피난안전구역에서 지상1층 또는 피난층
④ 비상용승강기 승강장과 피난용승강기 승강장은 일정 거리를 이격하여 설치하고. 사용 목적을 감안하여 서로 경유 되지 않는 구조로 설치 (다만, 공동주택의 경우 부속실 제연설비 성능이 확보된다면 비상용, 피난용승강기 승강장을 경유하여 설치할 수 있음)
⑤ 비상용(피난용)승강기 승강장 출입문에는 사용 용도를 알리는 표시
  - 백화점, 대형 판매시설, 숙박시설 등 불특정다수인이 이용하는 시설에 설치되는 비상용(피난용) 승강기 승강장 출입문에 사용 용도를 알리는 표시를 할 경우, 픽토그램(그림문자)으로 적용
⑥ 여러 대의 비상용승강기 및 피난용승강기는 각각 이격하여 설치(다만, 구조상 불가피한 공동주택의 경우 제외)

1-9

NFPA 101에서 제시하는 지연출구 전기 잠금 시스템(Delayed Egress Electrical Locking System)에 대하여 설명하시오.

풀이

1. 개념
   ① 피난출구에 설치하는 전기적인 잠금장치로 화재 시 자동으로 잠금이 해제되어 피난을 돕는 장치
   ② 보안이나 안전성을 요구되는 곳에 설치하여 평상시 잠금을 유지하다가 화재 시 피난안전성 확보
   ③ NFPA 101의 경우 보호용도, 의료용도, 상업용도, 호텔, 아파트 등 제한용도에서 사용함

2. NFPA 101 기준

   1) 잠금장치 해제 조건
      ① 자동식 스프링클러설비 작동
      ② 자동화재탐지설비 1개의 열감지기 동작
      ③ 자동화재탐지설비 2개의 연기감지기 동작
      ④ 정전 등 원인으로 전원이 차단
      ⑤ 힘을 가했을 때 관할기관의 승인을 얻은 경우 15초 또는 30초 이내 해제되고 문짝에 표지판을 사용하여 안내하여야 함
         예) 경보음이 들릴 때까지 누른다. 피난 방향으로 열리는 문은 15초 내에 열 수 있다.

   2) 비상조명등 설치

1-10
랙크(Rack)식 창고에서의 송기 공간(Flue Space)에 대하여 설명하시오.

풀이

1. 개념
   ① 송기 공간이란 사람이나 장비가 이동하는 통로를 제외한 랙을 일렬로 나란하게 맞대어 설치하는 경우 랙 사이에 형성되는 공간을 말함
   ② 화재가 발생하면 수직의 송기 공간(vertical flue space)를 통하여 화재가 급속하게 성장하여 대규모 피해를 발생

③ 수직, 수평으로의 화재확산을 방지하기 위하여 송기 공간에 소화용수를 집중적으로 분사, 화재를 진압하고 피해를 감소시킬 필요성이 있음

2. 기존시스템의 문제점
① K80은 화재진압에 효과 없음
② 인랙 스프링클러의 살수 장애
③ 송기 공간에 대한 연소확대 개념 부족

3. 소방대책
① 화재를 조기감지하고 신뢰도를 향상하기 위한 대책이 요구됨
② K115 이상의 스프링클러 설치
③ 송기 공간의 화염과 플룸(plume)에 대해 집중적인 살수대책
④ 수평으로의 연소확대방지를 위한 대책

1-11
화재 시 연기의 성층화(Stratification) 현상과 연기의 성층화 관련 계산식에 대하여 설명하시오.

풀이

1. 개념
① 연소생성물이 천장에 도달하지 못하고 공기층과 층을 이루는 현상
② 화재 시 연소생성물은 부력에 의해 상승하는데 화재 플룸 내부의 온도와 주변 공기온도가 같을 경우 부력을 상실하여 천장까지 도달하지 못함
③ 따라서 ceiling jet flow가 발생하지 못해 감지시스템 등 작동에 지장을 줌
④ 대공간의 경우 태양열 등으로 뜨거워진 공기층 형성, 화재 플룸으로 인입된 공기에 의한 냉각 등
⑤ 소공간이라도 훈소성 화재의 경우 부력이 약해 성층화될 수 있음

2. 문제점
① 화재감지기나 스프링클러 미동작

② 연기층이 형성되지 못해 청결층 확보의 어려움
③ 화재인식이 늦어져 피난안전성 확보의 어려움과 연소확대 위험성

3. 계산식

   1) 성층화 높이

   $$Z_m = 5.54 \dot{Q}^{1/4} \left(\frac{\Delta T}{dZ}\right)^{-\frac{3}{8}}$$

   여기서, Z_m : 성층화 높이[m]
   ΔT : 바닥에서 천장까지 온도변화[℃]

   2) 성층화가 발생하지 않는 최소화재 크기

   $$\dot{Q} = 0.0018 H^{2/5} \Delta T^{3/2}$$

4. 대책

   ① 성층화 발생 유무를 확인할 수 있는 성능위주 설계
   ② ceiling jet flow와 관계없는 불꽃 감지기 설치
   ③ CCTV 등과 연계된 소화시스템

1-12
대기압이 753 mmHg일 때 진공도 90 %의 절대압력은 몇 MPa인지 계산하여 설명하시오.

풀이

1. 절대압력/계기압력

   1) 절대압력

   ① 절대압력 = 대기압 + 게이지압(양압일 경우)
   ② 절대압력 = 대기압 − 진공압(부압일 경우)
   ③ 여기서 진공압은 대기압보다 낮은 압력을 말함

2) 계기압력(게이지압력)
- 대기압 상태에서 측정된 압력

3) 절대압력과 계기압력(게이지압력) 비교

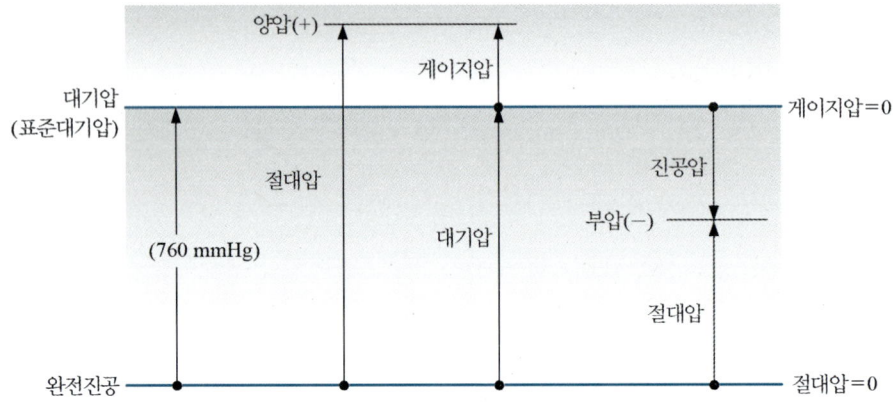

2. 계산

$$진공도 = \frac{진공압력}{대기압력} \times 100$$

진공압력 = 753 × 0.9 = 677.7 mmHg

절대압력 = 753 – 677.7 = 75.3 mmHg = 0.01 MPa

1-13

저압식 이산화탄소소화설비에서 Vapor Delay Time을 구하는 계산식을 제시하고 이에 영향을 주는 인자에 대하여 설명하시오.

풀이

1. 개념

① 액화상태로 저장하는 가스계 소화약제는 노즐까지 액상으로 흐르다가 노즐에서 방사될 때 기체로 기화되고 설계농도를 유지하면서 화재를 소화함

② 배관에서 기화되면 소화약제 이송에 장애로 작용하고 기화된 약제만큼 소화약제가 부족하게 되는데 그로 인해 지연되는 시간을 말함

2. 계산식

$$t_d = \frac{W \times C_p \times (T_1 - T_2)}{9.13 \times (Q - q)} + \frac{1050\, V}{Q}$$

여기서, $t_d(s)$: vapor delay time
$W(lb)$: 배관중량
$T_1(°F)$: 초기 배관 온도
$T_2(°F)$: CO_2 온도
Q : 보정된 유량
q : 유량 보정량
V : 배관 내용적

3. 영향요소

① 유량 및 초기 배관 온도
② 배관 내용적 및 배관 중량
③ 약제 저장온도
④ 이송 거리

4. 대책

① 약제 저장실을 방호공간에 설치
② 배관의 두께 #40 사용
③ 기화된 약제량 추가 저장

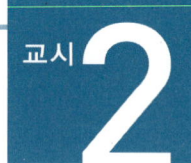

2-1

실제 화재 시 소화에 필요한 소화방법을 작용면에서 물리적 작용에 바탕을 둔 소화방법과 화학적 작용에 바탕을 둔 소화방법으로 분류하는데 다음에 대하여 설명하시오.
1) 물리적 작용에 바탕을 둔 소화방법에서
　(ㄱ) 연소에너지 한계에 바탕을 둔 소화방법
　(ㄴ) 농도한계에 바탕을 둔 소화방법
　(ㄷ) 화염의 불안전화에 의한 소화방법
2) 화학적 작용에 바탕을 둔 소화방법
3) 물리적 작용과 화학적 작용 소화방법 간의 상호보완 작용

풀이

1. 개요

① 소화의 원리는 연소의 반대개념을 통해 제어하는 것으로, 소화는 연소의 4요소 중 하나를 제거하므로 성립되는데 일반적으로 상호작용을 통해 제어한다.
② 연소의 3요소인 열, 가연물, 공기를 억제하는 것이 물리적 소화이며 연소의 4요소 중 연쇄반응을 억제하는 것이 화학적 소화방법이다.

물리적 소화	질식 소화 냉각 소화 제거 소화	산소를 차단 점화에너지 차단 가연물 차단
화학적 소화	억제 소화	연쇄반응 차단

2. 물리적 작용에 바탕을 둔 소화방법

1) 연소에너지 한계에 바탕을 둔 소화방법
　① 연소 시에 발생하는 열에너지를 흡수하는 매체를 투입하여 소화
　② 냉각소화

③ 냉각은 반응속도를 늦추어 소화작용
④ 열용량을 이용 : 화염방지기
⑤ 증발잠열 이용 : 분무 주수

2) 농도한계에 바탕을 둔 소화방법
① 혼합기의 조성 변화에 의한 소화법
② 가연성 혼합기에 불활성 물질을 가함이 없이 연소범위 밖으로 하여 소화하는 방법
- 연소하고 있는 용기를 기계적으로 밀폐
- 가연성 액체 화재 시 포 방사하여 소화
- 수용성 알코올 화재 시 알코올농도를 40 % 이하로 하여 소화
- 표면에 에멀젼을 형성하여 증기압을 저하시켜 소화
③ 가연성혼합기에 불활성 물질을 첨가하여 연소범위를 좁혀가며 소화하는 방법
- 불활성가스를 첨가하여 연소범위를 축소시키고 소멸시켜 소화
- 산소농도를 14~15 % 이하

3) 화염의 불안전화에 의한 소화방법
① 화염을 불면 꺼지는 현상을 이용하는 방법
② 작은 화염에 강한 기류를 보내는 방법
③ 유정(油井) 화재를 폭약폭발에 의한 폭풍으로 끄는 것

3. 화학적 작용에 바탕을 둔 소화방법

1) 개념
① 연쇄반응이란 기상반응을 하는 불꽃연소에서 전파, 분기반응을 통해 연쇄적으로 화학반응을 하는 것을 말한다.
② 반응이 지속되기 위해서는 전파, 분기 등에 의해 연쇄전달체가 지속되어야 하기 때문에 반응속도는 활성라디칼 수인 전파속도, 분기속도에 의존함을 알 수 있다.

2) 연쇄반응(chain reaction)
① 전파반응 : 연쇄반응에 의해 활성기 하나가 관여하여 활성기 하나를 발생시키는 반응
② 분기반응 : 활성기 하나가 관여하여 활성기 두 개 이상을 발생시키는 반응
③ 정지반응 : 활성기 하나, 두 개 이상이 활성을 잃어버림으로써 소멸하는 반응

3) 연쇄반응억제
① 연쇄반응 억제란 전파, 분기 반응을 종료시키는 화학반응으로 연쇄반응을 일으키는 활성라디칼을 라디칼 포착제인 억제제를 사용하여 억제나 종료반응을 하는 것

수소의 연쇄반응	수소의 연쇄반응억제	
$H_2 + 2e \rightarrow 2H^+$	$OH^- + H_2 \rightarrow H_2O + H^+$	(전파)
$H^+ + O_2 \rightarrow OH^- + O^{2-}$	$H^+ + O_2 \rightarrow OH^- + O^{2-}$	(분기)
$OH^- + H_2 \rightarrow H_2O + H^+$	$H^+ + Br \rightarrow HBr$ (억제)	
$O^{2-} + H^2 \rightarrow OH^- + H^+$	$OH^- + HBr \rightarrow H_2O + Br$	(종료)

② 수소의 예를 들면, 하론 1301의 경우 고온의 화염에 접하면 Br이 유리되고 유리된 Br이 수소라디칼을 취하여 할로겐산인 HBr을 형성한다.

③ HBr은 활성 라디칼 OH를 포착하여 불연성 불활성 물질로 되고, Br은 유리되어 다시 수소를 취하여 HBr로 활성화에너지를 키우는 부촉매 작용을 한다. 이를 라디칼 포착제라 한다.

④ 할로겐화 탄화수소가 연소의 화학반응에 직접 관여해서 연소하고 있는 가연물에 첨가되면 연쇄반응 억제작용을 하게 된다.

4. 물리적 작용과 화학적 작용 소화방법 간의 상호보완 작용

1) 소화약제 소화 메커니즘

	주된 효과	부수적 효과
하론1301	연쇄반응 억제	질식, 냉각, 희석
1, 2종 분말	연쇄반응 억제	질식, 냉각, 희석
3종 분말	연쇄반응 억제 + 피복질식	냉각, 희석
할로겐화합물(F, Cl 함유)	냉각효과	질식, 희석 연쇄반응억제
할로겐화합물(Br, I 함유)	연쇄반응 억제	질식, 냉각, 희석

2) 할로겐화합물

① 할로겐화합물 소화약제는 일반적으로 물리적, 화학적 메커니즘의 조합을 통해 화재를 진압한다.

② HCFC, HFC, FC 화합물의 경우 소화약제의 기화, 열용량, 분해에 의해 흡수되는 열을 이용 반응속도를 떨어뜨리고 화염온도를 떨어뜨려 소화한다.

③ 연쇄반응 종료 시 생성되는 H_2O에 의해 물리적 소화가 가능하다.

2-2

소방감리원은 소방도면 이외에 건축도면, 기계도면, 전기 및 통신 도면을 검토해야하는데 이때 검토해야할 항목과 소방 설계도서 목록 중 설계도면, 설계시방서, 내역서, 설계계산서의 주요 검토 내용에 대하여 설명하시오.

[풀이]

1. 건축도면, 기계도면, 전기 및 통신 도면의 검토 항목

1) 건축도면

   (1) 건축방화구획
   - ① 일반사항 : 층별·면적별 구획확인
   - ② 용도별 : 발전기실, 제어반실, 소화가스 용기실 등 용도별 구획 확인
   - ③ 관통부 : 배관 및 덕트, 트레이 등 관통부분 및 선형조인트 부분 확인
   - ④ 방화셔터 : 방화셔터 구획의 적정성 확인
   - ⑤ 방화문 : 방화문 형식 및 위치 확인
   - ⑥ 승강장 : 승강기 방화문 적용 여부 검토(시험성적서와 일치 여부 확인)
   - ⑦ 제연샤프트 : 제연설비 입상 덕트 샤프트 구조(내화구조)
   - ⑧ 방화구획 벽체 : 조적벽으로 한 경우 내부 미장 반영 여부 확인

   (2) 시험성적서 확인
   - ① 방화셔터, 방화문 내화충진재 등 각종 시험성적서 확인

   (3) 배연창
   - ① 배연창 적용대상 및 누락 여부, 배연창 면적 등 확인
   - ② 배연창 대체설비 적용 여부

   (4) 비상용·피난용 승강기
   - ① 설치대상
   - ② 승강장의 구조 및 면적
   - ③ 적용설비 : 제연설비 방식 및 구조검토

   (5) 내장재
   - ① 내장재 적용의 적합성 확인
   - ② 반자 및 천장면 내장재 확인(스프링클러헤드 설치 관련)

(6) 피난계단 및 특별피난계단
  ① 피난계단 및 특별피난계단 구조 확인
  ② 계단실 창문
  ③ 마감재 : 불연재료 사용 여부
  ④ 방화문 열림 방향

(7) 방염, 제연경계, 층높이 확인, 로비 등

2) 기계도면

(1) 물탱크
  ① 물탱크 용량계산서 검토(겸용의 경우 실비용량과 비교 검토)
  ② 사수 방지 조치사항 등 제안 검토
  ③ 저수위 경보스위치 겸용 사용 여부 검토
  ④ 소화설비와 일반설비 급수배관의 설치위치 적합성

(2) 기계실
  펌프 등 장비 배치·위치 등 확인

(3) FAN, 공조기
  제연설비와 겸용사용의 경우 위치, 용량, 댐퍼 등 적정성 검토

(4) 공조겸용 제연설비
  제연덕트 규격 및 함석 두께 확인, 댐퍼위치 확인, 그릴 면적 확인

3) 전기·통신도면
  ① 비상발전기 용량계산
  ② 비상전원 계통도
  ③ 배연창 제어라인
  ④ 전력선 및 통신선 배선 경로 확인

2. 소방 설계도서 주요 검토 내용(설계도면, 설계시방서, 내역서, 설계계산서)

1) 설계도면
  ① 도면 작성의 날짜, 공사명, 계약번호, 도면번호 및 도면 제목, 책임시공 및 기술관리 소방 기술자의 서명, revision 표기 등의 적정성 여부
  ② 소방관련 법규 및 화재안전기준에 적합하게 설계되었는지 여부
  ③ 소방시설의 성능확보 및 현장 조건에 부합 여부

④ 실제 시공이 가능한지 여부 및 시공에 따른 예상 문제점 검토
⑤ 타 사업 또는 타 공정과의 상호 부합 여부
⑥ 설계서에 누락, 오류 등 불명확한 부분의 존재 여부
⑦ 도면과 각종 문서 간의 간섭사항(interface)이 모두 정확하게 정의되었는지 여부

2) 설계시방서
① 시방서가 사업 주체의 지침 및 요구사항, 설계기준 등과 일치하고 있는지 여부
② 모든 정보 및 자료의 정확성, 완성도 및 일관성 여부
③ 시방서 내용이 제반 법규 및 규정과 기준 등에 적합하게 적용되었는지 여부
④ 관련된 다른 시방서 내용과 일관성 및 일치성 여부
⑤ 시방서 내용 상호 조항 간에 일관성 및 일치성 적합 여부
⑥ 시공성, 운전성, 유지관리 편의성, 설치의 완성도 등 적합 여부
⑦ 설계도면, 계산서, 공사내역서 등과 일치성 여부
⑧ 주요자재 및 특수한 장비와 제작품 등의 경우 제작업체의 도면, 제품사양 및 견본품과의 일치 여부
⑨ 시방서 작성의 상세 정도와 누락 또는 작성이 미흡한 부분이 있는지 여부
⑩ 일반시방서, 기술시방서, 특기시방서 등으로 구분하여 명확하게 작성되었는지 여부
⑪ 철자, 오탈자, 문법 등의 적정성 여부

3) 내역서
① 설계도면, 시방서, 계산서 내용과 일치 여부
② 산출 수량과 내역 수량 확인
③ 누락품목·일위대가·단위공량·품목별 단가 등 확인

4) 설계계산서
① 설계도면, 시방서, 내역서 내용과 일치 여부
② 제출된 계산서 검토 : 제연설비, 가스계 소화설비 구역별 용량계산서, 내진 계산서, 스프링클러설비 수리계산서 등

2-3
상업용 주방자동소화장치의 정의, 설치기준 및 설계매뉴얼에 포함되어야 할 사항에 대하여 설명하시오.

풀이

1. 상업용 주방자동소화장치의 정의

상업용 주방에 설치된 열발생 조리기구의 사용으로 인한 화재 발생 시 열원(전기 또는 가스)을 자동으로 차단하며 소화약제를 방출하는 소화장치

2. 상업용 주방자동소화장치의 설치기준

감지부	성능인증 받은 유효한 높이 및 위치
소화장치	조리기구의 종류 별로 성능인증 받은 설계 매뉴얼에 적합하게 설치
차단장치 (전기 또는 가스)	상시 확인 및 점검이 가능
후드에 방출되는 분사헤드	후드의 가장 긴 변의 길이까지 방출될 수 있도록 약제 방출 방향 및 거리를 고려하여 설치
덕트에 설치되는 분사헤드	성능인증 받는 길이 이내로 설치

3. 설계 매뉴얼

① 소화장치 및 구성품의 사양을 포함한 소화장치 작동 및 설치에 관한 세부사항
② 소화장치에 대한 다음 각 목의 설계 제한사항
  - 최소/최대 배관 길이, 부속품의 종류별 최대 수량, 노즐의 종류
  - 방호 조리기구 종류별 적용 노즐의 형태 및 최대 방호면적, 최소/최대 설치 높이, 노즐의 설치위치 및 방향
  - 방출시간 및 방호 조리기구 종류별 노즐의 방출률
③ 소화장치에 사용되는 배관, 튜브, 피팅류 및 호스의 종류 및 사양
④ 소화장치의 정상 작동을 위한 소화장치 배열(lay-out) 및 설치 제한사항
⑤ 감지부 및 제어부의 형태 및 사양
⑥ 사용온도 범위
⑦ 저장용기의 21 ℃ 충전압력 및 종류(소화약제 용량 포함)
⑧ 가압용 가스용기의 종류 및 사양(가압식에 한함)
⑨ 모든 설계 제한사항을 포함하는 최대 크기의 소화장치 설계 예시
⑩ 두 개 이상의 소화장치를 연결하여 사용 시 소화장치의 설치 및 사용 제한사항
⑪ 시공 및 작동 그리고 유지관리에 대한 지침
  - 주의 및 경고표지
  - 소화장치를 구성하는 모든 부품에 대한 도면 및 기술사양
  - 소화장치 유지를 위한 정기점검 및 사후관리에 관한 사항

⑫ 다음의 주요부품에 대하여는 신청업체의 상호명 및 제품모델번호 등을 표시
  - 저장용기(가압용가스용기를 포함한다), 밸브
  - 노즐
  - 플렉시블 호스
  - 저장용기 작동장치(니들밸브 등)
  - 기동용기함 등

2-4

소방청의 「건축위원회(심의)표준 가이드라인」에서 제시하는 다음 사항을 설명하시오.
1) 종합방재실(감시제어반실) 설치기준 강화
2) 지하 주차장 연기배출설비 운영 강화
3) 전기차 주차구역(충전장소) 화재예방대책 강화

> 풀이

1. 종합방재실(감시제어반실) 설치기준 강화

① 종합방재센터는 CCTV를 통해 화재발생 상황을 상시 모니터링 가능한 구조로 설치하고, 보안요원 등이 상시 근무
② 소방대가 쉽게 접근할 수 있도록 피난층 또는 지상 1층에 설치(다만, 방재실로 통하는 전용출입구 확보 시 지하 1층 또는 지상 2층 설치 가능)
  - 소방자동차 진입로 동선과 일치하도록 하고 출입문은 양방향에서 출입할 수 있도록 최소 2개소 이상 설치
  - 사람이 상시 근무하는 장소에 설치하고, 근무자가 없는 경우 경비실 등에 부수신기를 설치하여 수신기와 연동
③ 종합방재실(감시제어반실)에 물분무등소화설비 설치
④ 재난 정보수집 및 제공, 방재 활동의 거점 역할을 할 수 있는 위치와 면적확보
  - 소방대원 휴게 및 장비 배치 공간이 확보된 상세도 제출
⑤ 용도별 관리 권원을 분리하여 설치·운영하는 경우 방재실 상호 간 network로 연계하여 방재실 기능상실 대비 예비 종합방재실 기능을 할 수 있도록 시스템 구성 권장
  - 100층 이상 초고층 건축물의 경우 방재실 기능 상실 대비 예비 방재실 추가 설치

2. 지하 주차장 연기배출설비 운영 강화

① 환기설비를 이용하여 연기배출, 필요 환기량 : 시간당 10회 또는 27 CMH/m^2 중 큰 값
  - 자동화재탐지설비와 연동하여 자동 전환
  - 정전 시 : 사용에 지장이 없도록 비상전원 연결, 발전기 용량 확보
  - 화재 시 : 연기감지기 작동 → 화재수신기 → 주차장 환기 Fan 제어반 → 환기용 급·배기 Fan 작동 → 연기(농연) 옥외 배출 → 안전성 확보

② 환기설비에는 비상전원 및 배기팬의 내열성을 확보하고, DA에 층간 연기 전파를 막을 수 있는 댐퍼 설치

③ 환기팬에 대한 원격제어가 가능한 수동기동스위치를 종합방재실내 설치

④ 환기설비는 화재발생시 감지기에 의해 연동되는 구조로 설치

⑤ 주차장 팬룸에 연기배출용으로 설치된 급기 루버는 하부에, 배기 루버는 상부에 설치하고, 주차장 유인팬의 가동 여부를 결정하기 위하여 시뮬레이션 또는 hot smoke test 시행

3. 전기차 주차구역(충전장소) 화재예방대책 강화

① 전기자동차 주차구역(충전장소)은 지상에 설치하는 것을 원칙으로 하되 지하에 설치할 경우, 피난층 인근에 설치

② 전기자동차 주차구역(충전장소)은 일정 단위별 격리 방화벽으로 구획

③ CCTV 설치로 24시간 감시

④ 방출량이 큰 헤드(K-factor 115이상) 또는 살수 밀도를 높여 계획(수리계산을 통해 방출량 증가에 따른 수원량 추가 확보)

⑤ 주차구역 인근에 질식소화포(차량용) 비치 권고(관계인 초기대응 역할)
  - 식별이 용이한 곳에 비치
  - 보관함 별도 설치
  - 사용설명서 및 표지판 부착

2-5

제연설비에 사용되는 송풍기의 각 풍량제어 방법별 성능곡선 및 특성을 비교 설명하시오.

1. 개요

① 송풍기 풍량의 제어는 조임제어, 날개각도제어, 속도제어로 다양하며, 제어 방법에 따라 장단점이 있어 신뢰성, 경제성 등을 고려하여 선택할 필요가 있다.

② 송풍기 풍량 변화에 따른 압력변화는 토출댐퍼제어 > 흡입댐퍼제어 > 흡입베인제어 > 가변피치제어 > 회전수제어순으로 압력변화가 크다.

2. 토출 Damper에 의한 제어

1) 개념
① 성능곡선은 고정되고 저항곡선을 조절하는 방식
② 송풍기 토출측에 댐퍼를 설치하여 풍량을 제어하는 방법

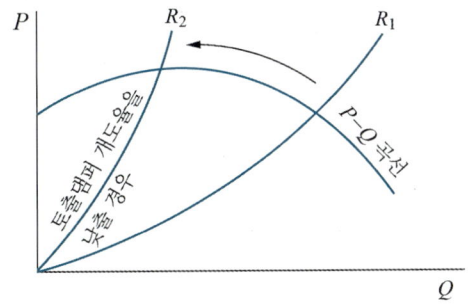

2) 장단점
① 적용이 용이 / 경제적
② 서어징(surging) 가능성 / 효율이 나쁘고 소음 발생

3. 흡입 Damper에 의한 제어

1) 개념
① 저항곡선은 고정되고 성능곡선을 조절하는 방식
② 송풍기 흡입측에 댐퍼를 설치하여 풍량을 제어하는 방법
③ 풍량을 줄이면 전압은 체절점에서 우하향으로 교축만큼 감소

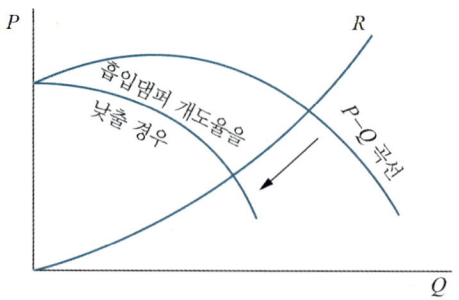

2) 장단점

　① 적용이 용이 / 경제적
　② 서어징(surging) 방지 / 동력은 토출 댐퍼에 의한 제어보다 유리
　③ 과도한 제어시 overload

4. 흡입 Vane에 의한 제어

1) 개념

　① 흡입 damper 제어와 같음
　② 흡입측에 베인을 설치하여 베인의 기울기로 풍량을 제어하는 방법
　③ 풍량을 줄이면 전압은 체절점에서 우하향으로 교축만큼 감소

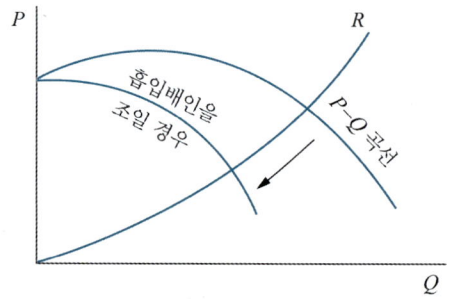

2) 장단점

　① 적용이 용이 / 경제적
　② 서어징(surging) 방지 / 동력은 토출 댐퍼에 의한 제어보다 유리
　③ vane의 정밀성

5. 가변 피치(variable pitch)에 의한 제어

1) 개념

　① 회전 수 제어와 같음

② 축류 송풍기에서 부착된 날개의 각도를 변화시켜 풍량을 제어하는 방법
③ 피치 각도를 조정하면, 성능곡선은 비례하여 감소하여 풍량도 비례하여 감소

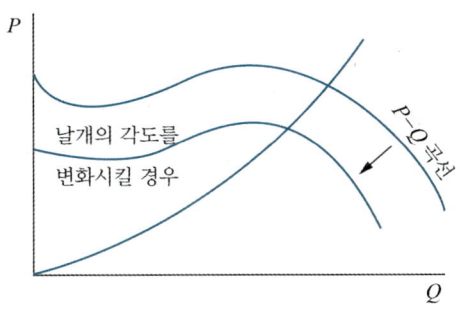

2) 장단점
① 동력과 효율이 좋음
② 회전 수 제어에 비해 제어가 간단하고 설비비 저렴

6. 회전수에 의한 제어

1) 개념
① 송풍기의 회전수를 변화시켜 풍량을 제어하는 방법
② 인버터(inverter)라 불리는 VVVF를 사용하는 방법
③ 상사법칙을 응용
④ 주파수의 변화에 따라 속도의 변화가 생김

$$N = N_S(1-S) = \frac{120f}{P}(1-S)$$

여기서, N : 회전수
  f : 주파수
  P : 극수
  S : 슬립

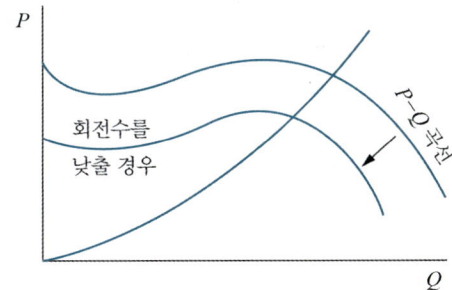

2) 장단점

① surging 및 overload 발생하지 않음
② 거실제연에서 청결층 확보에 유리
③ 부속실 제연에서 차압 및 방연풍속 확보에 유리
④ active system으로 유지관리 어려움
⑤ 설비비 고가

2-6
ESFR 스프링클러헤드에 적용되는 실제살수밀도(ADD)의 개념, 특징, 영향인자 및 측정방법에 대하여 설명하시오.

풀이

1. 개요

① 스프링클러의 소화특성은 화재감지특성과 방사특성에 의해 결정되는데 방사특성은 fire plume의 부력을 뚫고 burning material에 대한 침투능력에 따라 화재제어(fire control)와 화재진압(fire suppression)으로 분류된다.
② 화재진압을 통한 소화는 ADD를 RDD보다 크게 하여 조기 소화하는 방법으로 ESFR(early suppression fast response)의 경우가 그 예이다.
③ RDD는 화재진압에 필요한 살수밀도를 말하며 ADD는 연소 중인 가연물에 도달한 물방울의 밀도를 말한다.

2. ADD (actual delivered density)

1) 개념

① 화염을 통과하여 연소 중인 가연물의 상단까지 도달한 물방울 양
② $ADD = \dfrac{\text{연소중인 가연물 상단까지 도달한 물의 양}}{\text{가연물 상단의 표면적}}\ [lpm/m^2]$

2) 특징

① ESFR은 RTI가 작아 ADD가 커지고 RDD는 작아져 화재진압을 통한 소화가 가능

② 수손피해의 우려가 높음
③ ADD, RDD 및 RTI와의 관계

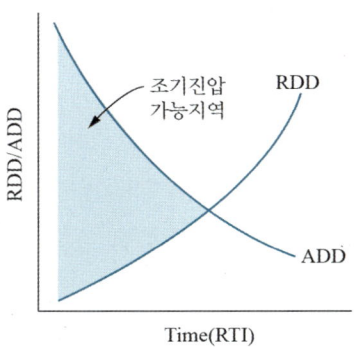

3) 영향인자

  ① SP자체 방사특성
   - SP 구경(K - factor)
   - SP 방사 압력
   - SP 살수분포
   - 물방울의 크기
  ② 헤드설치와 화재크기
   - SP 헤드 배치 간격
   - 작동된 SP 헤드 수
   - SP 헤드 개방 시의 화재강도
   - SP 헤드와 가연물과의 거리

4) 측정방법

  ① 시험실은 공기의 유동이 생기지 않는 장소이고 천장의 크기는 11 m × 10 m 이상
  ② 화재원은 n 헵탄을 사용하며 분무 노즐은 동일간격으로 균일하게 설치
  ③ 화재원 위에 1개의 파레트와 유사한 측정모형을 15.2 cm 간격으로 2개를 설치하고 그 위에 16개의 채수통 설치
  ④ 헤드를 설치한 배관은 천장에서 23 cm 아래 설치하고, 헤드는 천장에서 35 cm 아래 설치
  ⑤ 화재원에서 헵탄을 분무 후 발화시킨 뒤 연료의 흐름이 일정하면 물을 규정압력으로 최소 10분간 방사한 후 각 채수통의 채수량을 mm까지 측정

교시 3

3-1
행정안전부 장관이 침수피해가 우려된다고 인정하는 지역 내 지하도로, 지하광장, 지하에 설치되는 공동구, 지하도 상가 및 바닥이 지표면 아래에 있는 건축물을 설치하는 경우 침수피해를 예방하기 위한 지하공간의 침수방지시설의 기술적 기준을 공통 적용 사항과 시설별 적용사항으로 구분하여 설명하시오.

풀이

1. 공통 적용사항

1) 침수피해 방지를 위한 기준

   (1) 출입구 방지턱의 높이
      ① 지하공간 출입구의 침수 높이를 고려
      ② 침수 높이보다 낮게 설치하는 경우 물막이판이나 모래주머니 등으로 침수 지연 또는 방지

   (2) 환기구 및 채광용 창 위치
      • 예상 침수높이보다 높은 위치에 설치

   (3) 물막이판, 모래주머니 등
      ① 물막이판은 자동 운행이 가능(비상시 수동전환 가능)하도록 설치
      ② 자동 운행 물막이판 설치가 어려울 때는 일반 물막이판 또는 모래주머니 등을 활용

   (4) 역류방지밸브 설치
      • 지하공간의 배수구를 통한 우수 역류현상 방지를 위해

2) 침수피해 경감을 위한 기준

   (1) 비상조명 및 대피 유도등
      ① 비상조명 및 대피 유도등은 대피자가 인지할 수 있도록 할 것

② 전력공급 장치를 지하에 설치 시 비상조명 및 대피 유도등의 예비전원을 지상 또는 옥상에 확보하는 방안을 고려(예비전원 내장 시 제외 가능)

(2) 누전, 감전 및 정전 방지
① 누전 차단장치 설치 및 접지
② 전기시설(배전반, 콘센트 등)을 침수 높이보다 높게 설치

(3) 배수펌프 및 집수정 설치

(4) 유도수로 설치

(5) 침수피해 확산 방지
① 지하층 계단 통로 환기구 등을 차단하는 방안을 고려
② 엘리베이터 출입구 주위에는 탈부착식 침수 방지시설 설치 고려

(6) 대피로 확보

(7) 경보방송 시설

(8) 난간 설치

(9) 진입 차단시설 및 침수 안내시설 설치

3) 침수피해 예방을 위한 기준

(1) 방재 훈련
① 지하 침수상황 발생에 따른 대피 행동 요령을 인지
② 실제 모의 방재 훈련을 통하여 지하공간 내 인원들의 적절한 대피를 유도

(2) 방재를 위한 홍보
① 침수 시 행동 요령을 게시하는 등 방재를 위한 다양한 홍보 대책을 마련

(3) 저지대 내 지하공간 신축 억제
① 지하공간 신축을 억제
② 신축이 불가피한 경우 지하공간 출입·환기시설 바닥의 높이는 예상 침수 높이 이상의 여유고를 확보

(4) 침수 방지 시설물에 대한 유지·관리
① 물막이판 등 우수 유입을 차단하기 위한 시설물의 작동 여부
② 배수설비, 내부 수위 탐지 장치의 작동 여부
③ 환기구, 물막이판, 장비 반입구 등의 수밀성 여부
④ 경보방송시설, 비상조명, 대피 유도등, 진입 차단시설 등의 가동 여부
⑤ 대피로, 안내표지판 등의 관리상태

2. 시설별 적용사항

1) 지하도로
① 지하공간 침수 방지를 위한 공통 기준 반영
② 지하보도 및 지하 출입시설을 설치
③ 지하도로의 기초 지반 부등침하 등으로 지하수 유입에 유의하고, 외부 지하 수위 상승에 따른 지하수 유입이 발생하지 않도록 할 것

2) 지하광장 및 지하도상가
① 지하공간 침수 방지를 위한 공통 기준 반영
② 해당 출입구 외 통로를 준비하거나 사다리 등을 이용하여 적절한 대피로 설치

3) 지하 공동구
① 지하공간 침수 방지를 위한 공통 기준 반영
② 출입구 및 장비 반입구의 설치 위치는 침수 위험성 분석 결과를 고려하여 선정
③ 방수형 맨홀 덮개를 사용하여 맨홀 뚜껑으로 우수가 유입되지 않도록 할 것

4) 도시철도 및 철도
① 지하공간 침수 방지를 위한 공통 기준 반영
② 관제실은 지상 설치. 지하에 설치 시 침수 방지시설 설치
③ 다양한 방법의 대피 방송체계를 구축·운영

5) 지하변전소
① 지하공간 침수 방지를 위한 공통 기준 반영
② 침수피해 우려 지역설치 불가, 부득이하게 설치 시 침수 방지시설 설치
③ 장비 반입구 및 외부환기구의 설치 높이는 예상 침수 높이 이상
④ 지하변전소와 기존 전력구의 연결은 일체식 구조로 하여 연결부의 누수 발생 방지
⑤ 근무자가 상근하는 경우 유사시에 대비한 근무자의 안전 대피에 관한 시설 확보
⑥ 케이블 삽입구멍은 방수 처리하고, 방수형 맨홀 덮개를 설치하여 우수 유입을 차단

6) 바닥이 지표면 아래에 있는 건축물
① 지하공간 침수 방지를 위한 공통 기준 반영
② 집수정과 배수펌프를 설치하고, 집수정 크기는 유입 수량과 펌프 용량을 고려하여 결정
③ 배수펌프는 수중형

3-2

일반건축물의 경우 건축허가 등 동의와 관련하여 관할 소방서의 행정절차에 대하여 동의 시 착공 및 감리 시, 완공 시, 유지관리 시로 구분하여 설명하시오.

풀이

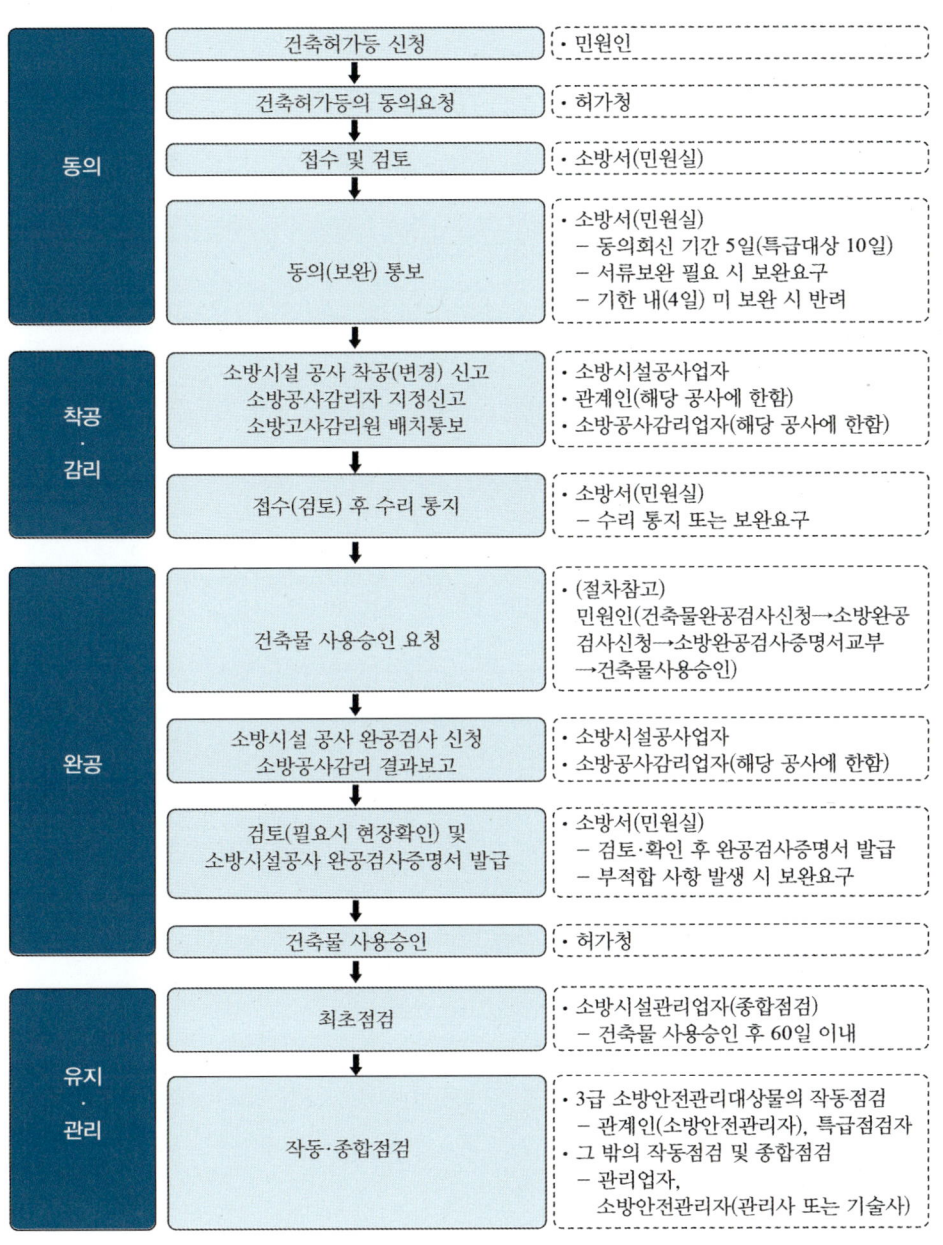

3-3

옥외 탱크저장소의 포소화설비 설치와 관련하여 다음에 대하여 설명하시오.
1) 위험물 탱크의 구조에 따라 적용하는 고정포 방출구의 종류
2) 고정포 방출구의 종류별 정의와 특징

[풀이]

1. 위험물 탱크의 구조에 따라 적용하는 고정포방출구의 종류

위험물 탱크	고정포방출구	개념
CRT	Ⅰ형 방출구	방출된 포가 액면 위에서 소화작용을 하도록 통, 튜브 등의 부속설비가 있는 방출구
CRT, IFRT	Ⅱ형 방출구	방출된 포가 반사판에 의해 탱크의 벽면을 따라 흘러 들어가 소화하도록 한 방출구
FRT	특형 방출구	부상식 탱크 측면과 굽도리 판에 의해 형성된 환상 부분에 포를 방출하여 소화하도록 한 방출구
CRT	Ⅲ형 방출구	표면상 방출구와는 달리 탱크 저부에서 포를 주입유 면을 통해 표면에서 소화하도록 한 방출구
CRT	Ⅳ형 방출구	표면하 주입의 단점을 보완 호스를 이용 포가 액체 표면에 떠오르면서 소화하는 방출구

2. 고정포 방출구의 종류별 정의와 특징

	I형 방출구(표면 주입방식)	II형 방출구(표면 주입방식)	특형 방출구(표면 주입방식)
종류	(홈통(Trough) 그림)	(봉판, 폼챔버, 발포기, 탱크, 디플렉터, 액면, 스트레이너, 완충장치 그림)	(봉판, 굽도리판 0.9m 이상, 씰(Seal) 그림)
정의	• 고정지붕구조의 탱크에 상부 포 주입법을 이용하는 것 • 방출된 포가 액면 아래로 몰입되거나 액면을 뒤섞지 않고 액면상을 덮을 수 있는 통계단 또는 미끄럼판 등의 설비 및 탱크 내의 위험물증기가 외부로 역류되는 것을 저지할 수 있는 구조·기구를 갖는 포방출구	• 고정지붕구조 또는 부상덮개 부착고정지붕구조의 탱크에 상부포 주입법을 이용하는 것 • 방출된 포가 탱크 옆판의 내면을 따라 흘러내려 가면서 액면 아래로 몰입되거나 액면을 뒤섞지 않고 액면상을 덮을 수 있는 반사판 및 탱크내의 위험물 증기가 외부로 역류되는 것을 저지할 수 있는 구조·기구를 갖는 포방출구	• 부상지붕구조의 탱크에 상부 포 주입법을 이용하는 것 • 부상지붕의 부상부분상에 높이 0.9 m 이상의 금속제의 칸막이를 탱크 옆판의 내측으로부터 1.2 m 이상 이격하여 설치하고 탱크 옆판과 칸막이에 의하여 형성된 환상부분에 포를 주입하는 것이 가능한 구조의 반사판을 갖는 포방출구
특징	• 대기압 탱크에 사용 • 기름 오염에 약한 단백포가 유면을 떠돌지 않도록 통을 사용해 액체 표면에 방사하여 소화하도록 도입 • 단백포의 유동성 단점을 보완하기 위해 개발되었으나 유동성이 좋은 소화 약제 개발로 거의 사용하지 않음 • 포의 소멸이 빠른 알코올포에 사용	• 대기압 탱크에 사용 • 시험에 의하면, 포는 연소 액면을 100 ft(30 m)는 효과적으로 이동 따라서 탱크지름이 60 m 이내 사용	• 환상 부분에 포를 방출하여 소화하므로 탱크로부터 열전달을 통한 수분증발로 파포현상이 발생하므로 cone roof tank보다 방사속도가 크다(8 lpm/m^2).
장점	• 위험물 표면에 요동을 주지 않아 오버플로우 방지	• 설치 간편	• 환상 부분에서만 화재가 발생하므로 안전성이 높다.
단점	• 유지관리 불편 • 포방사 시험 불편	• 소형탱크 사용 • 포방사 시험 불편	

	III형 방출구(표면하 주입방식)	IV형 방출구(반표면하 주입방식)
종류	(탱크측벽, 포방출구, FOAM FLOW 그림)	(포방출전/포방출후 그림: Hose Container, Cover, Air shock pipe, Tank wall, Block vale, Check vale, Foam inlet, Foam blanket, Foam outlet hose, Liquid, Base hose, Hoes container)
정의	• 고정지붕구조의 탱크에 저부포 주입법을 이용하는 것 • 송포관으로부터 포를 방출하는 포방출구	• 고정지붕구조의 탱크에 저부포 주입법을 이용하는 것 • 평상시에는 탱크의 액면하의 저부에 설치된 격납통에 수납되어 있는 특수호스 등이 송포관의 말단에 접속되어 있다가 포를 보내는 것에 의하여 특수호스 등이 전개되어 그 선단이 액면까지 도달한 후 포를 방출하는 포방출구
특징	• 탱크가 점차 대형화되고 기름 오염에 강한 불소계 포가 개발되어 도입 • 탱크 하부에서 방사하므로 cone roof형 대기압 탱크, 점도가 낮은 위험물, 내유성이 강한 불화 단백포, 수성막포 사용(불소함유한 단친매성 약제) • 배압(back pressure)이 작용하므로 고압 발포기 사용 • 탱크지름이 60 m 이상 사용	• 표면하 주입방식을 더욱 개량한 것으로 포가 호스를 통해 유류에 닿지 않고 유면까지 도달하기 때문에 단친매성과 양친매성 포약제 사용도 가능하다. • hose container방식으로 컨테이너, 베이스호스, 메인호스로 구성 • 배압이 작용하므로 고압 발포기 사용 • 탱크지름이 60 m 이상 사용
장점	• 탱크의 상부가 변형되어도 포 주입에 지장이 없고 확산속도가 빠르다.	• 탱크가 변형되어도 사용 • 긴급 시 송유관에서 포의 주입이 가능
단점	• FRT, 점도가 높은 액체, 수용성 액체 탱크에는 사용하지 않는다.	• FRT, 고점도 액체위험물 사용에 부적합

3-4

고체 가연물의 연소속도를 정의하고 연소속도에 영향을 미치는 요인과 발화온도에 영향을 미치는 요인에 대하여 설명하시오.

풀이

1. 고체가연물의 연소속도(burning rate)

1) 에너지 생성속도(energy release rate)

   ① 에너지 생성속도는 연소속도와 연소열의 곱의 표현
   ② 수식

   $$Q = \dot{m}'' A \Delta H_C \, [kW] = \frac{\dot{q}''}{L} A \Delta H_C$$

2) 연소속도

   ① 단위 면적당 연소속도 또는 질량연소유속(mass burning flux) : $\dot{m}''$ [g/m²s]
   ② 질량감소속도 식

   $$\dot{m}'' = \frac{\dot{q}''}{L} = \frac{순수 열유속}{기화열} = \frac{입사열유속 - 방사열유속}{기화열}$$

   여기서, $\dot{q}''$: 연료표면에 대한 순수 열유속
   L : 기화열[kJ/g]

   ③ 일반적으로 연소속도는 고체 < 액체 < 기체 순이다.

2. 고체의 연소속도 영향요소

1) 입사열유속

   ① 입사열유속은 화염의 열유속 + 외부 열유속으로 연료에 들어오는 열유속
   ② 입사열유속은 복사열전달이기 때문에 온도(σT^4)가 높을수록 입사열유속이 커진다.
   ③ 따라서 입사열유속은 온도와 관련된 불꽃 유무에 의해 결정되며 불꽃연소가 작열연소보다 온도가 높기 때문에 입사열유속이 커진다.

2) 방사(손실)열유속

   ① 손실열유속은 고체연료에서 방사되는 재복사를 말한다.

② 고체의 경우 재복사는 재료의 기화온도일 때 가장 크다.
③ 일반적으로 고체가 액체보다 더 높은 온도로 재복사 된다.
④ 따라서 고체가 액체보다 방사열유속이 크고 에너지 방출속도가 더 작다.

3) 기화열(L)

① 기화열(L)은 고체 연료를 기화하는데 요구되는 에너지를 말한다.
② 고체는 분해 과정을 통해, 액체는 증발과정을 통해 기화가 된다.
③ 즉, 재료의 특성에 따라 기화열이 다르며 재료의 종류에 따라 연소속도가 다름을 알 수 있다.
④ 기화열은 액체, 열가소성 플라스틱, 탄화물질 순으로 증가하는 경향이 있다.
⑤ 따라서 액체가 고체보다 기화열이 작기 때문에 질량감소속도가 빠르다.

3. 고체의 발화온도 영향요소

1) 발화온도

① 고체의 발화온도는 고체 표면에서 열분해되는 가스가 가연성 혼합기를 형성하는 온도를 말한다.
② 고체는 일반적으로 열분해하여 연소하므로 열분해속도가 발화온도와 밀접한 관련이 있다.

2) 영향요소

① 산소농도 : 산소농도가 높아지면 분자 간의 만나는 횟수가 증가하기 때문에 발화온도는 낮아진다.
② 가연성가스 농도 : 양론혼합비일 때 발화온도는 가장 낮으며, 연소 상한계 및 하한계로 갈수록 발화온도는 높아진다.
③ 고체의 발화시간 관련 식

구분	얇은 재료	두꺼운 재료
발화시간	$t_{ig} = \rho c l \left(\dfrac{T_{ig} - T_\infty}{\dot{q}''} \right)$	$t_{ig} = C(k\rho c) \left(\dfrac{T_{ig} - T_\infty}{\dot{q}''} \right)^2$

④ 이 식을 보면 열관성, 재료의 두께, 가열시간, 임계열 유속, 순열 유속은 재료의 온도상승과 관련이 있으며, 이는 열분해 속도를 결정하므로 발화온도에 영향을 준다.
⑤ 기타 목재의 경우 함수율과 화학적 조성 등이 발화온도와 관련이 있다.

3-5

「건축법 시행령」과 「건축물의 피난·방화구조 등의 기준에 관한 규칙」에 따른 문화 및 집회시설(공연장)의 개별 관람실(바닥면적 400 m²) 내부의 출구 설치기준에 대하여 설명하고, 개별 관람실 출구의 갯수와 유효너비를 산정하시오.

풀이

1. 관람실 등으로부터의 출구 기준

1) 대상

　① 2종 근생 중 공연장, 종교집회장(해당용도 바닥합계 각각 300 m² 이상)
　② 문화 및 집회시설(전시장 및 동식물원 제외)
　③ 종교, 위락, 장례시설

2) 설치기준

구분	기준
안여닫이가 아닌 구조	• 관람실 또는 집회실로부터 바깥쪽으로 출구
바닥 300 m² 이상인 문화 및 집회시설 중 공연장	• 각 출구의 유효너비 1.5 m 이상 • 관람실별로 2개소 이상 • 개별 관람실 출구 유효너비 0.6 m/100 m² 이상

2. 개별 관람실 출구 개수와 유효너비

1) 출구 개수

　• 2개 이상 설치

2) 출구 유효너비

　① 유효너비 합계 : $\dfrac{400}{100} \times 0.6 = 2.4$ m 이상
　② 각 출구 유효너비 : 1.5 m 이상

3-6

「사업장 위험성평가에 관한 지침」(고용노동부 고시)에서 규정하는 사업장 위험성 평가와 관련하여 다음 사항을 설명하시오.
1) 위험성평가 정의
2) 위험성평가 실시 시기
3) 위험성평가 절차 및 주요 내용

> 풀이

1. 위험성평가 정의

① 사업주가 스스로 유해·위험요인을 파악
② 해당 유해·위험요인의 위험성 수준을 결정
③ 위험성을 낮추기 위한 적절한 조치를 마련하고 실행하는 과정

2. 위험성평가 실시 시기

1) 최초 위험성평가 실시

① 사업이 성립된 날로부터 1개월이 되는 날까지

2) 수시 위험성평가 실시

① 사업장 건설물의 설치·이전·변경 또는 해체
② 기계·기구, 설비, 원재료 등의 신규 도입 또는 변경
③ 건설물, 기계·기구, 설비 등의 정비 또는 보수
④ 작업방법 또는 작업절차의 신규 도입 또는 변경
⑤ 중대산업사고 또는 산업재해(휴업 이상의 요양을 요하는 경우에 한정) 발생
⑥ 그 밖에 사업주가 필요하다고 판단한 경우

3) 정기 위험성평가 실시

① 1년마다 정기적으로 재검토
② 허용 불가능한 위험성은 위험성 감소대책을 수립하여 실행

4) 완화 조건

① 매월 1회 이상 근로자 제안제도 활용, 아차사고 확인, 작업과 관련된 근로자를 포함한 사업장 순회점검 등을 통해 사업장 내 유해·위험요인을 발굴하여 위험성 결정 및 위

험성 감소대책 수립·실행
② 매주 안전보건관리책임자, 안전관리자, 보건관리자, 관리감독자 등을 중심으로 ①의 결과 등을 논의·공유하고 이행상황을 점검
③ 매 작업일마다 ①, ②의 실시결과에 따라 근로자가 준수하여야 할 사항 및 주의하여야 할 사항을 작업 전 안전점검회의 등을 통해 공유·주지할 경우
④ 수시평가와 정기평가를 실시한 것으로 봄

3. 위험성평가 절차 및 주요내용

1) 사전준비

   (1) 최초 위험성평가 시
      ① 평가의 목적 및 방법
      ② 평가 담당자 및 책임자의 역할
      ③ 평가 시기 및 절차
      ④ 근로자에 대한 참여·공유방법 및 유의사항
      ⑤ 결과의 기록·보존

   (2) 기준 확정
      ① 위험성의 수준과 그 수준을 판단하는 기준
      ② 허용 가능한 위험성의 수준

   (3) 정보 조사
      ① 작업표준, 작업절차 등에 관한 정보
      ② 기계·기구, 설비 등의 사양서, MSDS 등의 유해·위험요인에 관한 정보
      ③ 기계·기구, 설비 등의 공정 흐름과 작업 주변의 환경에 관한 정보
      ④ 혼재 작업의 위험성 및 작업 상황 등에 관한 정보
      ⑤ 재해사례, 재해통계 등에 관한 정보
      ⑥ 작업환경측정 결과, 근로자 건강진단 결과에 관한 정보
      ⑦ 그 밖에 위험성평가에 참고가 되는 자료 등

2) 유해·위험요인 파악
   ① 사업장 순회 점검에 의한 방법
   ② 근로자들의 상시적 제안에 의한 방법
   ③ 설문조사·인터뷰 등 청취조사에 의한 방법
   ④ 물질안전보건자료, 작업환경측정 결과, 특수건강진단 결과 등 안전보건 자료에 의한 방법

⑤ 안전보건 체크리스트에 의한 방법
⑥ 그 밖에 사업장의 특성에 적합한 방법

3) 위험성 결정

① 사업주는 파악된 유해·위험요인이 근로자에게 노출 시 위험성을 기준에 따라 판단
② 사업주는 위험성 수준이 허용 가능한 위험성 수준인지 결정

4) 위험성 감소대책 수립 및 시행

① 위험성 감소를 위한 대책을 수립하여 실행
- 위험한 작업의 폐지·변경, 유해·위험물질 대체 등의 조치 또는 설계나 계획 단계에서 위험성을 제거 또는 저감하는 조치
- 연동장치, 환기장치 설치 등의 공학적 대책
- 사업장 작업절차서 정비 등의 관리적 대책
- 개인용 보호구의 사용

② 위험성 감소대책을 실행한 후 허용 가능한 위험성 수준인지 확인
③ 확인 결과, 허용 불가능한 위험성일 경우 허용 가능한 위험성 수준이 될 때까지 추가 감소대책을 수립·실행
④ 위험성 감소대책 실행에 많은 시간이 필요한 경우 즉시 잠정적인 조치 강구

5) 위험성평가 실시내용 및 결과에 관한 기록 및 보존

교시 4

4-1

할로겐화합물 및 불활성기체 소화설비와 관련하여 NFPA 2001에서 제시한 다음 사항에 대하여 설명하시오.
1) 소화약제의 인체노출 제한기준
2) 안전 요구사항

풀이

1. 최대허용설계농도를 제한하는 이유

1) 할로겐화합물
   ① 할로겐화합물 소화약제는 7족인 불소, 염소, 브롬 또는 요오드 중 하나 이상의 원소를 포함하고 있는 소화약제
   ② 불소는 수소와 만나 불화수소를 생성하는데 이는 자극성이면서 독성가스
   ③ 불화수소는 NFPA 704에 의하면 유독성 4, 가연성 0, 반응성 1로 표시

2) 불활성 기체
   ① 불활성기체 소화약제는 헬륨, 네온, 아르곤 또는 질소 중 하나 이상의 원소를 기본성분으로 하는 소화약제
   ② 불활성기체에 대한 건강 중요성은 저산소 농도에 대한 질식 및 저산소증으로 표현
   ③ 불활성기체의 no effect level (NEL)은 43 %
   ④ 설계농도 43 %는 방호공간에서 산소농도 12 % 해당하는 농도
   $$43\ \% = \frac{(21 - O_2)}{21} \times 100,\ O_2 ≒ 12\ \%$$
   ⑤ 산소농도 12 %는 인체에 현기증, 구토, 근력 저하, 추락 등을 일으킬 수 있는 농도

2. 소화약제의 인체노출 제한기준

1) 할로겐화합물

① 독성의 표현
- NOAEL(No Observable Adverse Effect Level) : 농도를 증가시킬 때 심장에 아무런 악영향도 감지할 수 없는 최대농도
- LOAEL(Lowest Observable Adverse Effect Level) : 농도를 감소시킬 때 심장에 악영향을 감지할 수 있는 최소농도
- PBPK 모델 : NOAEL보다 높고 LOAEL보다 낮은 노출은 허용하지만 인체노출을 5분 이내로 제한할 수 있는 안전장치를 요구

② 인체노출 제한기준

지역	설계농도	적용
거주	PBPK 적용 5분 이상 농도	5분 이내 노출 허용
거주	PBPK 적용 5분 미만 농도	허용 안 됨 (피난분석 및 관계기관 승인 시 허용)
비거주	LOAEL 이하	30초 이상 1분 이내 피난
비거주	LOAEL 초과	30초 이내 피난

2) 불활성 기체

① 불활성 기체 소화약제의 생리적 영향

소화약제	영향을 미치지 않는 수준[%]	낮은 영향수준[%]
IG-01	43	52
IG-100	43	52
IG-55	43	52
IG-541	43	52

② 43%, 52%의 소화약제 농도로 산소농도 12%, 10%에 상응한 값

③ 인체노출 제한기준

최대농도[%]	대응산소농도[%]	안전장치
43 미만	12	노출시간을 5분 이하로 제한할 수 있는 장소 사용
43~52	10~12	노출시간을 3분 이하로 제한할 수 있는 장소 사용
52~62	8~10	노출시간을 30초 이하로 제한할 수 있는 장소 사용
62 이상	8 미만	비거주지역 사용

3. 안전 요구사항

1) 시간지연장치
   ① 소화약제가 방출되기 전에 여유있는 대피를 목적으로 설치
   ② 위험이 심각하게 증가하고 화재의 신속한 확산이 우려되는 지역은 시간지연장치 미설치가 가능

2) 중지스위치
   ① 방호지역 내에 설치하며 출구 근처에 설치
   ② 수동으로 계속 누르고 있는 방식

3) 대피못한 사람을 위한 대책을 준비

4) 훈련, 경고신호, 방출경보, 휴대용호흡장치(SCBA), 대피계획, 소방훈련 등의 안전사항

5) 약제가 인접구역으로 이동할 가능성 고려
   ① 약제 농도가 NOAEL 이상 시
   ② 방출 후 방호공간을 열거나 환기 시 배출되는 경로 고려

6) 거주지역의 설계농도가 승인된 농도를 초과하는 경우
   ① 수동잠금밸브
   ② 뉴메틱 방출 전 경보장치
   ③ 뉴메틱 시간지연장치
   ④ 경고 표지

4-2

엘리베이터 피스톤 효과(Piston Effect)에 대하여 설명하고 피스톤 효과로 발생할 수 있는 압력에 대한 해석과 문제점에 대하여 설명하시오.

풀이

1. 개요
① 승강기의 초고속 주행으로 인한 piston effect

② 카가 이동할 때 이동하는 방향에는 과압이, 후단에는 부압이 발생
③ 시뮬레이션 통한 유동예측, 연기흐름, 독성물질 영향을 분석할 필요가 있음

2. 연기의 이동
① 과거 화재사례를 보면 승강기 승강로는 연기이동의 경로
② 승강기의 누설 틈새가 크고 승강로 상부에 개구부가 존재
③ 승강로를 통한 연돌효과와 피스톤 효과에 의해 연기가 승강로에 유입되어 연기를 이동

3. 엘리베이터의 Piston Effect

1) 엘리베이터 상승 시

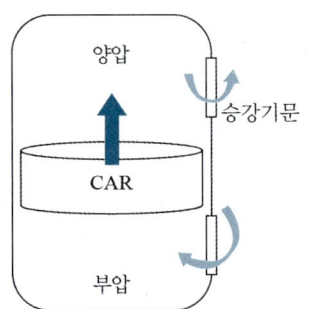 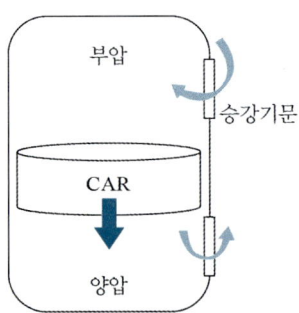

① car 진행방향 : 피스톤 효과에 의해 과압이 형성 상태로 승강기문 등 개구부를 통하여 압력 배출
② car 후방부 : 부압으로 외부 및 실내공기 유입

2) 엘리베이터 하강 시

① car 진행방향 : 피스톤 효과에 의해 과압이 형성 상태로 승강기문 등 개구부를 통하여 압력 배출
② car 후방부 : 부압으로 외부 및 실내공기 유입

3) Tamura 교수의 승강기 car의 운행으로 발생하는 차압

$$\Delta P = \frac{\rho}{2}\left[\frac{A_s A_e V}{A_f A_{li} C_c}\right]^2$$

여기서, ΔP : 승강기 car의 운행으로 발생된 최대 임계압력
ρ : 승강로 내의 공기밀도
A_s : 승강로의 단면적
A_e : 승강로와 외부 사이의 총유효 누설틈새면적

V : 승강기 car의 속도

A_f : 승강기 단면적을 뺀 샤프트 단면적

A_{li} : 승강장과 건물 내부 사이 누설면적

C_c : 승강기 car 주변의 흐름계수(무차원)

　　복수 car용 승강로 : C_c ≒ 0.94

　　단수 car용 승강로 : C_c ≒ 0.83

4. Piston Effect 방지대책

① 유선형 car 구조(aero cab 구조로 공기저항 최소화)
② 승강로 상하부 air hole 설치 : 연돌효과를 키우는 단점을 가짐
③ 승강로 제연 : 승강로 가압, 승강장 가압 방식 등
④ 초고층 빌딩 zoning : 고층부, 저층부 승객용, 지하주차장 shuttle용

4-3

스프링클러설비의 수리계산 절차 및 방법에 대하여 설명하시오.

풀이

1. 주수계획

① 위험용도 분류

화재성상인 화재가혹도를 결정하는 방법으로 가연물의 양, 가연성 정도, 열방출률, 적재높이, 인화성·가연성 액체 존재 여부에 따라 경급, 중급 I·II, 상급 I·II, 특수용도로 구분

	가연물 양	가연성 정도	열방출률	적재 높이	인화성·가연성액체	용도
경급	적다	작다	낮다	-	-	교회, 교육시설, 병원, 관공서, 박물관, 주택 등
중급 I	중간	중간	보통	2.4 m 이하	-	주차장, 전자제품 공장, 세탁소, 레스토랑 주방 등
중급 II	중간 이상	중간 이상	중간 이상	3.7 m 이하	-	곡물공장, 도서관 대형서고, 상품판매시설, 무대 등

	가연물 양	가연성 정도	열방출률	적재 높이	인화성·가연성액체	용도
상급 I	매우 많다	매우 크다	높다	-	거의 없는 용도	합판 제조공장, 제재소 등
상급 II	매우 많다 (광범위한 분포)	매우 크다	높다	-	매우 많다	인화성 액체 분무도장, 플라스틱 가공공장, 조립식주택
특수 용도	-	-	-	-	-	인화성 및 가연성액체, 에어로졸 제품, 화학약품 사용 실험실, LNG 생산, 저장, 취급, 냉각탑, 크린룸 등

② 면적/밀도 그래프에서 작동면적, 살수밀도 결정

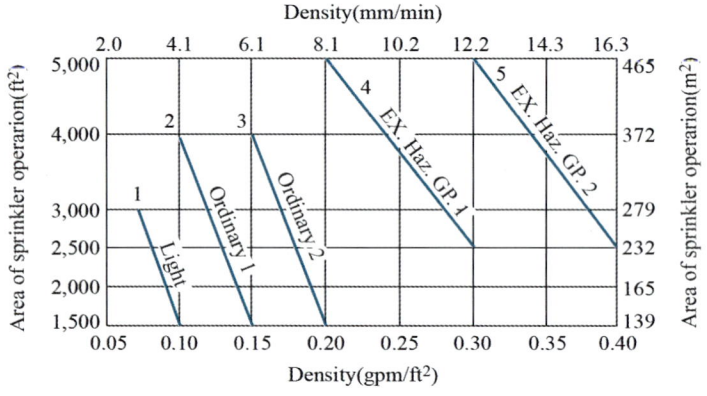

- 설계면적(design area)이란 화재 시 작동하는 헤드의 면적을 말한다. 소방법상 작동 헤드를 10개, 20개, 30개로 정하는 것과 같다.
- 살수밀도는 설계면적에서 방사하여야 할 단위면적당 최소 방사량으로 단위는 Lpm/m^2가 된다.
- 그래프상 어느 점을 선택할 것인지는 경험과 기술력을 바탕으로 설계자가 결정
- 면적밀도 그래프에서 결정하는데 작동면적이 크면 살수밀도는 작아지고 작동면적이 작으면 살수밀도는 커진다.
- 건식과 더블인터록 준비작동식의 경우 시간지연으로 인해 30 % 할증을 하며 살수밀도는 조정하지 않는다.
- ESFR스프링클러는 RTI값이 낮아 조기 작동함으로 작동면적을 감소시킨다.

③ 설계면적의 형태(길이) 결정
- 설계면적의 가지관 방향의 길이(L) = $1.2\sqrt{A}$ (A : 설계면적)

- 설계면적의 형상은 한 변이 1.2배 큰 직사각형이 된다.

④ 설계면적 내의 스프링클러 헤드 수를 산출

- $N_T = \dfrac{A}{A_s}$

  총 헤드 수 = $\dfrac{\text{설계면적}}{\text{스프링클러 1개의 방호면적}}$ (소수 이하 절상)

- 하나의 스프링클러 헤드가 방호하는 면적은 $A_s = S \times W$

  여기서, S(spacing) : 헤드와 헤드 사이 거리
  W(width) : 가지관과 가지관 사이의 거리

- 설계면적 길이방향 헤드수 (N_S) = $\dfrac{1.2\sqrt{A}}{S}$ (S : 헤드간 거리)

⑤ 설계면적 내 헤드의 배열
- 실제길이 = 길이방향 헤드 수 × 헤드 간 거리
- 설계면적의 폭(W) = 설계면적(A) / 길이(L)
- 헤드 작동면적과 설계면적 간 약간의 차이로 헤드를 추가로 선택할 경우 교차배관에서 가까운 헤드를 선택한다.

2. 배관계획

① 첫 번째 헤드의 유량 계산

  $q_{min} = A_s \times D$

  최말단 헤드의 유량 = 스프링클러 1개당 방호면적 × 살수 밀도

② 최말단 헤드에서 필요한 압력을 계산($Q = K\sqrt{P}$)

- 표준형 헤드인 경우 5.6으로 $P_{min} = \left(\dfrac{Q}{k}\right)^2 = \left(\dfrac{21.6}{5.6}\right)^2 = 14.9$ psi

- 최소 7 psi 이상으로 소방법 규정인 1 kg/cm², 80 lpm과 차이가 있다.

③ 최말단 헤드와 그다음 헤드 사이의 마찰손실을 계산

- Hazen - Williams 식을 사용

  $$\Delta P\,[kg_f/cm^2] = 6.174 \times 10^5 \times \dfrac{Q^{1.85} \times L}{C^{1.85} \times D^{4.87}}$$

- 배관 내부표면의 거칠기 값인 C값을 결정
- 표준배관으로 하는 경우 C = 120, SCH40을 기준

④ 두 번째 스프링클러에서의 유량을 산출

- 두 번째 스프링클러에서의 압력은 말단압력에 첫 번째와 두 번째 스프링클러 사이의 마

찰손실을 더해 산출
- $q_2 = k \times \sqrt{P} = k \times \sqrt{P_1 + \Delta P_n}$

⑤ 첫 번째 가지관의 모든 헤드 상부 tee까지의 마찰손실을 계산
- 교차배관을 중심으로 헤드의 수가 다른 경우에는 두 가지의 압력이 존재하므로 유량을 보정한다.

⑥ 유량보정($Q \propto \sqrt{P}$)
- 비례식을 응용 유량보정
- $Q_2 = Q_1 \times \sqrt{\dfrac{P_2}{P_1}}$

여기서, P_1 = 낮은 압
P_2 = 높은 압

- 첫 번째 가지관상의 모든 SP에 대한 유량계산

⑦ 첫 번째 가지관 전체 k값 계산
- 가지관의 유량과 압력으로 가지관에 대한 k값을 결정

⑧ 두 번째 가지관 유량과 마찰손실 계산
- 첫 번째 가지관과 두 번째 가지관 사이 교차배관의 마찰손실을 계산
- 두 번째 가지관에서 필요한 유량을 가지관의 k값을 이용하여 계산

⑨ 펌프 또는 시수 연결부 까지 마찰손실을 계산
- 첫 번째 가지관과 형태가 같은 모든 가지관에 대하여 반복적으로 마찰손실과 유량을 계산
- 설계면적 내의 헤드에 대해 유량을 구한 후 펌프 또는 시수 연결부까지 마찰손실을 계산
- 높이에 대한 보정

4-4

「화재의 예방 및 안전관리에 관한 법률」에 따라 건설현장의 소방안전관리를 위한 소방안전관리대상물의 범위, 선임기간, 건설현장 소방안전관리자의 업무 및 건설현장에 설치하는 임시소방시설의 종류에 대하여 설명하시오.

풀이

1. 건설현장 소방안전관리대상물의 범위
  ① 신축·증축·개축·재축·이전·용도변경 또는 대수선 하려는 부분의 연면적 합계가

15,000 m² 이상인 것
② 신축·증축·개축·재축·이전·용도변경 또는 대수선 하려는 부분의 연면적이 5,000 m² 이상인 것으로서 다음의 어느 하나에 해당하는 것
  ㉠ 지하층의 층수가 2개 층 이상인 것
  ㉡ 지상층의 층수가 11층 이상인 것
  ㉢ 냉동창고, 냉장창고 또는 냉동·냉장창고

2. 선임기간
소방시설공사 착공신고일부터 건축물 사용승인일까지 선임하고 소방본부장 또는 소방서장에게 신고

3. 건설현장 소방안전관리자의 업무
① 건설현장의 소방계획서 작성
② 임시소방시설 설치 및 관리에 대한 감독
③ 공사진행 단계별 피난안전구역, 피난로 등의 확보와 관리
④ 건설현장 작업자에 대한 소방안전 교육 및 훈련
⑤ 초기대응체계의 구성·운영 및 교육
⑥ 화기취급의 감독, 화재위험작업의 허가 및 관리
⑦ 그 밖에 건설현장의 소방안전관리와 관련하여 소방청장이 고시하는 업무

4. 건설현장에 설치하는 임시소방시설의 종류
① 소화기
② 간이소화장치 : 물을 방사(放射)하여 화재를 진화할 수 있는 장치
③ 비상경보장치 : 화재가 발생한 경우 주변에 있는 작업자에게 화재사실을 알릴 수 있는 장치
④ 가스누설경보기 : 가연성가스가 누설되거나 발생된 경우 이를 탐지하여 경보하는 장치
⑤ 간이피난유도선 : 화재가 발생한 경우, 피난구 방향을 안내할 수 있는 장치
⑥ 비상조명등 : 화재가 발생한 경우, 안전하고 원활한 피난활동을 할 수 있도록 자동 점등되는 조명장치
⑦ 방화포 : 용접·용단 등의 작업 시 발생하는 불티로부터 가연물이 점화되는 것을 방지해 주는 천 또는 불연성 물품

4-5

「화재의 예방 및 안전관리에 관한 법률」에 따라 소방안전 특별관리시설물의 관계인은 정기적인 화재예방안전진단을 받아야 한다. 이때 화재예방안전진단의 대상 및 화재예방안전진단의 실시절차 등에 대하여 설명하시오.

[풀이]

1. 개요
① 화재가 발생할 경우 사회·경제적으로 피해 규모가 클 것으로 예상되는 소방대상물에 대하여 화재위험요인을 조사하고 그 위험성을 평가하여 개선대책을 수립하여야 한다.
② 특별관리시설물은 화재예방이 효과적으로 진행될 수 있도록 정기적인 안전점검을 실시할 필요가 있다.

2. 화재예방안전진단 대상
① 공항시설 중 여객터미널의 연면적이 1,000 m² 이상
② 철도시설 중 역 시설의 연면적이 5,000 m² 이상
③ 도시철도시설 중 역사 및 역 시설의 연면적이 5,000 m² 이상
④ 항만시설 중 여객이용시설 및 지원시설의 연면적이 5,000 m² 이상
⑤ 전력용 및 통신용 지하구 중 공동구
⑥ 천연가스 인수기지 및 공급망 중 가스시설
⑦ 발전소 중 연면적이 5,000 m² 이상
⑧ 가스공급시설 중 가연성 가스 탱크의 저장용량의 합계가 100톤 이상이거나 저장용량이 30톤 이상인 가연성 가스 탱크

3. 화재예방안전진단 실시절차
① 소방안전 특별관리시설물의 관계인은 사용승인 또는 완공검사를 받은 날부터 5년이 경과한 날이 속하는 해에 최초의 화재예방안전진단을 받아야 한다.
② 화재예방안전진단을 받아야 하는 기간
  • 안전등급이 우수인 경우 : 안전등급을 통보받은 날부터 6년이 경과한 날이 속하는 해
  • 안전등급이 양호·보통인 경우 : 안전등급을 통보받은 날부터 5년이 경과한 날이 속하는 해
  • 안전등급이 미흡·불량인 경우 : 안전등급을 통보받은 날부터 4년이 경과한 날이 속하는 해

안전등급	화재예방안전진단 대상물의 상태
우수(A)	화재예방안전진단 실시 결과 문제점이 발견되지 않은 상태
양호(B)	화재예방안전진단 실시 결과 문제점이 일부 발견되었으나 대상물의 화재안전에는 이상이 없으며 대상물 일부에 대해 법 제41조제5항에 따른 보수·보강 등의 조치명령이 필요한 상태
보통(C)	화재예방안전진단 실시 결과 문제점이 다수 발견되었으나 대상물의 전반적인 화재안전에는 이상이 없으며 대상물에 대한 다수의 조치명령이 필요한 상태
미흡(D)	화재예방안전진단 실시 결과 광범위한 문제점이 발견되어 대상물의 화재안전을 위해 조치명령의 즉각적인 이행이 필요하고 대상물의 사용 제한을 권고할 필요가 있는 상태
불량(E)	화재예방안전진단 실시 결과 중대한 문제점이 발견되어 대상물의 화재안전을 위해 조치명령의 즉각적인 이행이 필요하고 대상물의 사용 중단을 권고할 필요가 있는 상태

4-6

「대기환경보전법 시행규칙」에 따라 "저탄시설 옥내화"를 의무화해 2024년까지 모든 석탄화력발전소는 옥내에 석탄을 보관해야 한다. 이러한 옥내 저탄장(Coal Shed)에서 발생 가능한 자연발화의 원인을 분석하고 옥내 저탄장에 적응성 있는 소방시설과 화재 안전대책을 설명하시오.

풀이

1. 옥내저탄장의 분류

1) 석탄저장고 (Coal Shed)

① 큰 건축물 내부에 격벽으로 저장공간을 구분하여 저탄기, 트리퍼를 이용하여 구역별로 저탄시키는 방식
② 석탄 입자 간의 압착력이 약하고 공기 침투가 용이한 저탄 파일의 격벽 가장자리와 저탄파일 표면부에서 자연발화 가능성이 높음

2) 석탄저장조 (Coal Silo)

① 대형 원통형 탱크에 석탄을 저장시키는 방식
② 저장조 하부에서 저상탄 보조설비와 저장조 바닥 간의 이격거리에 따른 잔탄 발생 시

자연발화 가능성 있음
③ 장기 적체 시 자연발화 발생 가능성 있음

3) 대공간 구조물
① 공항의 대형격납고, 산업박람회 관련 시설물 등에 이용되는 건축물로 지붕구조가 기둥이 없는 무주공간으로 형성돼야 하는 특수구조물
② 기존 야외저탄장처럼 저탄파일 표면부에서 자연발화 가능성 높음

2. Coal Shed에서 발생 가능한 자연발화의 원인

① 원소 간 결합력이 약하고 단일결합이 많아 산소와 쉽게 반응하는 아역청탄 및 갈탄에서 주로 발생
② 탄화가 많이 진행되어 휘발분 함량이 적은 역청탄 또는 무연탄에서는 발생 확률이 낮음
③ 입자 간의 압착력이 약하고 공기 침투가 용이한 표면으로부터 1~2 m 정도의 얕은 깊이 위치의 석탄입자 사이로 공기가 침투하면 반응하여 열축적부(hot spot) 생성
④ 석탄 중의 탄소 등 가연성 성분이 공기 중의 산소와 반응하여 발열
⑤ 표면의 석탄 : 대기에 냉각
  - 2 m 이상 깊숙한 곳 : 공기가 침투하기 어려워 발열이 발생하지 않음
  - 표면으로부터 1~2 m 깊이 내부의 석탄에 열축적 발생
⑥ 축적된 열에 의해 석탄 건조되어 발열이 가속화
⑦ 발열 > 방열일 때 자연발화

3. 옥내 저탄장에 적응성 있는 소방시설과 화재 안전대책

1) 기존 소방시설 적용의 한계
① 발전소에서 사용하는 석탄은 특수가연물로서 화재가 발생하면 연소속도가 빨라 소화에 어려움이 있음
② 특정소방대상물의 발전시설 중 화력발전소
③ 소방 법규가 정하는 규정에 따라 소방설비를 적용
④ 방호대상물의 특수성, 건축기술의 다변화 등으로 인한 소방시설 적용의 한계가 있음

2) 적응성 있는 소방시설

(1) 소화설비
① 특수가연물(석탄)의 적응성을 고려
② Wetting Agent와 Class A Foam을 이용하는 방수포 설치
③ 방수포 조작은 중앙제어실에서 CCTV를 통해 원격으로 조정

(2) 자동화재탐지설비
① 옥내저탄장은 층고가 높고 석탄 분진으로 인해 감지기의 오염으로 인한 오동작 되거나, 감지기의 감도가 저하
② 고감도 특수감지기나 적응성이 있는 감지기를 설치
③ 특수한 환경을 고려, 적응성이 있는 불꽃감지기와 공기흡입형 연기감지기를 모두 적용
④ 불꽃감지기는 감지 렌즈 부분의 주기적인 청소 및 유지관리가 필요
⑤ 감지기의 경우 방폭형 적용

3) 보강 설비
① 열화상 카메라
② 콘크리트 격벽 온도감시 시스템 및 물분무 설비
③ 가스감지기
④ 질소가스 또는 석탄재를 이용하여 석탄이 산소와의 접촉을 차단하는 방법

126–131회

소방기술사
기출문제 해설 총정리

1판 1쇄 발행 2024년 2월23일

공저자 강경원 · 유형주
발행인 서철종
발행처 도서출판 지우북스
주소 경기도 파주시 문발로 115 세종출판벤처타운 209호
전화 031-915-6670(代)
팩스 031-915-6671
이메일 jwbooks@nate.com
홈페이지 www.jwbooks.co.kr
출판등록 제406-251002017-000032호
ISBN 979-11-92639-23-9 93530

정가 35,000원

※ 본 저작물의 무단복제는 저작권법 제136조(권리의 침해죄)에 따라 위반자는 5년
   이하의 징역 또는 5천만 원 이하의 벌금에 처하거나 이를 병과할 수 있습니다.